新文京開發出版股份有限公司

NEW
WCDP

新世紀‧新視野‧新文京 ─ 精選教科書‧考試用書‧專業參考書

生物

第**6**版

統計學

國立屏東科技大學
生物統計小組 彙編

Biostatistics

Sixth
Edition

在智慧農業與精準農業的栽培管理、作物及動物的精準育種、遺傳分析、植（作）物生理、植物醫學、動植物流行病學、食品化學檢驗與成分測定、食品產品研發、林（牧）業經營、農企業管理、畜產或水產試驗、淨零排放策略研擬（減量、增匯、循環及綠趨勢）等，相關研究或產學合作領域進行試驗及分析時，均需要將目標數據進行資料收集及數據分析。針對生物統計，國立屏東科技大學生物統計教學小組是國內大學中少數實質針對生物統計的教學方法及教材改進持續運作的教學改進小組。透過每學期的定期聚會，一方面交換教學經驗與聯絡感情，另一方面也同步針對自然及農業領域老師教學上的需求，著手進行生物統計學教材與實習手冊之發行與改版，目前累計已有生物統計學（第六版）以及生物統計實習手冊（第三版）兩書。而依據老師們的教學經驗，第六版內容除針對各章節內容的修正更新之外，尚依據教學需求，進行第九章兩個族群比例檢定的內容增修，希望能讓使用者對於生物統計之應用與操作有更多的認識。感謝小組內所有成員多年來的合作及配合，不僅使生物統計教學經驗得以相互傳承及交流。近幾年，本書亦逐漸受到各界的使用參考，並持續再版，足見本書愈發貼近國內生物統計教學及研究所需，以及生物統計分析的愈受重視。特此感謝教學小組各位老師及相關參與同學的協助，並請各界先進持續不吝指正及指導，使本書更臻完美。

召集人 / 林汶鑫 謹序

編著者簡介 | ABOUT THE AUTHORS

林汶鑫

現　職	國立屏東科技大學農園生產系　教授
	國立屏東科技大學生物統計教學小組　召集人
	國立屏東科技大學校務研究辦公室　執行長
學經歷	國立中興大學農藝學系生物統計組　博士
	國立中興大學農藝學系生物統計組　碩士
	國立中興大學應用數學系　學士
	國立屏東科技大學農園生產系　副教授
	國立屏東科技大學農園生產系　助理教授
	行政院農業委員會農業試驗所
	作物組生物統計與生物資訊研究室　研究助理
專　長	生物統計、回歸分析、試驗設計、多變量統計

顏才博

現　職	國立屏東科技大學熱帶農業暨國際合作系　教授
學經歷	美國蒙大拿大學森林暨保育學院　博士
	美國蒙大拿大學森林暨保育學院　碩士
	國立屏東科技大學熱帶農業暨國際合作系　系主任
	國立屏東科技大學熱帶農業暨國際合作系　副教授
	國立屏東科技大學熱帶農業暨國際合作系　助理教授
	國立屏東科技大學國際事務處　外籍學生組　組長
專　長	植物活性天然物應用、木材科學、電子顯微鏡、生物統計

羅凱安

現　職　國立屏東科技大學森林系　副教授
高雄市政府特定紀念樹木及保護樹木保護會　委員
屏東縣政府縣政顧問
中華林學會　監事
臺灣森林生態學經營學會　理事

學經歷　國立中興大學森林學研究所林業經濟　博士
國立中興大學森林學研究所森林經營　碩士
國立中興大學森林學系　學士
國立屏東科技大學景觀暨遊憩管理研究所　所長
國立屏東科技大學森林系　系主任
樹德科技大學休閒事業管理系　助理教授
國立中山大學企業管理系　兼任助理教授
臺灣省交通處旅遊局八卦山風景區管理所　薦任技士
中華林學會　常務監事
台灣休閒與遊憩學會理事會　理事

專　長　森林政策與法規、生態旅遊、森林療癒、森林資源經濟分析

編著者簡介

陳英男

現　職	國立屏東科技大學水產養殖系　教授兼系主任
學經歷	國立臺灣大學海洋研究所海洋生物及漁業組　博士
	國立臺灣大學漁業科學研究所　碩士
	國立臺灣海洋大學水產養殖學系　學士
	國立澎湖科技大學水產養殖系　副教授兼系主任
	國立澎湖科技大學海洋創意產業研究所　所長
	國立澎湖科技大學水產養殖系　助理教授兼進修推廣部主任
	中央研究院動物研究所　博士後研究
	臺北縣政府水產種苗繁殖場　高考技佐
	中華民國專門職業及技術人員　水產技師
專　長	水族生理學、生殖內分泌、蛋白質化學、水產養殖

蔡添順

現　職	國立屏東科技大學生物科技系　教授
學經歷	國立臺灣師範大學生命科學系　博士
	國立屏東科技大學野生動物保育研究所　合聘教師
	國立屏東科技大學生物科技系　副教授
	國立屏東科技大學生物科技系　助理教授
	國立宜蘭大學森林暨自然資源學系　兼任助理教授
	國立臺灣師範大學生命科學系　博士後研究員
	國立臺灣師範大學生命科學系　專任助教
專　長	兩生爬行動物、生理化學生態、生物多樣性、蛇毒學

林素汝

現　職	國立屏東科技大學農園生產系　副教授
學經歷	國立中興大學農藝學系　博士
	國立中興大學農藝學系　碩士
	國立中興大學農藝學系　學士
	國立屏東科技大學農園生產系　助理教授
	國立屏東科技大學農園生產系　助教
	私立同濟中學　生物教師
專　長	作物育種、特藥用作物、作物栽培與多元化利用

吳立心

現　職	國立屏東科技大學植物醫學系　副教授
	國立屏東科技大學跨領域特色發展中心　跨域教學組組長
學經歷	澳洲墨爾本大學生命科學院　博士
	國立臺灣大學昆蟲學系　碩士
	國立臺灣大學昆蟲學系　學士
	國立屏東科技大學植物醫學系　助理教授
專　長	物種分布模型、應用昆蟲生態、氣候變遷對生物防治的影響

編著者簡介

姜中鳳

現　職	國立屏東科技大學動物科學與畜產系　助理教授
學經歷	University of Nebraska-Lincoln, USA　博士
	國立中興大學畜產學研究所　碩士
	國立中興大學畜牧系　學士
	國興畜產股份有限公司　育種研發中心　協理
	大成長城企業股份有限公司　動物營養中心　資深經理
專　長	動物育種、動物試驗設計、豬隻飼養管理、動物行為

徐敏恭

現　職	國立屏東科技大學研究總中心　助理教授級研究員
學經歷	國立陽明交通大學生物科技學系　博士
	國立中央大學生物物理研究所　碩士
	國立臺灣大學昆蟲學系　學士
	中國醫藥大學癌症生物研究中心　博士後研究員
專　長	生物資訊、大數據分析、次世代定序處理、序列分析、蛋白結構預測、比較基因體學、轉錄體分析、族群遺傳學、演化生物學

BIOSTATISTICS

目錄｜CONTENTS

CHAPTER 01

緒 論

林汶鑫
國立屏東科技大學農園生產系
生物統計教學小組召集人

BIOSTATISTICS

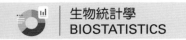

一 統計學是什麼？

以現代化生活而言，科學與技術的進步已深深影響日常的資訊獲得、物品使用、休閒運動及生活起居。在資訊網路興起後，科技更深植於學習與研究中，人們不斷的、廣泛的及大量的接觸各種訊息。在這樣的環境裡，人類的思想受到極大的衝擊，如何從中了解到這些資訊，是不是正確與實用可行的，往往需要一套系統的方法，才能抽絲剝繭的釐清真相。其實，這也意謂著我們需要學習一套能由資料收集，經由整理與分析後，才下定結論之方法。此時統計學(statistics)就可派上用場。

統計學是學習如何蒐集、整理、陳示、分析與解釋資料的方法。在大量的資訊中，往往無法完整逐一地收集所有數據(data)，因此常需借助於少量資料（樣本，sample）推論原有的目標群體（族群，population）。期望能在少量、有限且不確定的情況下，藉由分析統計方法作成正確的決策。在此過程中，因為牽涉到以少量樣本代表全面性的疑慮，因此正確性的解釋就涵蓋可能性（機率，probability）層面。也就是說，在分析及解釋中，必須了解在統計分析結論闡述時必定隱含不正確性的機會，但也同時提供普遍性且正確性的機會。

例如：我們如果想要了解某國小六年級之同學，每日使用之零用錢有多少時，全校共 300 位六年級同學，因此隨機抽樣某一班級而得到 30 位同學的資料（例題 1-1），經過整理、分析後得知全班男生 15 人、女生 15 人，平均每日使用之零用錢為新臺幣 30 元，男生平均每日零用錢為 31 元，女生平均每日零用錢為 29 元。因此，經由數據整理可獲得很多抽樣結果之資訊（如平均值、最大值、最小值等）。亦可從分析看出男、女生零用錢數值之不同。但此時，若據此推論全校平均亦為 30 元時，即牽涉到此值是否為正確性的機會。若在此數據收集、整理及分析過程中，完全採用正確的統計方法，依數學模式推演就可得到一具有普遍且正確性高的推論結果。

例題 1-2、1-3、1-4 分就農業不同領域之狀況，藉由抽樣調查希望了解全體族群之特性。將此結果經過整理及分析可了解族群內不同群落之特性，對整體族群可有較深一層之認識。

例題 1-1

下列數據為某日隨機調查 A 國小一班級內學生隨身攜帶之零用錢結果。

 解

NO	性別	金額	NO	性別	金額
1	M	39	16	M	32
2	F	25	17	M	38
3	M	30	18	F	36
4	M	24	19	F	32
5	F	24	20	F	38
6	F	15	21	F	29
7	F	10	22	M	30
8	F	17	23	M	7
9	M	26	24	F	22
10	M	35	25	F	32
11	M	37	26	M	50
12	F	21	27	F	23
13	M	45	28	M	35
14	F	35	29	M	13
15	F	40	30	M	54

M－男生、F－女生

男生平均：33　　　最低：7　　　最高：54

女生平均：26.6　　最低：10　　最高：40

總平均：29.8

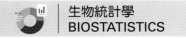
例題 1-2

下列數據為某文心蘭園各月分切花的抽樣調查 30 株，其切花品質等級（A、B、C 級）結果如下：

解

月份／等級	A 級	B 級	C 級	總計
七	5	10	15	30
八	7	12	11	30
九	9	16	5	30
十	12	12	8	30
十一	12	12	6	30
十二	14	12	3	30
平均	10	12	8	

上述數據整理後可知，此 6 個月內各品級文心蘭之變化情況（A 級品夏天少、秋天多，C 級品反之，而 B 級品數量較為平穩）及總體平均品質狀況。

例題 1-3

下列數據為抽樣調查某農戶平地造林（樟樹），苗木移植 3 年後之一米徑高度之樹莖(cm)如下：

解

數號	米徑	數號	米徑	數號	米徑	數號	米徑
1	12.5	6	7.5	11	13.1	16	8.2
2	10.8	7	6.9	12	12.4	17	6.5
3	13.7	8	10.8	13	10.5	18	6.4
4	8.9	9	11.0	14	9.2	19	11.9
5	11.1	10	12.3	15	9.3	20	10.0
平均米徑：10.15cm；最大值：13.7cm；最小值：6.4cm							

例題 **1-4**

某豬仔繁殖場記錄具不同母豬配種生產之仔豬體重如下：

解

母豬	豬仔重(kg)										
	1	2	3	4	5	6	7	8	9	10	平均
1	1.2	1.5	1.3	2.0	1.6	1.5	1.8	1.9	1.6	1.6	1.6
2	2.1	2.3	1.8	1.7	2.1	1.6	1.6	1.7	1.3		1.8
3	1.8	1.4	1.6	1.9	1.2	1.4	1.7	1.6			1.6
4	2.2	2.1	1.9	1.8	2.4	2.3	2.1	2.0	1.9	2.3	2.1
5	1.3	1.4	1.8	1.2	1.0	1.5	1.6	1.4	1.4		1.4

　　由上列數據可知各母豬產仔豬之平均體重（1.6、1.8、1.6、2.1 及 1.4kg）及仔豬總平均體重(1.7kg)，最大值 2.4，最小值 1.0kg。

 # 二 統計學的目的與範圍

（一）統計學的目的

　　由上面之例，我們了解統計的目的主要有二：

1. 了解數據資料的特徵，並且進行正確的陳述。

2. 利用已了解之資料，進行較大範圍的推論，以建立一個普遍性原則。

（二）統計學的範圍

　　如上所述，統計學可分為敘述統計學(descriptive statistics)與推論統計學(inferential statistics)兩大類，並且透過機率理論(probability theory)將其連結。可用於科學上不同之學門，例如：

1. 數理統計學(mathematical statistics)：建立統計數學公式及原理或從事統計學方法及理論之研究。

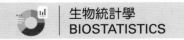
2. 工業統計學(industrial statistics)：從事工業上改進產品品質、生產技術及統計方法之研究。

3. 生物統計學(biometry or biostatistics)：從事研究生命現象，歸納及分析各種生物（含動、植物等）之變化現象的方法。

4. 社會統計學(social statistics)：從事社會學研究，以了解人類社會各種變化現象的方法。

5. 教育統計學(educational statistics)：從事教育學中，各種教材、教法及教學原理之變化與開發的方法。

6. 醫學統計學(medical statistics)：專門從事醫藥、疾病、公共衛生及傳染病防治等變化現象的方法。

7. 經濟統計學(economical statistics)：商業上從事經濟成長的分析與預測等統計方法。

　　事實上，上述各學門之基礎統計原理皆相同，雖以各科別區分，主要在於其目的與應用之方式不同，對於各類科依個別需求再與之發展而演化形成，但主要目的皆在於利用少數資料推測一般普遍性原則，以收事半功倍之效果。

三　如何學習統計學

　　本書的內容是生物統計學，屬於應用統計學(applied statistics)的一支，主要提供訓練的對象是從事生物科學（動、植物及微生物等）的研究與學習。一般農業類科系同學基礎的數學訓練較薄弱，因此學習生物統計學時常感到畏懼，而降低學習與吸收之效果或興趣。其實，以應用統計學而言，主要是提供統計學原理的公式應用於各種生命現象。而學習上的重點則為學習公式的原理應用方法及時機。以基本的代數運算及機率了解就能應付自如、綽綽有餘。能夠經常練習，熟悉並了解問題解決的方法即可。此外，多閱讀報告，多作練習是學習生物統計的不二法門。

CHAPTER 02

族群與樣本

林汶鑫、林素汝

國立屏東科技大學農園生產系

BIOSTATISTICS

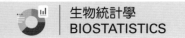

一 族群資料與樣本資料

統計資料是指自然現象或社會現象的群體，在一特定時間及空間，依據群體內個體的特性（性質或數量），由點計或度量所獲得的資料。

族群資料(population data)或稱母體資料，是指調查者所欲研究的全部對象的特性資料所成的集合。例如，某大學共有 7,500 位修習生物統計學的學生，欲了解該校生物統計學成績相關資訊，若能蒐集到全部 7,500 位學生的成績資料，則所蒐集到的 7,500 筆資料就是一種族群資料。

樣本資料(sample data)是指調查者由所欲研究的對象中隨機抽選出部分對象，由這些部分對象的特性資料所成的集合。例如，前述之大學生物統計學成績的資料調查，若調查者只隨機抽樣 30 位學生的成績資料進行調查，則所蒐集到的 30 筆資料就是一種樣本資料。族群與樣本資料的差異如圖 2-1 所示。

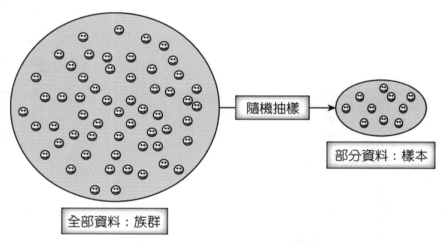

隨機抽樣

部分資料：樣本

全部資料：族群

▶ 圖 2-1　族群資料與樣本資料

二 如何取得樣本

樣本的取得是要經由抽樣(sampling)的過程，抽樣是指由所欲研究之全部對象的所有個體中，隨機抽取一部分個體為樣本而進行調查。例如，前述之大學生物統計學成績的資料調查，調查者抽取了 30 位學生的資料來做調查，此過程需要是經由隨機抽樣(random sampling)。隨機抽樣需符合以下幾點條件：

1. 族群中的任一個體皆有被抽出的可能。
2. 任一組樣本被抽出的機率皆為已知的（或是可加以計算）。
3. 各個樣本被抽出的過程是獨立的。

　　常用的機率隨機抽樣方法有：簡單隨機抽樣(simple random sampling)、分層抽樣法(stratified sampling)、群聚抽樣法(cluster sampling)、系統抽樣法(systematic sampling)、分段抽樣法(multi-stage sampling)等等，以下為各種方法之概念說明。

（一）簡單隨機抽樣

　　抽取樣本時，如果所有可能抽出的樣本被抽出的機率均相等，則稱該抽樣方法為簡單隨機抽樣。例如，前述之大學生物統計學成績的資料調查，共有 7,500 位學生，我們可以將此 7,500 位學生依序編號（由 1~7,500），若以抽出放回但不重複的方式，隨機從中抽出所需的學生編號，則每個人都有 1/7,500 被抽出的機率。又如一個班級共有 50 位學生，若要從中選出五位同學協助搬運教學器材，為使每一個人被選出的機率一樣，可依學號做出 1~50 號籤，以抽出放回但不重複的方式隨機從中抽取五支籤號，則每一個人有 1/50 被選出的機率。

（二）分層抽樣法

　　分層抽樣是將族群分成數個特性不同的群體層(stratum)，再從各層中進行簡單隨機抽樣抽取樣本。例如，前述之大學生物統計學成績的資料調查，我們可以將學生分成一到四年級，再在每個年級中隨機抽出固定人數的樣本。又如為調查某一大學新生的英文能力，由該年級抽出 1/3 學生人數進行測驗，則可以科系別分層，以簡單隨機抽樣的方式由每一科系新生中抽選出 1/3 人數進行測驗。

（三）群聚抽樣法

　　群聚抽樣是將族群依其聚集的特性劃分成 K 個不同的群體(cluster)視為抽樣單位，再從這些群體中隨機抽取少量群體進行普查。例如，前述之大學生物統計學成績的資料調查，我們可以將學生分成各個系別，隨機抽出一系，此系修習生物統計的所有學生資料皆要進行普查。再例如，若要調查某市國小三年級學童的身高資料，可將每個國小當作一個群體，從所有國小中隨機選出幾個國小，再普查獲選出國小的所有三年級學童身高資料。

（四）系統抽樣法

　　系統抽樣是先選擇一個隨機起點(random start)後，再依每隔一定間格計數選取一個樣本，直至抽滿所需的 n 個樣本為止。例如，前述之大學生物統計學成績的資料調查，共有 7,500 位學生，若要從中選出 30 位學生做為樣本，則要每 250 位學生選出一位(30/7,500)。我們可以將此 7,500 位學生依序編號（由 1~7,500）後，假設我們每隔 250 編號就取一個樣本，如 1、251、501、751…，直到抽滿 30 個樣本。又如要從一班 50 位學生抽出 5 位學生打掃教室環境，即平均每 10 位學生須抽出其中一位(5/50=1/10)，若學生座號從 1~50 號，則只要做出 1~10 號的 10 支籤，由其中隨機抽取一支籤，若籤號為 5 號，則其餘四位被選出的同學分別為 15 號、25 號、35 號及 45 號（座號每增加十號的同學即被選出）。

（五）分段抽樣法

　　分段抽樣是將族群分為數個階段抽樣，於每個階段用上述各種方法抽出所需樣本數。例如，前述之大學生物統計學成績的資料調查，我們先以分層抽樣法分成一到四年級，再以系統抽樣法於每年級學生中抽出所需的樣本數。又例如要調查臺灣某縣國三學生的英文能力，擬抽選全縣 1/5 國三學生人數進行測驗。考量城鄉學習資源的差異可能影響學生的學習成果，為使抽測成績能反映整體學生的英文能力，可先將學生依鄉鎮不同（分層），分別在每一國中抽選 1/5 學生人數進行測驗；每一國中再以系統抽樣方式，製作 1~5 號籤並隨機從中抽出一支籤號作為第一位被選出學生的座號，而後每隔五個座號的學生被選出參加測驗。

　　除上述常見的機率隨機抽樣方法之外，在問卷調查中也常使用非機率抽樣法，例如：方便抽樣(convenience sampling)、雪球抽樣(snowball sampling)、配額抽樣(quota sampling)等。

三　資料種類

　　一般而言，進行研究分析蒐集到的資料，可以分成兩大類：質量型資料(qualitative data)及數量型資料(quantitative data)。例如，前述之大學生物統計學成績的資料調查，假設所調查的資料包括學生的成績、性別(M or F)、是否喜歡生物統計學課程(Y or N)、授課教師（教師名稱）、所屬學院（農、工、管理）、每週研讀時數、智商、家庭人數等資料。質量型資料是指依據資料的屬性或類別進行區分的資料型態，又稱為類別資料(category data)。上例中的性別、是否喜歡生物統計學課程、教師、學院，這些項目的資料型態皆為質量型；數量型資料是指依據數字尺度所衡量出的資料，例如在上例中，成績、時數、智商、家庭人數，這些項目的資料型態皆為數量型。一般數量型資料可再分為間斷型資料(discrete data)或是連續型資料(continuous data)。間斷型資料（或稱離散型資料）必須是整數且可計數(countable)，被分割後是沒有意義的，並且最小計數單位間存有間隙(gap)，如人數、車輛數、花朵數等。在上例中，家庭人數就是屬於間斷型資料，只有 1、2、3、4…這樣的值，不可能有 1.5 人，3.2 人等這樣的數值，所以每個數值間是有間隙的。連續型資料則是指可測量的(measurable)數值，測量單位可以無限地加以細分。一般而言，凡屬度量衡單位之資料，如長度、重量、時間等皆是。在上例中，成績、時數、智商等資料皆可視為連續型資料。

習題

1. 何謂 population？何謂 sample？

2. 如果你想了解你們班同學平均體重，你要怎樣去進行？說明你是採用族群資料或樣本資料？若採用樣本資料要如何抽樣？

3. 如果你想了解全校同學平均體重，你要怎樣去進行？說明你會採用族群資料或樣本資料？若採用樣本資料要如何抽樣？

4. 林管處欲調查保力林場中所有相思樹之平均樹齡，因此派人隨機選取 100 棵相思樹測量其樹齡。請問上述中何者為族群？何者為樣本？

5. 一學生欲調查溪頭實驗林中樹齡 40 年之柳杉的平均胸高直徑(DBH)與樹高，因此於 4 個不同之生長地區，依其面積大小之比例分配隨機取樣之樣本數，總樣本數為 120。請問此方法為何種取樣法？

6. 下列資料中哪些是數量型資料或質量型資料？哪些是連續型資料或間斷型資料？(1)血壓；(2)體重；(3)身高；(4)血型；(5)戶籍；(6)鄉鎮人口數；(7)兒童蛀牙的齒數；(8)個人休閒嗜好；(9)最喜歡吃的蔬菜種類；(10)樹的高度。

CHAPTER 03

敘述統計

陳英男
國立屏東科技大學水產養殖系

BIOSTATISTICS

一　何謂敘述統計(descriptive statistics)

利用統計量(statistic)針對資料本身特性的描述，就是敘述統計(descriptive statistics)。例如，有甲乙兩個學生在對話，

甲生：「我們 A 班這一次英聽考試的分數，平均是 80 分！」

乙生：「我們 B 班更高，平均是 83 分。」

甲生：「是嗎？我考了 85 分，在班上排名第 10 高。」

乙生：「我不知道我排名在第幾，但是我們班高分的很高，90 分以上的人一堆，但考得很爛的卻也不少，老師說我們班分數的變異很大！」

甲生：「我們班倒還好，大多都在 70~90 分之間，老師說我們班的分數分布很常態。」

你是不是和同學也有過這樣的對話？這樣的對話涵蓋了敘述統計學的重點：集中趨勢(central tendency)以及分散度(dispersion)。集中趨勢是指在同一群體中，個體的某種特性有共同的趨勢存在，表示此種共同趨勢的量數即為集中量數(central measurements)。常用的集中量數有平均數(mean)、眾數(mode)、位置量數[含中位數(median)]、四分位數(quartile)、十分位數(decile)、百分位數(percentile)等。分散度則是測量群體中各個體之差異或平均距離中間值的程度量數，常用的分散度量數有全距(range)、內四分位距(interquartile range, IQR)、變異數(variance)、標準差(standard deviation)、變異係數(coefficient of variation)等。此外，我們也可以用圖表的方式來描述資料特性的情形，常用的統計圖表，包括頻度分布表(frequency distribution table)及各種統計圖形。

二　集中量數(central measurements)

（一）平均數(mean)、算術平均(arithmetic mean)

一有限族群（或樣本）中含有 n 個資料 $X_1, X_2, \cdots, X_n$ 則其平均數定義為：

若為族群資料，且族群大小為 N，則 $\mu = \dfrac{\sum\limits_{i=1}^{N} X_i}{N}$，$\mu$ 是族群平均數的符號；

若為樣本資料，且樣本大小為 n，則 $\overline{X} = \dfrac{\sum\limits_{i=1}^{n} X_i}{n}$，$\overline{X}$ 是樣本平均數的符號；

$$\sum_{i=1}^{n}X_i = X_1 + X_2 + X_3 + \cdots + X_n$$，常簡寫成 ΣX（總計，total），本書各章節中均

以此為書寫方式。

例題 3-1

計算以下各題資料之平均數

1. 設以下資料為族群資料

   120, 123, 134, 132, 126, 94, 93, 126, 128, 92, 120, 125, 127, 126。

2. 設以下資料為樣本資料

   −0.234, −0.245, −0.228, −0.247, −0.289, −0.290, −0.260, −0.269。

 解

1. $\mu = (120+123+134+\cdots+126)/14 = 119$

2. $\bar{x} = [(−0.234) + (−0.245) + (−0.228) + \cdots + (−0.269)]/8 = −0.25775$

平均數有以下的性質：

1. 原資料之每一數值加（減）一常數(C)，其新資料之平均數等於原資料平均數加（減）此常數。

   例：若將例題 3-1(1)的數列 120, 123, 134, 132, 126, 94, 93, 126, 128, 92, 120, 125, 127, 126 中每一數值加 2，則數列成為 122, 125, 136, ⋯, 128，則此新數列的平均數變成 121，亦即=119+2。

2. 原資料每一數值乘以一常數(C)，則新資料之平均數等於原資料平均數的 C 倍。

   例：若將例題 3-1(1)的數列 120, 123, 134, 132, 126, 94, 93, 126, 128, 92, 120, 125, 127, 126 中每一數值乘 2，則數列成為 240, 246, 268, ⋯, 252，則此新數列的平均數變成 238，亦即=119×2。

3. 原資料每一數值與其平均數之偏差和等於 0。

   所謂偏差(deviation)是指一數列中各數值與此數列之平均數之差，故偏差和記作 $\Sigma(X_i − \bar{X})$。

例：若將例題 3-1(1)的數列 120, 123, 134, 132, 126, 94, 93, 126, 128, 92, 120, 125, 127, 126 中每一數值減去 119，得 1, 4, 15, 13, 7, –25, –26, 7, 9, –27, 1, 6, 8, 7，將這些數相加，其結果為 0。

4. 原資料每一數值與其平均數之偏差平方和為最小。

所謂偏差平方和(sum of squares for deviation, SS)是指將各偏差值先平方後再加總，故偏差平方和記作 $\sum(X_i - \overline{X})^2$。

例：若將例題 3-1(1)的數列 120, 123, 134, 132, 126, 94, 93, 126, 128, 92, 120, 125, 127, 126 中每一數值減去 119，得 1, 4, 15,…,7，將這些數平方後再相加，其結果為 1+16+225+…+49=2,770。若你不是用 119 作為被減值，而是任一數值（如 120 或 100），則偏差平方和之數值一定會大於 2,770，故原資料每一數值與其平均數之偏差平方和為最小。

（二）眾數(mode)

一有限族群（或樣本）中含有 n 個資料 X_1, X_2, …, X_n，則其眾數定義為數列中出現次數最多之數。若每個數值僅出現一數，則此數列無眾數。若有數個數值出現次數相同且多數，則此數列有多個眾數。

例題 3-2

計算以下各題資料之眾數

1. 設以下資料為族群資料
   120, 123, 134, 132, 126, 94, 93, 126, 128, 92, 120, 125, 127, 126。

2. 設以下資料為樣本資料
   –0.234, –0.245, –0.228, –0.247,–0.289, –0.290, –0.260, –0.269。

3. 設以下資料為樣本資料
   1, 1, 1, 2, 2, 3, 3, 3, 4, 4, 5, 6, 7。

解

1. mode = 126，此數出現 3 次。

2. mode = 無，數列中每個數都只有出現 1 次。請注意沒有眾數要寫「無眾數」，不可寫 "0"，0 也是一個數值。

3. mode = 1 和 3，此二數皆出現 3 次。

（三）位置量數

位置量數是指一數值在數列中所占的「位置」，所以要求位置量數要先將資料由小到大按照順序排列。

1. 中位數(median)

中位數是指在一列由小到大排列之數列中最中間位置的數值，即至少有50%的觀察值小於等於該數值。若資料數為偶數個，則並無正好位於最中間位置者，則取中間兩數之平均值，中位數即是將一組資料分成兩等分之值。

例題 3-3

計算以下各題資料之中位數：

1. 資料為：1, 3, 4, 6, 7。

 解

此數列已由小到大排列好了，只需找到最中間位置之數即可，1, 3, 4, 6, 7，故中位數為 4。

2. 資料為：1, 3, 4, 5, 6, 7。

 解

此數列已由小到大排列好了，但資料數為偶數個，並無正好位於最中間位置者，故取中間兩數之平均值，1, 3, 4, 5, 6, 7，故中位數為(4+5)/2=4.5。

3. 資料為：120, 123, 134, 132, 126, 94, 93, 126, 128, 92, 120, 125, 127, 126。

 解

此數列尚未排序，需先由小到大排序，得 92, 93, 94, 120, 120, 123, 125, 126, 126, 126, 127, 128, 132, 134，此數列有 14 個數值，故最中間的數值取第 7 個和第 8 個數值之平均值，即此數列之中位數為(125+126)/2=125.5。

2. 四分位數(quartile)

　　將一組資料分成四等分的三個數值，記作 Q_1、Q_2、Q_3，Q_1 是指至少有 25% 的觀察值小於等於該數值，Q_2 是指至少有 50% 的觀察值小於等於該數值，Q_3 是指至少有 75% 的觀察值小於等於該數值。

3. 十分位數(decile)

　　將一組資料分成十等分的九個數值，記作 D_1、D_2、D_3、D_4、D_5、D_6、D_7、D_8、D_9，D_1 是指至少有 10% 的觀察值小於等於該數值，D_2 是指至少有 20% 的觀察值小於等於該數值，以此類推。

4. 百分位數(percentile)

　　將一組資料分成一百等分的 99 個數值，記作 P_1, P_2, P_3, …, P_{99}。第 k 個百分位數記為 P_k (k=1, 2,…, 99)，是指至少有 k/100 的觀察值小於等於該數值，至少有(100-k)/100 的觀察值大於等於該數值。百分位數主要在於提供資料中最大值與最小值間分布的情形。例如甲同學的統計成績為 85 分，並知道此分數在班上是第 92 個百分位數，那麼我們立即可以知道，只有 8% 的學生成績比他好，有 92% 的學生成績比他差。

　　所以依照定義：$median = P_{50}$、$Q_1 = P_{25}$、$Q_2 = P_{50} = D_5$、$Q_3 = P_{75}$、$D_1 = P_{10}$、$D_2 = P_{20}$ … $D_9 = P_{90}$，這些位置量數 (P_k) 的求法皆相同，做法如下：

1. 步驟 1.先將資料由小到大排列；

2. 步驟 2.求出百分位數所在位置的指標(index)，設為 i，則 $i = k/100 \times n$（n 表示觀測值的個數；k 表示特定的百分位數）。

   如例題 3-3(1) 之資料為 1, 3, 4, 6, 7，n=5，因 $median = P_{50}$，所以 $i = (50/100) \times 5 = 2.5$；例題 3-3(2) 之資料為 1, 3, 4, 5, 6, 7，n=6，因 $median = P_{50}$，所以 $i = (50/100) \times 6 = 3$。

3. 步驟 3.若 i 為非整數，則 P_k 為下一個整數位置的數值；若 i 為整數，則取第 i 與 i+1 位置的兩個數值之平均，即為所求的 P_k。

   如例題 3-3(1)，I = 2.5，不是整數，故取第 3 個位置之數值為 P_{50}，因此例題 3-3(1) 之 median = 第 3 個位置之數值，所以 median = 4。

   例題 3-3(2)，i = 3，是整數，故取第 3(i)個與第 4(i+1)個位置之平均數為 P_{50}，因此例題 3-3(2) 之 median = 第 3 個位置與第 4 個位置之平均數，所以 median = (4+5)/2 = 4.5。

例題 **3-4**

例題 3-3(3)資料求第一四分位數(Q_1)及第 50 百分位數(P_{50})。

120, 123, 134, 132, 126, 94, 93, 126, 128, 92, 120, 125, 127, 126。

解

1. 先由小到大排序，得 92, 93, 94, 120, 120, 123, 125, 126, 126, 126, 127, 128, 132, 134。

2. Q_1 所在位置為 $i = 0.25 \times 14 = 3.5$，不為整數，所以找第 4 個位置的值，$Q_1 = 120$。

3. P_{50} 所在位置為 $i = 0.5 \times 14 = 7$，為整數，所以找第 7 個位置與第 8 個位置的兩個數值之平均值，$P_{50} = 125.5$，比照一下前面有關中位數的例題 3-3(3)之值，其結果是一樣的，所以說中位數其實就是 P_{50}。

例題 **3-5**

有以下 50 個觀測值，由小而大依序排列，如下表所示。試求出 P_{25}、P_{30}、median、Q_3。

54.0	55.9	56.7	59.4	60.2	61.0	62.1	63.8	65.7	67.9
54.4	55.9	56.8	59.4	60.3	61.4	62.6	64.0	66.2	68.2
54.5	56.2	57.2	59.5	60.5	61.7	62.7	64.6	66.8	68.9
55.7	56.4	57.6	59.8	60.6	61.8	63.1	64.8	67.0	69.4
55.8	56.4	58.9	60.0	60.8	62.0	63.6	64.9	67.1	70.0

1. 先由小到大排序：已經排好了！

2. 求出 P_{25}、P_{30}、median、Q_3。

   (1) P_{25}：所在位置之指標值 $i = 25/100 \times 50 = 12.5 \rightarrow$ 不為整數，所以找第 13 個位置的值，故 $P_{25} = 57.2$。

   (2) P_{30}：所在位置之指標值 $i = 30/100 \times 50 = 15 \rightarrow$ 為整數，所以找第 15 個位置與第 16 個位置的兩個數值之平均值，故 $P_{30} = (58.9 + 59.4)/2 = 59.15$。

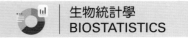

(3) median：即 P_{50}，所在位置之指標值 $i = 50/100 \times 50 = 25 \rightarrow$ 為整數，所以找第 25 個位置與第 26 個位置的兩個數值之平均值，故 $P_{50} = (60.8 + 61.0)/2 = 60.9$。

(4) Q_3：即 P_{75}，所在位置之指標值 $i = 75/100 \times 50 = 37.5 \rightarrow$ 不為整數，所以找第 38 個位置的值，故 $Q3 = 64.6$。

同學們可能會問：求位置量數過程中，當 index 為整數時，為何要採用自己(i)與後面一位(i+1)平均呢？所有的位置量數原則上遵循相同法則，比如<中位數>就相當於<第二個四分位數>或<第 50 百分位數>，因此此問題可用中位數的觀念說明：

若有以下 5 個數：10、20、30、40、50，中位數就是最中間位置的數，因此為 30；若利用位置量數計算 index 時，得到 $i = 0.5 \times 5 = 2.5$，不為整數，故採用 3，第三個位置，即 30，表示 30 之前有 50%資料量，之後也有 50%資料量。

現在若有以下 6 個數：10、20、30、40、50、60，並無最中間位置的數，因此中位數就是 $(30 + 40)/2 = 35$，若利用位置量數計算 index 時，得到 $i = 0.5 \times 6 = 3$，為整數，不能直接採用 3，要採用第 3 與第 4 個位置之平均，即 $(30 + 40)/2 = 35$，表示 35 之前有 50%資料量，之後也有 50%資料量；如果沒有取平均而直接用 30 的話，則 30 之前的資料量較少，之後的資料量較多，就不符合定義囉！

其他位置量數做法相同，因此當 index 為整數時，要記得此位置量數的值要取 X_i 及 X_{i+1} 的平均值喔！

三　分散度

（一）全距(range)與內四分位距(interquartile range, IQR)

全距，即「全部的距離」，也就是指一組資料 $X_1, X_2, \cdots, X_n$ 中的最大值(maximum)與最小值(minimum)的差距，即全距=最大值－最小值。

內四分位距則是指一組資料 $X_1, X_2, \cdots, X_n$ 中的第一四分位(Q_1)與第三四分位(Q_3)的距離，即內四分位距 $= IQR = Q_3 - Q_1$。即排序後，中間 50％樣本資料的範圍。

例題 3-6

計算以下各題資料之全距：

1. 資料為：120, 123, 134, 132, 126, 94, 93, 126, 128, 92, 120, 125, 127, 126。

2. 資料為：−0.234, −0.245, −0.228, −0.247, −0.289, −0.290, −0.260, −0.269。

解

1. $\text{range} = 134 - 92 = 42$

2. $\text{range} = (-0.228) - (-0.290) = 0.062$

例題 3-7

有以下 50 個觀測值，由小而大依序排列，如下表所示。試求出 range 及 interquartile range。

54.0	55.9	56.7	59.4	60.2	61.0	62.1	63.8	65.7	67.9
54.4	55.9	56.8	59.4	60.3	61.4	62.6	64.0	66.2	68.2
54.5	56.2	57.2	59.5	60.5	61.7	62.7	64.6	66.8	68.9
55.7	56.4	57.6	59.8	60.6	61.8	63.1	64.8	67.0	69.4
55.8	56.4	58.9	60.0	60.8	62.0	63.6	64.9	67.1	70.0

解

1. 先由小到大排序：已經排好了！

2. 求出最小值、最大值、Q_1、Q_3。

   最小值 $= 54.0$，最大值 $= 70.0$，故 $\text{range} = 70 - 54 = 16$。

   Q_1： 即 P_{25}，所在位置之指標值 $i = 25 / 100 \times 50 = 12.5 \rightarrow$ 不為整數，所以找第 13 個位置的值，故 $Q_1 = 57.2$。

   Q_3： 即 P_{75}，所在位置之指標值 $i = 75 / 100 \times 50 = 37.5 \rightarrow$ 不為整數，所以找第 38 個位置的值，故 $Q_3 = 64.6$。

   故 interquartile range $= 64.6 - 57.2 = 7.4$。

（二）變異數(variance)

變異數是指一組資料各個數值 $X_1, X_2, \cdots, X_n$ 與其平均數(mean)之偏差平方的平均數。族群變異數之符號用 σ^2，樣本變異數之符號用 s^2。

定義如下，族群偏差平方：$(X_i - \mu)^2$、樣本偏差平方：$(X_i - \overline{X})^2$：

1. $\sigma^2 = SS / N = \sum(X_i - \mu)^2 / N$，其中 μ＝族群平均數，N＝族群資料個體總數。

2. $s^2 = SS / (n-1) = \sum(X_i - \overline{X})^2 / (n-1)$，其中 $\overline{X}$＝樣本平均數，n＝樣本資料個體總數。

3. 特別注意：族群與樣本變異數計算式中分母是不同的，樣本中是用 $n-1$，稱為自由度(degree of freedom)。

註：自由度(degree of freedom)：用以估計參數或計算統計量時得以自由變動的獨立個體數目。

上面二式可將它展開，得下列簡式：

$$\sigma^2 = \frac{SS}{N} = \frac{\sum(X_i - \mu)^2}{N}$$

$$= \frac{\sum(X_i^2 - 2 \times X_i \times \mu + \mu^2)}{N} \quad \because (a-b)^2 = a^2 - 2ab + b^2$$

$$= \frac{\sum X_i^2 - 2 \times \mu \times \sum X_i + \sum \mu^2}{N} \text{ 將式子展開，且因 2 與 } \mu \text{ 是常數，可以提到 } \sum \text{ 外}$$

$$= \frac{\sum X_i^2 - 2 \times \mu \times N\mu + N\mu^2}{N} \quad \because \mu = \sum X / N \quad \therefore \sum X = N\mu \text{，} \sum \mu^2 \text{為累加 N 次 } \mu^2$$

$$= \frac{\sum X_i^2 - N\mu^2}{N}$$

$$= \frac{\sum X_i^2}{N} - \mu^2$$

$$S^2 = \frac{SS}{n-1} = \frac{\sum(X_i - \overline{X})^2}{n-1}$$

$$= \frac{\sum(X_i^2 - 2 \times X_i \times \overline{X} + \overline{X}^2)}{n-1}$$

$$= \frac{\sum X_i^2 - 2 \times \overline{X} \times \sum X_i + \sum \overline{X}^2}{n-1} \text{ 將式子展開，且因 2 與 } \overline{X} \text{ 是常數，可以提到 } \sum \text{ 外}$$

$$= \frac{\sum X_i^2 - 2 \times \overline{X} \times n\overline{X} + n\overline{X}^2}{n-1} \quad \because \overline{X} = \sum X / n \quad \therefore \sum X = n\overline{X} \text{，} \sum \overline{X}^2 \text{為累加 n 次 } \overline{X}^2$$

$$= \frac{\sum X_i^2 - n\bar{X}^2}{n-1}$$

$$= \frac{\sum X_i^2 - n\left(\dfrac{\sum X_i}{n}\right)^2}{n-1} \qquad \because \bar{X} = \sum X / n$$

$$= \frac{\sum X_i^2 - \dfrac{(\sum X)^2}{n}}{n-1}$$

所以常用 $\sigma^2 = \dfrac{\sum X_i^2}{N} - \mu^2$，$S^2 = \dfrac{\sum X_i^2 - n\bar{X}^2}{n-1} = \dfrac{\sum X_i^2 - \dfrac{(\sum X)^2}{n}}{n-1}$。

（三）標準差(standard deviation)

標準差為變異數的平方根，族群標準差符號為 σ，樣本標準差符號為 s。

定義如下：$\sigma = \sqrt{\sigma^2}$，$s = \sqrt{s^2}$。

例題 3-8

設有二組族群資料如下，試計算其變異數及標準差，並進行比較：

A：8, 9, 10, 11, 12。

B：4, 7, 10, 13, 16。

此二組資料的族群平均數均為 10，而其變異數分別計算如下：

$$\sigma_A^2 = \left[(8-10)^2 + (9-10)^2 + (10-10)^2 + (11-10)^2 + (12-10)^2\right]/5$$

$$= (4+1+0+1+4)/5 = 10/5 = 2$$

$$\sigma_B^2 = \left[(4-10)^2 + (7-10)^2 + (10-10)^2 + (13-10)^2 + (16-10)^2\right]/5$$

$$= (36+9+0+9+36)/5 = 90/5 = 18$$

$$\sigma_A = \sqrt{2} = 1.414$$

$$\sigma_B = \sqrt{18} = 4.243$$

$\sigma_A < \sigma_B$，所以 A 組資料比 B 組資料的變異較小。

例題 3-9

設有二組樣本資料如下，試計算其變異數及標準差，並作比較：

A：8, 9, 10, 11, 12。

B：4, 7, 10, 13, 16。

此二組資料的樣本平均數均為 10，而其變異數分別計算如下：

$$S_A^2 = \left[(8-10)^2 + (9-10)^2 + (10-10)^2 + (11-10)^2 + (12-10)^2 \right]/(5-1)$$

$$= (4+1+0+1+4)/4 = 10/4 = 2.5$$

$$S_B^2 = \left[(4-10)^2 + (7-10)^2 + (10-10)^2 + (13-10)^2 + (16-10)^2 \right]/(5-1)$$

$$= (36+9+0+9+36)/4 = 90/4 = 22.5$$

$$S_A = \sqrt{2.5} = 1.581$$

$$S_B = \sqrt{22.5} = 4.743$$

$S_A < S_B$，所以 A 組資料比 B 組資料的變異較小。

例題 3-10

有一組樣本資料有 20 個觀測值，已知 $\sum X = 97.5$，$\sum X^2 = 559.2$，試求此組資料之 mean, variance, standard deviation, sum of squares for deviation。

$$\text{mean} = \sum X / n = 97.5 / 20 = 4.875$$

因為是樣本資料，且無各觀測值資料，故利用簡式計算 variance 及 standard deviation。

$$樣本\ \text{variance} = s^2 = \frac{\sum X^2 - \frac{(\sum X)^2}{n}}{n-1} = \frac{559.2 - \frac{(97.5)^2}{20}}{20-1} = \frac{83.8875}{19} = 4.415131$$

$$樣本\ \text{standard deviation} = s = \sqrt{4.415} = 2.1$$

sum of squares for deviation = 83.8875

或者 sum of squares for deviation $= s^2 \times (n-1) = 4.415131 \times 19 = 83.8875$

變異數及標準差具有下述重要的性質：

1. 將一組資料之各個觀測值皆加上一常數 c ，則偏差 $(X - \overline{X})$ 仍與原來的相同。由此可知 s 與 s^2 仍保持不變。

2. 將一組資料之各個觀測值皆乘上一常數 c ，則偏差 $(X - \overline{X})$ 為原來的 c 倍。由此可知 s^2 為原來的 c^2 倍，而 s 為原來的 $|c|$ 倍。

例題 / 3-11

一組樣本資料為 7, 8, 10, 14, 16, 17, 19，計算得 $\overline{X} = 13$ ， $s = 4.69$ ， $s^2 = 22$ 。

1. 將各個觀測值皆加上 5，求新資料的 s 與 s^2 。
2. 將各個觀測值皆乘上 3，求新資料的 s 與 s^2 。

 解

1. 你可將各個觀測值皆加上 5，得 12, 13, 15, 19, 21, 22, 24，$\overline{X} = 18$，再利用
$$s^2 = \frac{\Sigma(Xi - \overline{X})^2}{n-1}$$
其中 $\Sigma(X_i - \overline{X})^2 = (-6)^2 + (-5)^2 + (-3)^2 + 1^2 + 3^2 + 4^2 + 6^2 = 132$，與原資料之 sum of squares for deviation 相同！

所以 $s^2 = \frac{\Sigma(X_i - \overline{X})^2}{n-1} = 132/6 = 22$ 與原資料之 s^2 相同，s 也當然相同。

故將一組資料之各個觀測值皆加上一常數，s 與 s^2 仍保持不變！

2. 你可將各個觀測值皆乘上 3，得 21, 24, 30, 42, 48, 51, 57，$\overline{X} = 39$，再利用
$$s^2 = \frac{\Sigma(X_i - \overline{X})^2}{n-1}$$
其中 $\Sigma(X_i - \overline{X})^2 = (-18)^2 + (-15)^2 + (-9)^2 + 3^2 + 9^2 + 12^2 + 18^2 = 1,188$，為原資料 sum of squares for deviation(132)的 3^2 倍。

所以 $s^2 = \frac{\Sigma(X_i - \overline{X})^2}{n-1} = 1,188/6 = 198$，為原資料 s^2(22) 的 3^2 倍 $= 22 \times 3^2 = 198$

$s = \sqrt{198} = 14.07$，為原資料 s(4.69) 的 3 倍 $= 4.69 \times 3 = 14.07$ 。

故將一組資料之各個觀測值皆乘上一常數 c ， s^2 為原資料之 s^2 的 c^2 倍，而 s 為原資料之 $|c|$ 倍。

（四）變異係數(coefficient of variation)

當比較單位不同之多種資料的變異程度，或是比較單位相同但平均數不同之多種資料的變異程度時，應採用變異係數來比較。變異係數的定義為：標準差與平均值的比值，是一種相對變異值，需取絕對值以進行比較。

1. 族群 coefficient of variation(CV) = $|\sigma / \mu| \times 100\%$。
2. 樣本 coefficient of variation(CV) = $|S / \overline{X}| \times 100\%$。

例題 3-12

設調查 30 位成人體重之平均值 $\overline{x}$ = 75 公斤，標準差 s_x = 10 公斤，而身高之平均值 $\overline{y}$ = 170 公分，標準差 s_y = 30 公分，體重與身高之變異程度何者較大？

 解

因體重與身高之單位並不相同，故兩者的變異程度要用 CV 進行比較：

體重 CV：

$$CV = \frac{10}{75} \times 100\% = 13.33\%$$

身高 CV：

$$CV = \frac{30}{170} \times 100\% = 17.65\%$$

因 13.33% < 17.65%，故身高比體重之變異程度大。

四 統計圖表

對於一組資料的描述，除計算上述的集中量數及分散度之外，也可以利用繪製圖表的方式來描述資料的分布及特性，以下簡介常用的頻度分布表的製作方式，及幾種常用的統計圖形。

（一）頻度分布表(frequency distribution table)

　　頻度分布表（或稱次數分布表）是依照資料出現次數所製成的表格。如為質量型資料，則依各資料點之屬性計數列表即可。例如：調查大學生物統計學成績的資料調查，包括此學生的性別、是否喜歡生物統計課、授課教師、所屬學院、每週研讀時數、智商、家庭人數等資料。我們若針對性別（如表 3-1，假設統計後得知男女各有 15 人）、是否喜歡生物統計課、授課教師等性質型資料計算有多少人（表 3-2，假設統計後得知各組資料如表格中的人數），就是一種頻度分布表。

| 表 3-1 | 依性別計數

性別	小計
F	15
M	15
總計	30

| 表 3-2 | 依不同教師授課同學調查是否喜歡生物統計課計數

是否喜歡生統課			
教師	N	Y	總計
LEE	3	6	9
WANG	5	5	10
YANG	5	6	11
總計	13	17	30

　　如調查對象為數量型資料，我們可依以下編製步驟，製作一頻度分布表：

1. 求全距。
2. 定組距。
3. 定組界，即下限、上限。為避免樣本的歸屬問題，因此下限、上限需加上 0.5 個最小測量單位。
4. 記錄各數值出現在每組之次數。
5. 列出頻度分布表，含組界、組值、次數、相對次數、累計次數、累計相對次數等欄位，其中組值為此組之中間值(mid point)，相對次數=次數／總數，累計次數為累計到該組之次數，累計相對次數=累計次數／總數。

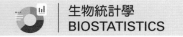

例題 3-13

設下列為某校小學一年級全部學童之身高（公分）：

97	98	98	100	101	103	103	104	105	106
106	107	107	108	109	109	110	110	110	110
111	111	112	112	112	112	112	112	112	112
112	113	113	113	113	113	113	113	114	114
114	114	114	114	115	115	115	115	115	115
116	116	116	116	116	116	117	117	117	117
117	117	118	118	118	118	118	118	119	119
119	119	119	120	120	120	121	121	122	125

 解

請以組距為 5，由 95.5 到 125.5 分成 6 組的方式繪製頻度分布表。

1. 求全距=125-97=28，28/5=5.6，約分為 6 組。

2. 定組距，以每 5 公分為一組。

3. 定組界，第一組下限為 95.5 上限為 100.5，依此類推。每組之組值為此組之中間值，如第一組之中間值為 98。

4. 畫計次數。

5. 列出頻度分布表，含組界、組值、次數、相對次數、累計次數、累計相對次數等欄位。

組界		組值	次數	累計次數	相對次數	累計相對次數
下限	上限					
95.5	100.5	98	4	4	5%	5%
100.5	105.5	103	5	9	6.25%	11.25%
105.5	110.5	108	11	20	13.75%	25%
110.5	115.5	113	30	50	37.5%	62.5%
115.5	120.5	118	26	76	32.5%	95%
120.5	125.5	123	4	80	5%	100%
總計			80		100%	

（二）常用的統計圖形

1. 條狀圖(bar chart)

以平行等寬之長條圖的長短來表示統計資料數量大小，通常適用於分類資料或間斷型資料。

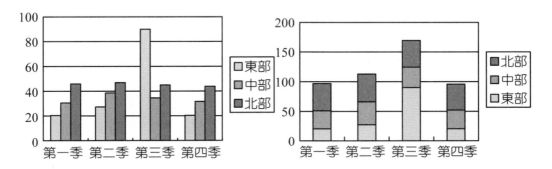

2. 餅狀圖(pie chart)

以圓形面積之分塊大小來表示統計資料數量大小，通常適用於分類資料。

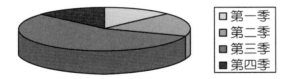

3. 直方圖(histogram)

類似條狀圖之表示方式，但長條間為連續，通常適用於連續型資料。

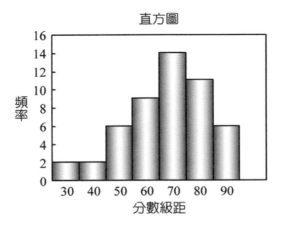

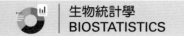

4. 多邊圖(polygon)

將直方圖每組之頂點（中間值）連接即成，通常適用於連續型資料。

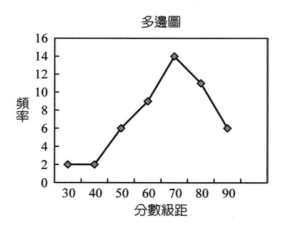

5. 盒鬚圖(box-whisker plot)

以一組統計資料之最小值、最大值、Q_1、Q_3 及中位數繪製的圖形，用以表示資料分布的情形。

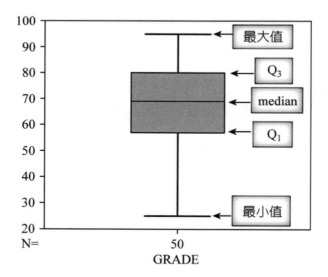

習題

1. 以下兩組資料為族群(population)資料，請計算 mean(μ)、median、mode、standard deviation(σ)、variance(σ^2)、sum of squares for deviation(SS)，比較這兩組資料何者變異程度較大。

a	121	118	128	121	120	127	120	121	119
	121	117	122	123					
b	−2.34	−1.45	−1.28	−0.47	−1.39	−2.29	−1.26	−0.95	−0.57
	−0.38								

2. 以下兩組資料為樣本(sample)資料，請計算 mean($\overline{X}$)、median、mode、standard deviation(s)、variance(s^2)、sum of squares for deviation(SS)，比較這兩組資料何者變異程度較大。

a	−1	0.9	−0.5	−0.5	−0.2	−0.8	0.9	0.9		
	1.1	1.2	0.2	−0.5	0.7	0.8	−0.6			
b	87	60	68	62	75	59	68	69	73	58
	58	66	62	99	62	88	82	65	80	75

3. 設下列為某校小學一年級全部學童（共 80 位）之身高記錄（單位：公分）。

97	98	98	100	101	103	103	104	105	106
106	107	107	108	109	109	110	110	110	110
111	111	112	112	112	112	112	112	112	112
112	113	113	113	113	113	113	113	114	114
114	114	114	114	115	115	115	115	115	115
116	116	116	116	116	116	117	117	117	117
117	117	118	118	118	118	118	118	119	119
119	119	119	120	120	120	121	121	122	125

(1) 針對全部學童身高資料，求下列數據。

    A. 求 mean、mode、median、Q_1、P_{65}、P_{95} 等值。

    B. 求 standard deviation、variance、CV。

(2) 請用簡單隨機抽樣法，自行選出 15 位學童的身高資料，寫出你所用的方法及所選出的資料。

(3) 計算你自選的學童資料的 mean、standard deviation、variance、sum of squares for deviation。

(4) 假設另外一位同學選出的 15 位學童，得知他們的身高之 $\Sigma X=1,652$，$\Sigma X^2=182,161$，求這組資料的 mean、sum of squares、variance、standard deviation。比較你所抽選的資料與這組資料，何者變異程度較大？

4. 假設創世記種豬場測量 30 頭五月齡公豬背脂厚度，記錄資料如下（單位：cm），試計算背脂厚度之算術平均值、中位數、眾數、全距與變異數。

1.21	1.31	1.3	1.47	1.41	1.36	1.36	1.33	1.33	1.33
1.19	1.24	1.41	1.41	1.38	1.35	1.33	1.39	1.33	1.44
1.27	1.37	1.22	1.42	1.33	1.31	1.38	1.43	1.36	1.33

5. 臺灣南部地區某優良種牛場 10 頭泌乳牛 305 天產乳量(kg)與乳脂率(%)之記錄如下，試問產乳量與乳脂率何者之變異較大？

母牛號	1	2	3	4	5	6	7	8	9	10
乳量(kg)	8,591	9,418	8,380	9,748	9,038	8,143	7,362	7,634	8,821	8,451
乳脂率(%)	3.86	3.57	3.62	4.08	3.70	4.03	3.48	4.26	3.88	3.08

6. 某養殖場量測 48 尾幼魚重(g)的敘述統計值如下表。

    試求：(1)算數平均數、(2)變異數、(3)標準差。

40	40	59	39	58	38	90	49	52	59	65	28
58	81	58	53	56	58	77	57	72	45	88	61
81	52	76	62	79	62	72	31	71	32	60	73
83	48	68	60	39	69	54	75	42	72	52	93

7. 有一跨國紙漿公司某月份在七個國家或地區生產紙漿的產量（萬公噸）如下：10, 12, 10, 13, 15, 11, 20。

   試求：(1)算數平均數、(2)中位數、(3)眾數、(4)全距、(5)變異數、(6)標準差、(7)變異係數。

8. 假設全國之伐木技術員與測量調查員去年全年所得（萬元）分配情形如下。

工作別	人數	平均所得	中位數	眾數	標準差
伐木技術員	240	200	150	120	50
測量調查員	160	150	120	100	50

   試求：

   (1) 二種職業所得的總平均所得？

   (2) 哪一種職業所得的差異較大？

9. 設 B = 2，而你的學號的各數字構成一族群〔例如你的學號 B9810022，則(2, 9, 8, 1, 0, 0, 2, 2)為一族群〕，試求此一由你自己的學號構成的族群之：

   (1) 平均值(mean)、變異數(variance)與標準差(standard deviation)。

   (2) 如果把你學號的每個數都減掉 2 再乘以 5，則新的平均值、變異數與標準差各為何？

10. 某文心蘭栽培場隨機抽樣 15 株，其一週內切花之花梗長(cm)資料如下：

98	102	113	105	97	86	101	99
102	109	110	103	85	87	98	

   試求下列各敘述統計值：(1)算術平均值、(2)中位數、(3)眾數、(4)變異數、(5)標準差、(6)變異係數。

11. 不同品種大豆之種子大小皆有不同，一般以百粒重(gram)表示，由種源庫中抽取 30 個品種種植田間後調查其百粒重結果如下：

26.5	17.5	29.5	32.5	26.5	26.0
35.0	24.0	38.5	40.0	24.0	27.0
15.5	24.5	14.0	17.5	27.5	29.0
18.0	23.5	21.0	19.0	28.0	34.5
23.0	25.5	29.0	28.5	29.5	35.0

(1) 求上述數據之、全距、算術平均數。

(2) 若以 5.0 為一組距，請設計其頻度分布表(frequency distribution table)。

(3) 依分布表各組製成直方圖(histogram)。

12. 某農戶隨機抽樣調查田間生產之向日葵花朵直徑大小(cm)結果如下：

9	14	20	7	15	18	25
17	16	10	8	7	15	12
11	13	18	15	19	11	—

試求：

(1) 全距。

(2) 四分位數 Q_1、Q_3。

(3) 變異數。

(4) 標準差。

13. 製作以下合乎下列條件的族群（每組由 5 個數據構成）。

(1) 兩組平均值(mean)相同，但變異數(variance)不同的兩組族群。

(2) 兩組平均值不同，但變異數相同的兩組族群。

(3) 兩組平均值相同，但中位數不同的兩組族群。

(4) 兩組平均值不同，但中位數相同的兩組族群。

14. 某農戶隨機抽樣調查田間生產之火鶴的花朵直徑大小(cm)結果如下：

20	29	27	25	24	25
25	21	26	23	28	22

試求其(1)全距(range)；(2)平均數(mean)；(3)眾數(mode)；(4) Q_1、Q_2、Q_3；(5) IQR；(6)變異數(variance)、標準差(standard deviation)及(7)變異係數(CV)。

15. 某農戶隨機抽樣調查有機種植之黑糯玉米的果穗長度(cm)的結果如下，試問：

14	12	16	10	19	10
12	14	18	12	13	11

(1) (a)全距(range)；(b)平均數(mean)；(c)眾數(mode)；(d) Q_1、Q_2、Q_3；(e) IQR；(f)變異數(variance)、標準差(standard deviation)；(g)變異係數(CV)。

(2) 若將各個觀測值皆乘 3 後，試求新資料之平均數、變異數及標準差。

16. 樹齡 20 年之臺灣杉胸高直徑(DBH)與樹高(H)，經調查後樣本資料如下表。

樣本號碼	01	02	03	04	05	06	07
DBH (cm)	30	32	29	35	31	32	31
H (m)	25	27	26	31	29	30	28

請問樣本之平均胸高直徑(DBH)與樹高及其標準差為何？

17. 50 位同學生物統計成績如下表，計算算術平均數、中位數、眾數與全距，並判斷其為何種分布？

88	88	89	99	81
59	87	4	74	41
24	85	78	48	82
48	35	21	58	18
88	88	22	91	83
91	32	13	45	77
98	3	91	43	73
84	25	80	95	5
80	83	50	90	43
90	32	83	58	98

18. 若將上述 50 位同學成績，加權 2 倍（亦即乘以 2）後，再減 5 分；則新成績之算術平均數、中位數、眾數與全距為何？判斷其分布是否會改變？

19. 隨機調查某豬場公與母保育豬各 5 頭中午時段直腸溫度記錄（單位：℃）如下表。分別計算前述公與母保育豬中午時段直腸溫度之(1)算術平均數、中位數與眾數，並判斷屬何種偏斜分布？(2)比較公與母保育豬何者直腸溫度變異程度較大？

編號	公	母
1	39.6	40.3
2	40.2	39
3	39.9	39
4	39.4	40.4
5	40.2	39.1

20. 屏東地區某蛇種之新生幼蛇體重（公克）經抽樣量測所得數據為：18.4, 18.0, 17.3, 20.4, 19.4, 19.2, 19.9, 20.0, 19.4, 16.0。

試求：(1)算數平均數、(2)眾數、(3)中位數、(4)內四分位距、(5)變異數、(6)標準差，以及(7)變異係數。

21. 請計算 3 個不同地區松木毬果重量(g)之平均數，標準差與變異係數。並以地區為類別橫軸繪出對應之盒鬚圖。

編號	松木毬果		
	Oregon	Montana	Idaho
1	92	45	75
2	84	36	76
3	74	34	80
4	105	60	73
5	77	31	72
6	97	25	70
7	87	36	60
8	74	34	76

CHAPTER 04

機率及機率分布

顏才博
國立屏東科技大學熱帶農業暨國際合作系

羅凱安
國立屏東科技大學森林系

BIOSTATISTICS

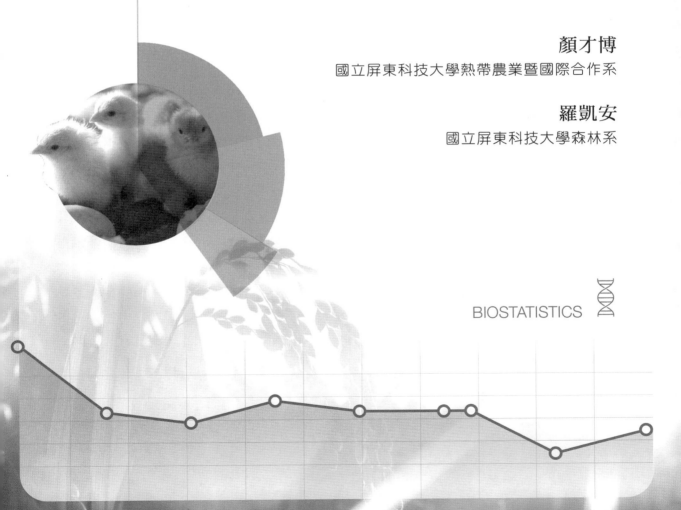

一　機率是什麼？

　　機率是衡量某一事件可能發生的量度（機會大小），並針對此一不確定事件發生之可能性賦予一量化的數值。將此事件發生之次數與所有已嘗試次數對比即可得到此事件可能發生之機率。在生物科學活動中觀察可產生各種可能結果(outcome)的過程，稱為試驗(experiment)；而若各種可能結果的出現（或發生）具有不確定性，但進行多次試驗後即會產生規律性，且在相同情況下可重複進行，則此一過程便稱為隨機試驗(random experiment)。隨機試驗中所有可能結果的集合，稱為樣本空間(sample space)；而樣本空間內的每一元素，稱為樣本點(sample point)。

　　例如：

1. 試驗(experiment)：丟一顆骰子。

2. 結果(outcome)：會有六種可能結果出現，分別是 1, 2, 3, 4, 5, 6。

3. 樣本空間(sample space)：以 S 表示，S = {1, 2, 3, 4, 5, 6}。

4. 樣本點(sample point)：{1}, {2}, {3}, {4}, {5}, {6}。

（一）事件(event)

　　在生物相關試驗中，針對生物個體的不同試驗而觀察收集之數據，即稱為一事件(event)。因此事件乃樣本空間的部分集合或子集(subset)。每一樣本點皆為樣本空間的子集，故亦皆為事件，稱為簡單事件(simple event)，而含有兩個以上的樣本點之事件，稱為複合事件(compound event)。

　　例如上題：丟一顆骰子，會有六種可能結果，分別是 1, 2, 3, 4, 5, 6。

1. 假設 A 事件為丟出點數為 3 的情形，A 事件的樣本點 = {3}，只含一個樣本點，故 A 事件是一簡單事件。

2. 假設 B 事件為丟出點數為偶數點的情形，B 事件的樣本點 = {2, 4, 6}，含三個樣本點，故 B 事件是一複合事件。

3. 假設 C 事件為丟出點數為 ≤ 4 點的情形，C 事件的樣本點 = {1, 2, 3, 4}，含四個樣本點，C 事件是一複合事件。

4. 集合(set)有三個基本運算：聯集、交集與補集。

   (1) A 事件與 B 事件的聯集，是含屬於 A 或(or)屬於 B 的樣本點，記作 A∪B，A∪B的樣本點＝{2, 3, 4, 6}。

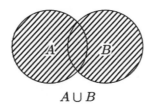

$A \cup B$

   (2) A 事件與 B 事件的交集，是含屬於 A 且(and)屬於 B 的樣本點，記作 A∩B，本例中 A∩B的樣本點＝空集合；A∩C＝{3}；B∩C＝{2,4}。

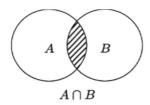

$A \cap B$

   (3) A 事件的補集，是含不屬於 A 的樣本點，記作 A'，A'的樣本點＝{1, 2, 4, 5, 6}。

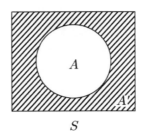

S

5. 互斥事件：設 A、B 為事件，若 A、B 沒有共同的元素（或兩事件不可能同時發生），則 A∩B 為互斥事件(mutually exclusive event)。

   假設 A 事件為丟出點數為 3 的情形，而 B 事件為丟出點數為偶數點的情形，故 A、B 兩事件是互斥事件。

6. 獨立事件：B 事件發生與否皆不影響 A 事件發生的機率，稱 A 事件與 B 事件為獨立事件(independent event)。假設 A 事件為丟骰子點數為 3 的情形，而 H 事件為丟銅板出正面的情形，H 事件發生與否皆不影響 A 事件發生的機率，故 A、H 為獨立事件。

（二）機率值(probability value)

機率是衡量某一事件可能發生的量度，並賦予一量化的數值，記作 P（某事件）；此數值一定是介於 0 到 1 之間，0 表示此事件不會發生，1 則表示此事件一定會發生，$0 \leq P$（某事件）≤ 1。令 S 為樣本空間，則 $P(S)=1$。

例題：延續前面丟一顆骰子的例子

1. 事件 A（即點數為 3）發生的機率 $P(A)=1/6$。

2. 事件 B（即點數為偶數點）發生的機率 $P(B)=3/6=1/2$。

3. 事件 A∪B發生的機率 $P(A \cup B)=4/6=2/3$。

4. 事件 A∩B發生的機率 $P(A \cap B)=0$。

5. 事件 C（即點數為 ≤ 4）發生的機率 $P(C)=4/6=2/3$。

6. 事件 A∩C發生的機率 $P(A \cap C)=1/6$。

二　機率運算

一個以上的機率事件可能同時或不同時出現，彼此之間的相互關係可經由正確的運算求得共同機率值。以下介紹機率運算的概念及定理，仍沿用前一擲骰子的例子。

1. 零事件(null event)的機率為 $P(\varphi)=0$，例題：$P(A \cap B)=0$。

2. 餘事件(complement event)的機率為 $P(A')=1-P(A)$，
   例題：$P(A')=1-1/6=5/6$。

3. 機率的範圍為 $0 \leq P(A) \leq 1$。

4. 條件機率(conditional probability)記作 $P(B|A)$，為若某一事件 A 之發生為已知，而欲求出另一事件 B 的機率，則 $P(B|A)=P(A \cap B)/P(A)$。

   (1) 例題 1：已知丟出點數為 ≤ 4 點（C 事件）情形下，點數為 3 點（A 事件）的機率，即 $P(A|C)=P(A \cap C)/P(C)=(1/6)/(4/6)=1/4$。

   (2) 例題 2：已知丟出 3 點（A 事件）情形下，點數為偶數（B 事件）的機率，即 $P(B|A)=P(A \cap B)/P(A)=0/(1/6)=0$。

5. 加法定理：計算兩事件之聯集的機率。

   (1) 二事件不互斥（即兩事件有共同樣本點）：$P(A \cup B)=P(A)+P(B)-P(A \cap B)$。

例題：丟出點數為 ≤4 點（C 事件）或點數為偶數（B 事件）的機率，即：

$$P(C \cup B) = P(C) + P(B) - P(C \cap B) = 4/6 + 3/6 - 2/6 = 5/6 \text{。}$$

(2) 互斥事件（即兩事件無共同樣本點）：$P(A \cup B) = P(A) + P(B)$。

例題：丟出 3 點（A 事件）或點數為偶數（B 事件）的機率＝1/6+3/6＝4/6。

6. 乘法定理：計算兩事件之交集的機率。

(1) 二事件不獨立：$P(A \cap B) = P(A)P(B|A) = P(B)P(A|B)$。

例題：丟出點數為 ≤4 點（C 事件）的機率且丟出點數為 3（A 事件），即 $P(C \cap A) = P(C)P(A|C) = 4/6 \times 1/4 = 1/6$。

(2) 二事件獨立：$P(A \cap B) = P(A)P(B)$。

A. 例題 1：先丟一骰子丟出 3 點（A 事件）且再丟一銅板得到正面（H 事件），因兩試驗並不互相干擾，故二者是獨立事件。

$$P(A \cap H) = P(A)P(H) = 1/6 \times 1/2 = 1/12$$

B. 注意：若互斥，則 $P(A \cap B) = 0$。

C. 例題 2：丟出 3 點（A 事件）且點數為偶數（B 事件）的機率，此情形不可能發生，故機率為 0。

（一）二事件是否為獨立事件？

請看以下例題：

例題 4-1

自撲克牌中以抽出放回的方式，隨機抽取兩張牌，換句話說，你先從 52 張牌中隨便抽出 1 張牌，看看是什麼牌後，再放回牌堆中，你再從 52 張牌堆中抽出 1 張牌，若定義事件 A 為第一次所抽出的牌是 K 的情形，事件 B 為第二次所抽出的牌是 K 的情形，問事件 A 事件 B 是不是獨立？

（你先想想這種抽出放回情況下，事件 B 的機率會受到事件 A 影響嗎？）

我們先求事件 A 與事件 B 的機率，然後再求事件 A 發生後再發生事件 B 的機率。若條件機率等於原事件機率時，則兩事件為獨立，若不相等，則不獨立。

事件 A（第一張出現 K）的機率為：

$$P(A) = \frac{4}{52} = \frac{1}{13}$$

事件 B（第二張出現 K）的機率為：

$$P(B) = \frac{4}{52} = \frac{1}{13}$$

再來看看事件 B 在事件 A 已發生的情形下，機率為何？也就是要求 $P(B|A)$：

$$P(B|A) = \frac{P(A \cap B)}{P(A)} = \frac{\frac{4 \times 4}{52 \times 52}}{\frac{4}{52}} = \frac{4}{52} = \frac{1}{13}$$

樣本空間的樣本點共有 52×52 個。2 張同時為 "K" 的事件的樣本點有 4×4。因為隨機抽取，故每一樣本點的機率均相等，因此 $P(A \cap B) = \frac{4 \times 4}{52 \times 52}$。

由上面的結果可知，$P(B|A) = P(B)$，故事件 A 與事件 B 是獨立事件。

例題 4-2

自撲克牌中以抽出不放回的方式，隨機抽取兩張牌，換句話說，你先從 52 張牌中隨便抽出 1 張牌，看看是什麼牌後，不放回牌堆中，你再從剩下的 51 張牌堆中抽出 1 張牌，若定義事件 A 為第一次所抽出的牌是 K 的情形，事件 B 為第二次所抽出的牌是 K 的情形，問事件 A 事件 B 是不是獨立？

解

（你先想想這種抽出不放回情況下，事件 B 的機率會受到事件 A 影響嗎？）

我們先求事件 A 與事件 B 的機率，然後再求事件 A 發生後再發生事件 B 的機率。若條件機率等於原事件機率時，則兩事件為獨立，若不相等，則不獨立。

事件 A（第一張出現 K）的機率為：

$$P(A) = \frac{4}{52} = \frac{1}{13}$$

事件 B（第二張出現 K）的機率為：

$$P(B) = \frac{4 \times 3}{52 \times 51} + \frac{48 \times 4}{52 \times 51} = \frac{4}{52} = \frac{1}{13}$$

其中 $\frac{4 \times 3}{52 \times 51}$ 是指第一次所抽出的牌是 K（52 張中有 4 張 K）且第二次所抽出的牌也是 K（51 張中只剩 3 張 K）的機率。

而 $\frac{48 \times 4}{52 \times 51}$ 是指第一次所抽出的牌不是 K（52 張中有 48 張不是 K）且第二次所抽出的牌是 K（51 張中仍有 4 張 K）的機率。

這兩種情形都是在第二張出現 K，也就是事件 B 的定義，因此事件 B 的機率要將兩者相加。

再來看看事件 B 在事件 A 已發生的情形下，機率為何？也就是要求 $P(B|A)$：

$$P(B|A) = \frac{P(A \cap B)}{P(A)} = \frac{\dfrac{4 \times 3}{52 \times 51}}{\dfrac{4}{52}} = \frac{3}{51} = \frac{1}{17}$$

其中 $P(A \cap B) = \frac{4 \times 3}{52 \times 51}$ 是因為抽取 2 張牌都是 K，是指第一次所抽出的牌是 K（52 張中有 4 張 K）且第二次所抽出的牌也是 K（51 張中只剩 3 張 K）的機率。

故 $P(B|A) \neq P(B)$，因此事件 A、事件 B 不獨立。$P(B|A) = 1/17$ 是因當抽出不放回時，第 2 張牌出現老 K 的機率受到第 1 張為老 K 的影響。

例題 4-3

設去年某大專畢業生就讀研究所情形如下表所示。問就讀研究所與性別有關嗎？

	就讀研究所(G)	未就讀研究所(N)	合計
男性(M)	12	30	42
女性(F)	48	10	58
合計	60	40	100

 解

到底就讀研究所與性別有關嗎？由上表可計算得知：

$$P(G) = 60/100 = 0.6$$

$$P(G \mid F) = \frac{P(G \cap F)}{P(F)} = \frac{48/100}{58/100} \cong 0.8276$$

因為 $P(G \mid F) \neq P(G)$，因此，就讀研究所與性別不獨立，亦即就讀研究所與性別有關聯。

（二）機率運算例題

例題 4-4

某班學生 100 人，其中男性學生有 60 人，20 歲的學生有 70 人，而男性學生中 20 歲的有 42 人，則某班學生是男生或年齡為 20 歲的機率有多少？

 解

設事件 A 表示男生，則 $P(A) = 60/100 = 0.6$

設事件 B 表示 20 歲的學生，則

$$P(B) = 70/100 = 0.7$$

P（男生且 20 歲）
$= P(A \cap B) = 42/100 = 0.42$

	20 歲	非 20 歲	合計
M	42	18	60
F	28	12	40
合計	70	30	100

現在題目是問「是男生或年齡為 20 歲的機率」，即要求 P(A∪B)

利用加法定理：計算兩事件之聯集之機率

$$P(A \cup B) = P(A) + P(B) - P(A \cap B) = 0.6 + 0.7 - 0.42 = 0.88$$

例題 4-5

屏科食品公司專門生產醬油，該公司共有 2,000 名員工，按照其性別及職級之分類，如下表。回答下列各項機率問題：

1. 計算 P(A)、P(B)、P(C)、P(M)、P(F)。

2. 由該公司中隨機選出一位員工，此人為女性高級主管（即 F∩A）的機率為何？

3. 由該公司中隨機選出一位員工，此人為男性或是一般職員（即 M∪B）的機率為何？

4. 計算 P(F|A)、P(B|M)，並說明其意義。

	高級主管(A)	一般職員(B)	工廠作業員(C)	合計
男性(M)	55	260	505	820
女性(F)	20	430	730	1,180
合計	75	690	1,235	2,000

1. $P(A) = (55 + 20) / 2,000 = 0.0375$

   $P(B) = (260 + 430) / 2,000 = 0.345$

   $P(C) = (505 + 730) / 2,000 = 0.6175$

   $P(M) = (55 + 260 + 505) / 2,000 = 0.41$

   $P(F) = (20 + 430 + 730) / 2,000 = 0.59$

2. $P(F \cap A) = 20 / 2,000 = 0.01$

3. $P(M \cup B) = (820 + 690 - 260) / 2,000 = 0.625$

4. $P(F|A) = P(F \cap A) / P(A) = 0.01 / 0.0375 = 0.267$

   也可以不用上列公式，而直接由表上找出 $P(F|A) = 20 / 75 = 0.267$

其意義為：在公司之高級主管(A)中（已知條件）隨機選出一位，此人為女性(F)的機率。

$P(B|M) = 260 / (55 + 260 + 505) = 0.317$

其意義為：在公司之男性職員(M)中（已知條件）隨機選出一位，此人為一般職員(B)的機率。

例題 4-6 貝氏定理(Bayes' theorem)

甲公司向 A、B、C、D 四家滑鼠製造商採購滑鼠，其所占的比例分別為 20%、30%、35%、15%，而這四家滑鼠的不良率分別為 1%、1.5%、2%、0.5%，試求：

1. 由已購的滑鼠當中，任取一件，其為不良品的機率為何？良品的機率為何？
2. 已知滑鼠為不良品，試問來自 B 公司的機率為何？

解

此題可用機率樹狀圖進行討論：

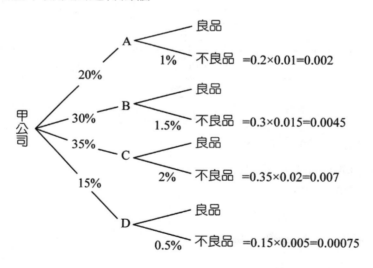

1. 由已購的滑鼠當中，任取一件，其為不良品的機率為：

   $0.002 + 0.0045 + 0.007 + 0.00075 = 0.01425$

   良品的機率為：$1 - 0.01425 = 0.98575$

2. 已知滑鼠為不良品，試問來自 B 公司的機率為：$0.0045 / 0.01425 = 0.3158$

三 **隨機變數(random variable)**

隨機變數為定義於樣本空間的實數函數，常以 X 表之。在實際應用上，隨機變數即指想要了解生物族群中各個體的某個特性，而透過試驗調查所收集的數據會依個體不同而隨機改變。隨機變數(random variable)種類可分為：

1. 間斷型隨機變數(discrete random variable)—隨機變數之值為可計數的，例如丟一顆骰子 10 次中出現 3 點的次數。
2. 連續型隨機變數(continuous random variable)—隨機變數之值為不可計數的，例如某水產食品工廠生產魚類罐頭的不良率。

例題 4-7

試判斷下列各項為間斷或連續之隨機變數，並寫出隨機變數之可能值。

解

1. 每天進入校區之人數：間斷型，$X = 0, 1, 2, \cdots, n$。
2. 某植物的光合作用量：連續型，$X \geqq 0$。
3. 某學期生統不及格的人數：間斷型，$X = 0, 1, 2, \cdots, n$。
4. 某班級學生重量：連續型，$X > 0$。
5. 有 30 道試題，學生答對之題數：間斷型，$X = 0, 1, 2, \cdots, 30$。

四 **機率分布(probability distribution)**

機率分布是指一個隨機變數 X 之各變量 x 的發生機率 f(x) 之分布情形。將欲調查之所有數據整理，歸納出不同類別變化及其所可能出現之機率時，這些不同變化之機率組合即是機率分布(probability distribution)。以間斷型機率分布為例：指各變數 x 值為間斷型數據，而依各 x 值及相對機率組合而成之分布。

例如：丟一公正的銅板 3 次，T 代表反面，H 代表正面。

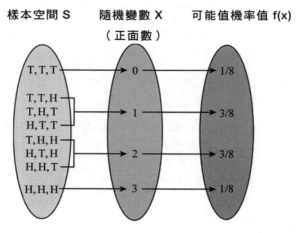

歸納整理此分布時，可將各個不同的 x 值與其對應之機率值一一列表，有時亦可以一函數式來取代其詳細的表列，或以機率分布圖表示。

以函數式表示，即 $f(x) = P(X = x)$

1. $0 \le f(x) \le 1$。

2. $\sum f(x) = 1$。

3. $P(a \le X \le b) = \sum_{x=a}^{b} f(x)$。

例題 4-8

丟一公正的銅板 4 次，隨機變數 X 表示正面數，則 X 的機率分布表為：

 解

x	f(x)
0	1/16=0.0625
1	4/16=0.25
2	6/16=0.375
3	4/16=0.25
4	1/16=0.0625
總和	1

X 的機率分布函數式為（詳見第五章）：

$$f(x) = C_x^4 (1/2)^x (1/2)^{4-x}$$
$$x = 0, 1, 2, 3, 4$$

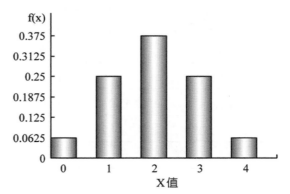

C_x^4－為組合數，x－為某事件出現次數，4－為總事件數。

X 的機率分布圖如右：

例題　4-9

有 A、B、C 三間醫院，各送幾個可能是新型流感患者之檢體給衛生福利部作病毒檢驗，設已知 A 醫院所送 10 個檢體中有 1 個呈陽性反應，B 醫院所送 20 個檢體中有 4 個呈陽性反應，C 醫院所送 8 個檢體中有 2 個呈陽性反應，現由 A 醫院所送檢體中抽出一個檢體、B 醫院所送檢體中抽出一個檢體、C 醫院所送檢體中抽出一個檢體（因此共有 3 個檢體）作病毒檢驗，設 X 為所抽出檢體中呈陽性反應的個數，試問：

1. 列出 X 的機率分布表。
2. 全為陰性反應之機率。
3. 至少有兩個為陽性之機率。

1. X 的機率分布表
   (1) P（A 醫院所送檢體中抽出一個檢體呈陽性反應）=1/10=0.1 陰性則為 0.9
   (2) P（B 醫院所送檢體中抽出一個檢體呈陽性反應）=4/20=0.2 陰性則為 0.8
   (3) P（C 醫院所送檢體中抽出一個檢體呈陽性反應）=2/8=0.25 陰性則為 0.75

X（陽性個數）	f(x)
0（全無陽性）	0.9×0.8×0.75=0.54
1（一個陽性）	(0.1×0.8×0.75)+(0.9×0.2×0.75)+(0.9×0.8×0.25)=0.375
2（二個陽性）	(0.1×0.2×0.75)+(0.1×0.8×0.25)+(0.9×0.2×0.25)=0.08
3（三個全為陽性）	0.1×0.2×0.25=0.005
總和	1

2. 全為陰性反應之機率 $P(X = 0) = 0.54$。

3. 至少有兩個為陽性之機率 $P(X \geq 2) = 0.08 + 0.005 = 0.085$。

五　期望值與變異數

　　族群特徵值(population characteristic)為描述機率分布特徵的數值，包含隨機變數的期望值和變異數。

（一）期望值(expected value)

　　為機率分布的集中趨勢之代表數值，可視為由族群中抽樣，其所有可能樣品統計值 x 之算術平均數。設隨機變數 X 的機率函數為 f(x) 或變量 x 的相對次數機率，則間斷型機率分布隨機變數 X 的期望值 $E(X) = \sum xf(x) = \mu$。

（二）變異數(variance)與標準差(standard deviation)

　　設隨機變數 X 的機率函數為 f(x)，則間斷型機率分布隨機變數 X 的變異數為：

$$\sigma^2 = \sum(x-\mu)^2 f(x) = \sum x^2 f(x) - \mu^2$$
$$X 的標準差 \sigma = \sqrt{\sigma^2}$$

例題 4-10

若某事件成功之機率為 1/2，此事件進行三次時成功之次數為 X，求 X 之期望值。

x	f(x)	xf(x)
0	1/8	0
1	3/8	3/8
2	3/8	6/8
3	1/8	3/8
和	1	12/8=1.5 ← μ

解

由上表 X 的機率分布之期望值 $E(X) = \mu = \sum xf(x) = 12/8 = 1.5$。

已知 $\mu = 1.5$ 則變異數及標準差之計算如下：

x	$(x-\mu)^2$	f(x)	$(x-\mu)^2 f(x)$
0	2.25	1/8	0.28125
1	0.25	3/8	0.09375
2	0.25	3/8	0.09375
3	2.25	1/8	0.28125
和			0.75 ← σ^2

變異數 $\sigma^2 = \sum (x-\mu)^2 f(x) = 0.75$

或 $\sigma^2 = \sum x^2 f(x) - \mu^2$

$$= 0^2 \times \frac{1}{8} + 1^1 \times \frac{3}{8} + 2^2 \times \frac{3}{8} + 3^2 \times \frac{1}{8} - (1.5)^2$$

$$= 24/8 - 2.25 = 3 - 2.25 = 0.75$$

標準差 $\sigma = \sqrt{0.75} = 0.8660$

例題 **4-11**

　　某房地產公司統計其 300 天的房屋銷售量，次數分配表如下，令 X 為隨機變數表示，房屋每日的銷售量。

1. 請編製 X 的機率分布表。
2. 請估算未來每日「預期」可賣幾間房屋？

每日銷售量	營業日數（次數）
0	58
1	135
2	82
3	15
4	7
5	2
6	1
合計	300

 解

1. X 的機率分布表。

X：每日銷售量	f(x)
0	0.193 (=58/300)
1	0.450 (=135/300)
2	0.273 (=82/300)
3	0.050 (=15/300)
4	0.023 (=7/300)
5	0.007 (=2/300)
6	0.003 (=1/300)
合計	1.000

2. 每日「預期」可賣幾間房屋,即求 X 的期望值。

x	f(x)	xf(x)
0	0.193	0.00
1	0.450	0.45
2	0.273	0.546
3	0.050	0.150
4	0.023	0.092
5	0.007	0.035
6	0.003	0.018

期望值 $E(X) = \sum x_i f(x_i) = 0 + 0.45 + 0.546 + 0.150 + 0.092 + 0.035 + 0.018 = 1.291$。

由此期望值可知,該房地產公司每日「預期」或「平均」可以代表銷售房屋 1.291 間。也就是說,一天房屋銷售量的期望值為 1.29 間。

例題 4-12

設今有一樂透(lottery)彩券發行 10,000 張,其中獎獎金及中獎彩券數如下,若 x 為中獎獎金,試求樂透彩券中獎機率分布及期望值、標準差。

獎金 x	彩券數
10,000	1
5,000	3
1,000	10
100	200
50	500
0	9,286
和	10,000

解

樂透彩券中獎機率分布如下：

獎金 x	機率 f(x)
10,000	0.0001
5,000	0.0003
1,000	0.001
100	0.02
50	0.05
0	0.9286
和	1.0000

期望值 $\mu = \sum xf(x)$

$= 10,000 \times 0.0001 + 5,000 \times 0.0003 + 1,000 \times 0.001 + 100 \times 0.02 + 50 \times 0.05$

$= 8.0$，即每位顧客期望平均可分得 8.0 元之獎金。

變異數 $\sigma^2 = \sum x^2 f(x) - \mu^2$

$= 10,000^2 \times 0.0001 + 5,000^2 \times 0.0003 + 1,000^2 \times 0.001$

$+ 100^2 \times 0.02 + 50^2 \times 0.05 - 8.0^2 = 18,825 - 64$

$= 18,761$

標準差 $\sigma = \sqrt{18,761} = 136.9708$

習題

1. 擲紅、白兩顆骰子,若以(紅骰子點數、白骰子點數)表示擲出結果:

   (1) 事件 A 定義為「兩個骰子點數和為 5」〔如(1, 4),(4, 1)⋯⋯〕的情形,列出事件 A 的樣本空間及其機率 P(A)。

   (2) 事件 B 定義為「兩顆骰子中有一個(只有 1 個!)是 1」〔如(1, 2)〕的情形,列出事件 B 的樣本空間及其機率 P(B)。

   (3) 事件 C 定義為「兩個骰子點數差為 2」〔如(1, 3)〕的情形,列出事件 C 的樣本空間及其機率 P(C)。

   (4) 哪兩個事件(即 A 與 B,A 與 C,B 與 C)之間是互斥事件?請說明理由。

   (5) 計算 P(A│B)、P(C│A)、P(B│C),並以此說明是否哪兩個事件之間為獨立事件。

2. 某醫院全體患者中有 3%有肺病,有肺病者以 X 光檢查出來的機率為 80%,而無肺病者以 X 光檢查卻被誤診為有肺病者的機率為 5%,問:(請先繪製樹狀圖會比較清楚喔!)

   (1) 全體患者中,有肺病卻查不出來的機率為何?

   (2) 全體患者中以 X 光檢查,結果被診斷是有肺病的機率為何?

   (3) 若在被診斷是有肺病的情形下,某患者確實是有肺病的機率為何?

   (4) 若在被診斷是沒有肺病的情形下,某患者卻是有肺病的機率為何?

3. 某食品工廠作了一份有關各消費年齡層、喜歡或不喜歡某項新產品的調查,總共成功訪問了 800 人,結果如下:

	喜歡(Y)	不喜歡(N)
20 歲以下(A)	255	85
20~30 歲(B)	120	55
30~40 歲(C)	60	80
40 歲以上(D)	45	100

請問：

(1) 調查結果中，20~30 歲且喜歡該項新產品者的機率，即 P(B∩Y)，為何？

(2) 調查結果中，是 20~30 歲或是喜歡該項新產品的機率，即 P(B∪Y)為何？

(3) 喜歡新產品的顧客中，是 20~30 歲者的機率，即 P(B|Y)為何？

計算 P(N)、P(A∪N)、P(N|C)、P(D∩N)，並以 1.2.3.小題的敘述方式說明其意義。

4. 有三個盒子，第一盒中有 2 紅球 1 白球，第二盒中有 1 紅球 3 白球，第三盒中有 2 紅球 3 白球，現由各盒中各抽一球故共抽三球，令 X 為三球中紅球的數目：

(1) 寫出 X 的可能值。

(2) 列出 X 之機率分布表。

(3) 求 P(X = 1)、P(X ≥ 1)、P(X ≤ 1)，及各機率值所代表的涵義〔如 P(X = 1)表示三球中恰有一個紅球的機率〕。

(4) 求 X 的期望值、變異數、標準偏差。

5. 現有一特殊的骰子，其中有兩面為點數"1"，兩面為點數"2"，兩面為點數"3"，丟此骰子一次，記錄出現偶數點或奇數點：

(1) 出現偶數點的機率為何？

(2) 若丟此骰子四次，以 X 表示出現偶數點的次數，請列出 X 的機率分布表。

(3) 已知丟四次中至少有一次的偶數點，在此情形下，四次全為偶數點的機率為何？〔註：此題為計算條件機率，即求 P（四次全為偶數點 | 四次中至少有一次的偶數點）。〕

6. 設 B = 2，而你的學號的各數字構成一族群（例如你的學號為 B9810022，則 (2, 9, 8, 1, 0, 0, 2, 2)為一族群），你的學號中每個數字不是奇數便是偶數：

(1) 隨機抽取 1 個數字是奇數的機率為何？（此機率取小數點兩位用以計算下列之問題）

(2) 隨機抽取 3 個數字都是奇數的機率為何？

(3) 隨機抽取 3 個數字中兩個奇數一個是偶數的機率為何？

(4) 隨機抽取 3 個數字中一個奇數兩個是偶數的機率為何？

(5) 隨機抽取 3 個數字中三個都不是奇數的機率為何？

(6) 隨機抽取 3 個數字（重複無限多次），平均會有多少個奇數？

7. 一個盒子中有 7 個紅球和 5 個黑球,所有球只有顏色不同。現隨機自盒中選取 2 球,一次一個,取出不放回。令 A 表示第一個取出的球為紅色的事件,B 表示第二個取出的球為紅色的事件。試問 A 和 B 是否獨立?說明理由。

8. 擲一公正之骰子,試求下列事件發生之機率:
   (1) A1:出現奇數點;(2) A2:出現非奇數點;(3) A3:奇數點或偶數點出現;
   (4) A4:出現點數大於 3;(5) P(A4|A1);(6)試問 A1 與 A4 是否為獨立事件?

9. 某乳品廠有三條牛乳生產線(A、B 與 C),不良率分別為 3%、4%與 2%。若各生產線產量分別為 35%、40%與 25%。現隨機抽取一瓶牛乳,試求(計算至小數第四位):
   (1) 已知其為不良品,此產品來自 A 生產線的機率?
   (2) 已知其為不良品,此產品來自 B 生產線的機率?
   (3) 已知其為不良品,此產品來自 C 生產線的機率?

10. 調查學生選填科系三大主因為:(1)個人興趣、(2)未來出路與(3)家庭因素。若前述原因所占比例分別為 50%、40%與 20%。同時,(1)且(2)、(1)且(3)與(2)且(3)比例分別為 15%、12%與 10%;又(1)且(2)且(3)之比例為 8%。試求至少三種主因之一而選填科系之比例為何?

11. 屏東枋寮某養殖場室內養殖池中有 100 尾海鱺,調查其性別及體型後如下表:

	<20cm	>20cm
雄(M)	15	25
雌(F)	45	15

今從池中隨意撈 1 尾魚,設事件 A 為雄魚,事件 B 為體型<20cm,試求以下機率:
   (1) 雄魚出現之機率 P(A)為何?
   (2) 雌魚出現之機率為何?
   (3) 體型<20cm 且為雄性的機率為何?
   (4) 體型<20cm 或是雄性機率為何?
   (5) 性別與體型是否有關?

12. 某一海釣者 2 小時內在外海釣上魚的數量(x)，其機率分布如下表：

x	0	1	2	3	4	5	6	7
f(x)	0.001	0.015	0.050	0.205	0.324	0.298	0.105	0.002

試求

(1) 預期 2 小時內釣上魚的數量？

(2) 其變異數為何？

13. 森林野生鼠類調查時，若是捕鼠器捕獲率平均為 15%，請問若設下 60 個捕鼠器，捕獲鼠類數量之期望值為何？

14. 某 10 萬隻蛋雞飼養場中，A、B 與 C 品系雞隻分別有 3 萬、4 萬與 3 萬隻，各品系雞白痢發生率分別為 2%、3%與 4%。隨機檢測一隻雞之雛白痢為陰性或陽性，試計算下列機率：

(1) 檢測結果為陰性之機率。

(2) 已知檢測結果為陰性，此雞隻為 A 品系之機率。

(3) 檢測結果為陽性，且為 C 品系雞隻之機率。

15. 下表為投擲兩顆骰子 120 次的結果：

骰子點數	發生頻度
1	0
2	5
3	2
4	8
5	9
6	12
7	9
8	8
9	17
10	20
11	17
12	13
總和	120

請問骰兩顆骰子的(1)所有組合發生的機率，還有(2)兩顆骰子總和的期望值為何？

CHAPTER 05

間斷型機率分布

吳立心
國立屏東科技大學植物醫學系

徐敏恭
國立屏東科技大學研究總中心

BIOSTATISTICS

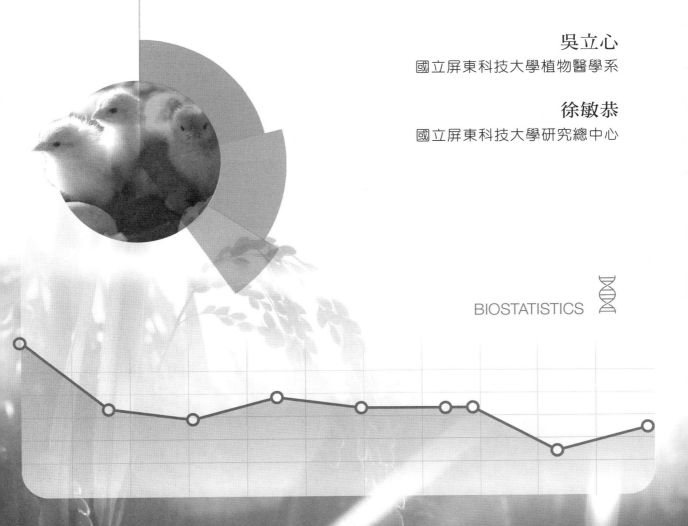

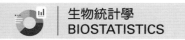

一　二項分布

（一）二項分布試驗(binomial distribution experiment)

　　當一隨機獨立試驗（或稱伯努利試驗，Bernoulli experiment）只有成功或失敗兩種結果時，若有重複 n 次伯努利試驗，每次試驗只有兩種可能的結果，成功的機率皆為 p，即 p（成功）=p，且 p（失敗）=1−p=q，此時所有 n 次試驗結果之組成分布，即稱為二項分布。此分布中二項隨機變數 X 表示 n 次試驗中成功的次數。

（二）二項分布機率函數

$$P(X = x) = f(x) = C_x^n p^x q^{n-x}, \quad x = 0, 1, \cdots, n$$

$C_x^n = \dfrac{n!}{x!(n-x)!}$ 稱為二項係數，是組合 (combination) 運算式，其中

n!=n×(n−1)× (n−2)×⋯×1 且 0!=1。

1. p表示試驗成功機率。

2. q表示試驗失敗機率=1−p。

3. n表示試驗次數。

4. 以符號 B(n, p)表示二項分布(binomial distribution)

5. E(X) = np即 X 的期望值（平均數）。

6. Var(X) = npq即 X 的變異數，標準差 SD(X) = $\sqrt{npq}$ 。

7. P(X ≤ a)表示 n 次試驗中小於等於 a 次成功次數之機率 = f(x)，亦可利用附錄一查出二項機率值。

例題 5-1　丟銅板

　　丟一公正銅板 4 次的隨機試驗即為二項分布試驗，X表示各結果中出現正面的次數，請列出此試驗之機率分布函數式、機率分布表、期望值、標準差，及計算最多出現一次正面的機率。

每次丟銅板出現正面的機率 p＝0.5，即 p＝P（成功）＝0.5，且 q＝P（失敗）＝1－p＝0.5 可以函數式表示：

$$f(x) = C_X^4 0.5^X 0.5^{4-x} \text{，} \quad x = 0, 1, 2, 3, 4$$

利用此函數式即可將 x 值代入，而算出其機率值 f(x)：

x	f(x)	計算方式
0	0.0625	$\leftarrow C_0^4 0.5^0 0.5^{4-0} = \dfrac{4!}{0!(4-0)!} 0.5^0 0.5^4 = 0.0625$
1	0.25	$\leftarrow C_1^4 0.5^1 0.5^{4-1} = \dfrac{4!}{1!(4-1)!} 0.5^1 0.5^3 = 0.25$
2	0.375	$\leftarrow C_2^4 0.5^2 0.5^{4-2} = \dfrac{4!}{2!(4-2)!} 0.5^2 0.5^2 = 0.375$
3	0.25	$\leftarrow C_3^4 0.5^3 0.5^{4-3} = \dfrac{4!}{3!(4-3)!} 0.5^3 0.5^1 = 0.25$
4	0.0625	$\leftarrow C_4^4 0.5^4 0.5^{4-4} = \dfrac{4!}{4!(4-4)!} 0.5^4 0.5^0 = 0.0625$

註：0!=1，4!=4×3×2×1

1. 以符號 B(4, 0.5)表示。
2. E(X)＝4×0.5＝2.0表示丟一公正銅板 4 次，你期望應有 2 次會出現正面，也就是說每丟一公正銅板 4 次，平均而言會出現 2 次正面。
3. Var(X)＝4×0.5×0.5＝1.0，SD(X)＝1.0，表示丟一公正銅板 4 次，出現正面次數之標準差為 1 次。
4. 計算最多出現一次正面的機率，即計算 P(X≤1)， P(X≤1)＝f(0)＋f(1)＝0.0625＋0.25＝0.3125。

（三）二項分布機率運算及查表法

1. 利用課本附錄一之二項分布機率表。

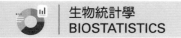

2. 在求二項分布的機率值時,其計算工作很繁雜,可利用課本之二項分布機率表查出機率,先確定 n 與 p 的值,然後再由該表中找出對應的 x 值,即可查到 f(x)。

| 表 5-1 | 二項分布機率表

X 值	機率 f(x)
0	f(0)
1	f(1)
2	f(2)
⋮	⋮
n	f(n)
總計	1

有些書的二項分布機率表所列的值是累計機率,先確定 n 與 p 的值,然後再由該表中找出對應的 C 值,即可查到累積機率 $P(X \leq y)$。

| 表 5-2 | 二項分布累計機率表

y	表中數據的意義
0	$P(X = 0) = f(0)$
1	$P(X \leq 1) = f(0) + f(1)$
2	$P(X \leq 2) = f(0) + f(1) + f(2)$
⋮	⋮
⋮	⋮
n	$P(X \leq n) = f(0) + f(1) \cdots f(n) = 1$

某 f(x) 之機率可由表中兩個連續數據相減而得。例如:

$$P(X = 1) = f(1) = P(x \leq 1) - P(X = 0)$$
$$P(X = 2) = f(2) = P(X \leq 2) - P(X \leq 1)$$
$$= (表中 y = 2 之值) - (表中 y = 1 之值)$$

例題　5-2

　　有一公園新建意見調查，若設 30%居民贊成，今獨立隨機訪問 15 位居民。

1. 最多有 10 個居民贊成之機率為多少？
2. 恰有 10 個居民贊成之機率為多少？
3. 至少有 8 個以上居民贊成之機率為多少？
4. 有 10 個至 14 個居民贊成的機率有多少？

　　此公園新建意見調查之居民贊成人數（即成功人數 X），可以視為 B(15, 0.3)，所以函數式為：

$$f(x) = C_x^{15} 0.3^x 0.7^{15-x}, \quad x = 0, 1, 2, \cdots, 15$$

　　利用課本附錄一之二項分布機率表，要先找到 n = 15， p = 0.3 那一頁（如下表）：

n	x	p=0.30
	0	0.0047
	1	0.0305
	2	0.0916
	3	0.1700
	4	0.2186
	5	0.2061
	6	0.1472
	7	0.0811
15	8	0.0348
	9	0.0116
	10	0.0030
	11	0.0006
	12	0.0001
	13	0.0000
	14	0.0000
	15	0.0000

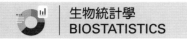
1. 最多有 10 個居民贊成之機率

$$P(X \leq 10) = \sum_{x=0}^{10} f(x) = f(0) + f(1) + \cdots + f(10)$$
$$= 0.0047 + 0.0305 + \cdots + 0.0030 = 0.9992$$

2. 恰有 10 個居民贊成之機率

$$P(X = 10) = f(10) = 0.0030$$

當然也可以直接代入公式：

$$f(10) = C_{10}^{15} 0.3^{10} 0.7^{15-10} = 0.0030$$

3. 至少有 8 位居民贊成之機率為

$$P(X \geq 8) = f(8) + f(9) + \cdots + f(15) = 0.0348 + 0.0116 + \cdots + 0.0000 = 0.0501$$

4. 有 10 個至 14 個居民贊成的機率有多少

$$P(10 \leq X \leq 14) = f(10) + f(11) + f(12) + f(13) + f(14)$$
$$= 0.0030 + 0.0006 + 0.0001 + 0.0000 = 0.0037$$

例題 5-3 ....

某班級男生占 20%，今欲組一學生自習會，要 20 位學生，求下列各題：

1. 以 X 表示此學生自習會中男生之人數，寫出 X 的機率分布函數。
2. 此學生自習會中男生恰有 7 位的機率為何？
3. 此學生自習會中男生至少有 3 位的機率為何？
4. 此學生自習會中全部是男生的機率為何？

解

1. 以 X 表示此學生自習會中男生之人數，可以視為 B(20, 0.2)，所以函數式為：

$$f(x) = C_x^{20} 0.2^x 0.8^{20-x}, \quad x = 0, 1, 2, \cdots, 20$$

2. 此學生自習會中男生恰有 7 位的機率

　　直接利用函數式 → $f(7) = C_7^{20} 0.2^7 0.8^{20-7} = 0.0545$ 或利用附表。

　　利用課本附錄一之二項分布機率表，如下表：

n	x	p=.20
20	0	.0115
	1	.0576
	2	.1369
	3	.2054
	4	.2182
	5	.1746
	6	.1091
	7	.0545
	8	.0222
	9	.0074
	10	.0020
	11	.0005
	12	.0001
	13	.0000
	⋮	⋮
	20	.0000

3. 此學生自習會中男生至少有 3 位的機率為何？

$$P(X \geq 3) = f(3) + f(4) + \cdots\cdots + f(20) = 0.02054 + 0.2182 + \cdots\cdots + 0.0000 = 0.7940$$

4. 此學生自習會中全部是男生的機率為何？

$$P(X = 20) = f(20) = 0.0000 \text{ 機率極低 。}$$

 例題 5-4

　　在棒球賽中一選手最常可能上場打擊之次數為 3 次，以 x 表示某選手打擊成功之次數。若此選手平均打擊率為 1/3，

1. 列出 x 之全部可能值。

2. 列出 x 之機率分布表。

3. 計算 P(X ≥ 2)。

解

1. x 之全部可能值 (x_i) 為：0, 1, 2, 3。

　　　　0 ← 三次打擊全部失敗。
　　　　1 ← 三次打擊只成功一次。
　　　　2 ← 三次打擊只成功兩次。
　　　　3 ← 三次打擊全部成功。

2. x 之機率分布，即要求出 P(X = 0)、 P(X = 1)、 P(X = 2)、 P(X = 3)，再列表。

X 之值 (x_i)	$f(X) = P(X = x_i)$	機率計算方法
0	$C_0^3(1/3)^0(2/3)^3$	$2/3 \times 2/3 \times 2/3 = 8/27 = 0.2963$
1	$C_1^3(1/3)^1(2/3)^2$	$3 \times 1/3 \times 4/9 = 12/27 = 0.4444$
2	$C_2^3(1/3)^2(2/3)^1$	$3 \times 1/9 \times 2/3 = 6/27 = 0.2222$
3	$C_3^3(1/3)^3(2/3)^0$	$1/3 \times 1/3 \times 1/3 = 1/27 = 0.0374$

　　記得：每次做完機率分布表時，要檢查是否 $\sum f(x) = 1$，

　此題中 $8/27 + 12/27 + 6/27 + 1/27 = 1$，正確！

3. 計算 P(X ≥ 2)；$0.2222 + 0.0374 = 0.2596$。

 二　卜瓦松分布(Poisson distribution)

　　卜瓦松分布(Poisson distribution)為稀有事件發生的機率，係在一連續時間或空間（區間）內 n 個事件中發生成功之次數，且此次數很少，通常指 n 很大，p 很小或成功機率小於百分之一以下之事件。例如禽流感、SARS，或 SARS-CoV-2 傳染於人類之次數，某縣市區域內每天中發生重大交通事故之次數，如單位面

積森林中動物數量、單位稻田面積中某種昆蟲數量、顯微鏡觀察生物細胞染色體形態和數目等有變異的細胞數計數、單位容積液體（水或牛奶）中某種細菌計數、家畜動物產生畸型數量、單位體積水中魚數量等。以下為此分布之特性：

1. 在一連續時間或空間（區間）內發生事件之次數，與另一連續區間內發生的次數是獨立的。
2. 在一連續區間內發生事件次數之期望值（平均數）與區間大小成比例。
3. 兩個或更多個事件發生在很短的區間內的機率幾乎為 0。
4. 隨機變數 X 表示一段連續區間內事件發生之次數。

例題 5-5

高速公路每天早上 6：00~9：00 之尖峰時間（一連續區間），在此時間內發生車禍最多，平均每小時 2 件。

解

1. 在今天尖峰時間發生車禍次數與明天尖峰時間發生車禍次數互為獨立。
2. 平均每小時 2 件，則在尖峰時間（共 3 小時）內，發生車禍次數之平均為 2×3=6 件。
3. 若將時間之單位改為極短的 1 秒鐘之內，發生兩件車禍的機率幾乎為 0。
4. 隨機變數 X 表示在尖峰時間（一連續區間）內車禍事件發生之次數，則 $x = 0, 1, 2, \cdots, \infty$。

（一）卜瓦松機率分布函數

1. 若已知在一連續區間內發生事件 A 之期望值（平均數）為 μ，令 X 表示該區間內事件 A 發生之次數，

   則 $P(X = x) = f(x) = \dfrac{e^{-\mu}\mu^x}{X!}$，$X = 0, 1, 2, \cdots, \infty$（e 為自然常數，e = 2.7183）。

2. $E(X) = \mu = np$
3. $Var(X) = \mu = np$、$SD(X) = \sqrt{\mu} = \sqrt{np}$

4. 卜瓦松分布是二項分布的特例情形。卜瓦松分布與二項分布都是間斷型（X 為可數的，$X = 0, 1, 2, \cdots$）機率分布，當二項分布的 n 很大且 p 很小時（在實際應用上當 $n > 100$，$p < 0.01$ 時），可將平均 $\mu(= np)$ 算出後代入卜瓦松分布函數式，否則 n 不大或 p 不是很小時，仍應以二項分布式進行機率計算。

例題 **5-6**

同例題 5-5，高速公路每天早上 6：00~9：00 之尖峰時間（一連續區間），在此時間內平均每小時發生 2 件車禍，則在尖峰時間（共 3 小時）內，發生車禍次數之平均為 6 件，令 X 表示在尖峰時間內車禍事件發生之次數，則

解

1. $f(x) = \dfrac{e^{-6} 6^x}{x!}$，$x = 0, 1, 2, \cdots, \infty$

2. $E(X) = 6$

3. $Var(X) = 6$

4. $SD(X) = 2.45$

例題 **5-7** ＜比較二項分布與卜瓦松分布＞

同例題 5-5，高速公路每天早上 6：00~9：00 之尖峰時間，假設在此時間內有 10,000 輛車子通行，而每輛車發生車禍的機率為 0.0006，令 X 表示在尖峰時間內車禍事件發生之次數，則在尖峰時間內，發生車禍次數之平均值為何？恰有一件車禍的機率為何？最多有 5 件車禍的機率為何？

解

1. 此題可視為 n 很大（10,000 輛車）p 很小(0.0006)的二項分布

$$f(x) = C_x^{10000} p^x q^{10000-x}，\quad x = 0, 1, 2, \cdots, 10,000$$

發生車禍次數之平均值 $= np = 6$

亦可視為 $\mu = np = 6$ 的卜瓦松分布，

$$f(x) = \dfrac{e^{-6} 6^x}{x!}，\quad x = 0, 1, 2, \cdots, \infty$$

2. 恰有一件車禍的機率為求 $P(X = 1) = f(1)$

　　代入二項分布函數式：$f(1) = C_1^{10000} p^1 q^{10000-1} = 0.01486$

　　代入卜瓦松分布函數式：$f(1) = \dfrac{e^{-6} 6^1}{1!} = 0.01487$

　　所以當 n 很大 p 很小時，二項分布機率近似卜瓦松分布機率。

3. 最多有 5 件車禍的機率為求 $P(X \le 5) = \displaystyle\sum_{x=0}^{5} f(x)$ ，$x = 0, 1, 2, 3, 4, 5$

　　代入二項分布函數式：$P(X \le 5) = \displaystyle\sum_{x=0}^{5} C_x^{10000} (0.0006)^x (1 - 0.0006)^{10000-x} = 0.4456$

　　代入卜瓦松分布函數式：$P(X \le 5) = \displaystyle\sum_{x=0}^{5} \dfrac{e^{-6} 6^x}{x!} = 0.4457$

（二）卜瓦松分布機率運算及查表法

　　在求卜瓦松分布的機率值時，可利用課本附錄二之卜瓦松分布機率附表查出機率。在查表前先要確定 μ 的值，然後再由該表中找出對應的 x 值，即可求得機率。

| 表 5-3 | 卜瓦松分布表

X 值	f(x)
0	f(0)
1	f(1)
2	f(2)
⋮	⋮
n	f(n)
總計	1

　　課本附錄二的卜瓦松分布機率附表所列的值為累計機率。在查表前先要確定 μ 的值，然後再由該表中找出對應的 C 值（成功累積次數），即可求得累計機率。

| 表 5-4 | 卜瓦松分布累計機率表

C	表中數據的意義
0	$P(X = 0) = f(0)$
1	$P(X \leq 1) = f(0) + f(1)$
2	$P(X \leq 2) = f(0) + f(1) + f(2)$
⋮	⋮
⋮	⋮
n	$P(X \leq n) = f(0) + f(1) \cdots + f(n)$

某 $f(x)$ 之機率可由附表中兩個連續數據相減而得。例如：

$$P(X = 2) = f(2) = P(X \leq 2) - P(X \leq 1)$$
$$= （表中C = 2之值）-（表中C = 1之值）$$

例題 5-8 病患人數 ⋯⋯⋯⋯⋯⋯⋯⋯⋯⋯⋯⋯⋯⋯⋯

假定到達臺北市立醫院的病患人數符合 Poisson 分布，且平均每小時有 1 人到達，試問：

1. 1 小時內沒有病患到達的機率。

2. 1 小時內到達的病患少於 4（不含 4）人的機率。

3. 1 小時內到達的病患有 3~5 人的機率。

4. 2 小時內沒有病患到達的機率。

解

1. 利用課本之卜瓦松分布累計機率附表（附錄二），要先找到 $\mu = 1.00$ 那一欄。

C	$\mu = 1.00$	
0	0.368	← $P(X=0) = f(0)$
1	0.736	← $P(X \leq 1) = f(0)+f(1)$
2	0.920	← $P(X \leq 2) = f(0)+f(1)+f(2)$
3	0.981	← $P(X \leq 3) = f(0)+f(1)+f(2)+f(3)$
4	0.996	← $P(X \leq 4) = f(0)+f(1)+f(2)+f(3)+f(4)$

C	μ = 1.00	
5	0.999	← P(X≦5) =f(0)+f(1)+f(2)+f(3)+f(4)+f(5)
6	1.000	← P(X≦6) =f(0)+f(1)+f(2)+f(3)+f(4)+f(5)+f(6)
7	1.000	← P(X≦7) =f(0)+f(1)+f(2)+ f(3)+f(4)+f(5)+f(6)+f(7)

設 X 表一小時內到達市立醫院的病患人數，則 X 為 $\mu=1$ 的 Poisson 隨機變數，於是沒有病患到達的機率 $f(0)=0.368$，

也可以代入卜瓦松分布機率函數式：

$$f(0) = \frac{e^{-1}1^0}{0!} = e^{-1} = 0.3679$$

2. 1 小時內到達醫院之病患人數少於 4（不含 4）人的機率為
查表 $P(X<4) = P(X\leq3) = f(0)+f(1)+f(2)+f(3) = 0.981$。

3. 1 小時內到達的病患有 3~5 人的機率
$P(3\leq X\leq5) = f(3)+f(4)+f(5) = P(X\leq5)-P(X\leq2) = 0.999-0.920 = 0.079$。

4. 令 Y 表二小時內到達醫院的病患人數，則 Y 為 $\mu=2$ 的 Poisson 隨機變數，其機率分布函數式為

$$f(y) = \frac{e^{-2}2^y}{y!} \ , \ \ y = 0, 1, 2, 3\cdots$$

於是，若要查表則要先找到 $\mu=2.0$ 那一欄，二小時內沒有病患到達的機率為 $f(0)=0.135$ 也可以代入卜瓦松分布機率函數式：

$$f(0) = \frac{e^{-2}2^0}{0!} = e^{-2} = 0.1353$$

例題 5-9

網路購物愈來愈發達，然而糾紛也愈來愈多。設某郵購商品公司對消費者提供 7 天的商品鑑賞期，消費者如果對商品不滿意可於 7 天內退貨並 100%退款以減少糾紛。依據該公司過去的記錄，每 7 天平均 1 件被要求退還貨款。請問 14 天內會被退 5 件的機率為何？至多 3 件的機率為何？

令 X 為被退的件數，因已知每 7 天平均 1 件要求退貨，故 14 天商品被要求退還貨款的期望值為 $2 \times 1 = 2$，

會被退 5 件的機率，利用查表得

$f(5) = P(x \leq 5) - P(x \leq 4) = 0.983 - 0.947 = 0.036$

至多 3 件的機率，利用查表得 $P(x \leq 3) = 0.857$。

 習題

各題機率值請至少取到小數 3 位以上！

1. 假設屏東縣居民贊成公投的機率為 0.65，如果從此縣居民中隨機抽出 15 人，令 X 為其中「贊成公投」的人數。

   (1) 列出 X 的<u>機率分布函數式</u>（只要數學式！）。

   (2) 列出 X 的<u>機率分布表</u>（針對每個 x 值算出 f(x)）。

   (3) 15 人中，有 8~12 人贊成的機率為何？

   (4) 15 人中，至少 5 人贊成的機率為何？

   (5) 15 人中，至多有 3 人不贊成的機率為何？

   (6) 依上述資料預估，若調查 200,000 人，平均會有多少人會贊成公投？標準（偏）差是多少？

2. 屏科大的校門口於上下課期間，因車輛多常會發生擦撞車禍，據統計每週平均有 2 件車禍，若以 X 表示每週發生擦撞車禍的件數，且此件數符合 Poisson 分布：

   (1) 列出 X 的<u>機率分布函數式</u>（只要數學式！）。

   (2) 某週恰有 2 件車禍的機率為何？

   (3) 某週沒有車禍的機率為何？

   (4) 某週發生 3~5 件車禍的機率為何？

   (5) 設 Y 表示每日發生擦撞車禍的件數，請列出 Y 的<u>機率分布函數式</u>（只要數學式！）。

3. 若 $p = 0.4$，$n = 10$，求：

   (1) $P(X = 3)$。

   (2) $P(X \geq 4)$。

   (3) $P(X > 2)$。

   (4) $P(1 < X < 5)$。

4. 由地區醫院記錄顯示，比對該區人口數以往資料顯示，夏季登革熱發生之機率為 $P = 0.0002$，目前該區人口數為 10,000 人，試問於夏季：

   (1) 以 2 人（含）以上感染登革熱之機率。

   (2) 恰有 1 人感染登革熱之機率。

(3) 1~3 人感染登革熱之機率。

(4) 4 人以下感染登革熱之機率。

5. 若 P = 0.6，n = 5，求：

(1) 此二項式之機率分布函數式及分布表。

(2) μ 及 σ² 值。

(3) P(2 < X < 4)。

(4) P(X = 1)。

(5) P(X > 3)。

6. 若職棒 A 選手某季之平均打擊率為 0.33。

(1) 5 次打擊中恰有 3 次成功之機率為何？

(2) 5 次打擊至少（含）2 次成功之機率為何？

(3) 5 次打擊至多（含）2 次成功之機率為何？

7. 已知一個池塘中的某種魚類，有 1% 呈現染病狀態。假設該有病的魚類均勻的在池塘中分布。某研究者想了解用網子所撈起 100 隻中剛好有兩隻患病的機率。請幫他從下列的兩種分布假設下進行機率計算。

(1) 二項分布(Binomial distribution)。

(2) 卜瓦松分布(Poisson distribution)。

8. 假設某個地區的野鴿有 10% 得了禽流感。隨機選取 5 隻野鴿做檢驗，令 X 等於其中得了禽流感的數目。

(1) 假設獨立性，X 的機率分配為何？

(2) P(X=1)。

(3) P(X≧3)。

9. 某高職生進行一日齡雛雞性別鑑定之正確率為 0.25，試計算下列機率：

(1) 鑑定 6 隻一日齡雛雞中，恰有 3 隻性別正確之機率為何？

(2) 鑑定 6 隻一日齡雛雞中，至少有 2 隻性別正確之機率為何？

(3) 鑑定 6 隻一日齡雛雞中，至多有 2 隻性別正確之機率為何？

10. 乳牛罹患遺傳缺陷單譜症機率為 0.0003。規模為 10,000 頭之乳牛場，試計算下列機率：

(1) 至少 2 頭罹患單譜症牛之機率。

(2) 恰有 1 頭罹患單譜症牛之機率。

(3) 有 1~3 罹患頭單譜症牛之機率。

11. 一家知名的海鮮餐廳每日進貨的牡蠣，當隨意抽檢每 10 個牡蠣中，若有 2 個或 2 個以上是不新鮮即退貨，試求被退貨之機率為何？
    (1) 5%的牡蠣不新鮮。
    (2) 10%的牡蠣不新鮮。

12. 若石斑魚之魚卵孵化成畸形魚苗比率為萬分之一，試問某繁殖場繁殖的一批 6,000 顆魚卵中：
    (1) 沒有畸形魚苗之機率。
    (2) 至少 3 尾畸形魚苗之機率。

13. 一私有林地中楓樹感染褐根病的機率為 0.25，隨機選取 10 棵楓樹有 3 棵感染褐根病之機率為何？

14. 2019 年盧廣仲在屏科大舉辦校園巡迴演唱會，首先在預售系統預售 300 個座位，假設已知粉絲取消訂位的機率為 2%，請問本次演唱會只有 3 位粉絲取消訂票的機率是多少？

15. 已知某肉豬場緊迫症發生率為 10%，現隨機檢測 20 頭肉豬，試計算下列機率：
    (1) 至多 2 頭為緊迫豬之機率。
    (2) 有 2 至 3 頭為緊迫豬之機率。
    (3) 至少有 1 頭為緊迫豬之機率。

16. 若進行某溪流蛇類調查時，每個陷阱捕獲率平均為 0.8%。今設下 100 個陷阱，試在卜瓦松分布(Poisson distribution)假設下，計算共有 5 個陷阱捕獲蛇類之機率。

17. 林書豪之籃球 3 分球命中率為 0.32，在一場球賽中若嘗試 3 分球 7 次，命中至少 5 次之機率為？命中低於（含）1 次之機率為？

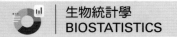

CHAPTER 06

常態分布

顏才博
國立屏東科技大學熱帶農業暨國際合作系

姜中鳳
國立屏東科技大學動物科學與畜產系

BIOSTATISTICS

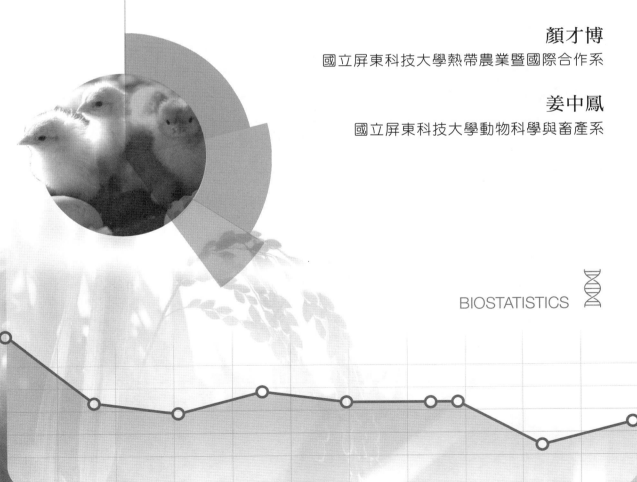

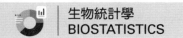

 一　**什麼是常態分布**　

　　前面介紹過間斷型隨機變數的機率分布，以二項分布為例，如果投擲一均勻的硬幣 10 次，預期每次正面、反面的機率相同，均為 0.5。下表列出投擲 10 次硬幣出現正面次數所有可能的樣本空間、預期出現頻度（次數）以及其相對頻度（機率）：

出現正面次數 （sample space 樣本空間）	預期出現頻度	相對頻度（機率）
0	0.009765625	0.000977
1	0.09765625	0.009766
2	0.439453125	0.043945
3	1.171875	0.117188
4	2.05078125	0.205078
5	2.4609375	0.246094
6	2.05078125	0.205078
7	1.171875	0.117188
8	0.439453125	0.043945
9	0.09765625	0.009766
10	0.009765625	0.000977
Total	10	1

　　根據上表，將所有可能出現的結果（即樣本空間），依理論上預期頻度與相對頻度畫成如下的長條圖。

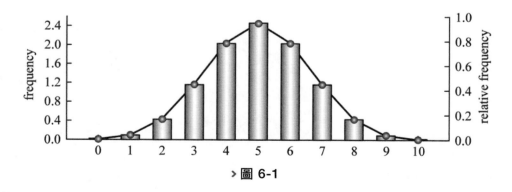

> 圖 6-1

　　上圖就是間斷型隨機變數（二項分布）頻度的長條圖，如果將其想像成是一種連續型的變數，那麼介於兩個整數之間的無限個數字就變的有意義了。因此，如果可以把每一個出現次數的機率連接起來（如上圖線條），這樣大致上就呈現一個鐘型的機率分布平滑曲線(bell-shaped distribution)。

　　如果重複這樣的實驗無限多次，理論上就會成為上圖所示的分布：以出現 5 次正面（平均值）的機率最高；以平均值 5 次為中心呈兩側對稱，離開平均值愈遠，其出現的頻率或機率就愈低。當變數是連續性的變數，若其所呈現的機率分布如上圖所示，則此機率分布便稱為常態分布。

（一）常態分布(normal distribution)

　　常態分布為連續型的機率分布，又稱高斯分布(Gaussian distribution)，機率密度函數為：$f(x) = \dfrac{1}{\sigma\sqrt{2\pi}} e^{-(x-\mu)^2/2\sigma^2}$。

　　以 $X \sim N(\mu, \sigma^2)$ 表示之。其中 e 為自然指數 (e = 2.71828...)，π 為圓周常數 (π = 3.14159...)。常態分布是一曲線家族，大致上鐘型形狀不會改變，但所在的中心點位置 (μ) 與高矮胖瘦 (σ) 會隨著族群分子特性與變動而改變。其所在位置及高矮胖瘦取決於兩個參數；即平均值 μ（決定中心點所在位置）與標準差 σ（決定鐘型曲線的形狀高矮胖瘦）。

1. 標準差 σ 決定這個分布的高矮胖瘦。

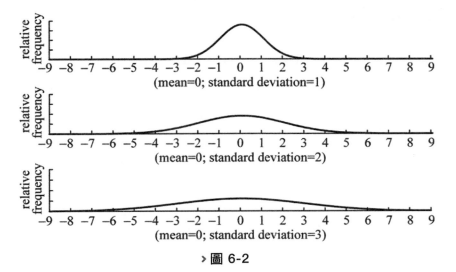

> 圖 6-2

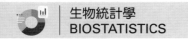

2. 鐘型受 μ 及 σ 之影響。

3. μ 值影響鐘型中心位置。

4. σ 值影響鐘型形狀
   (1) σ 愈大，則資料愈分散，鐘型愈低寬。
   (2) σ 愈小，則資料愈集中，鐘型愈高窄。

　　常態分布是最常被使用的分布是因為常態分布是往後運用統計來做推論時重要的假設前提：假設某個參數的族群是常態分布。當然許多自然界的現象或特徵值參數的分布多為常態分布，例如許多物理的、生物的及社會學的特徵值通常呈現常態分布。

（二）常態機率分布函數

　　常態分布可利用曲線函數：$f(x) = \dfrac{1}{\sigma\sqrt{2\pi}} e^{-\frac{1}{2}\left(\frac{x-\mu}{\sigma}\right)^2}$；$-\infty < x < \infty$ 表示。當設定常態曲線下總面積=1 $\left(\int_{-\infty}^{\infty} f(x)dx = 1\right)$時，介於此分布下任兩數(a, b)之間的面積（即為區間機率）可以下列積分方式求得

$$p(a \le X \le b) = \int_{a}^{b} f(x)dx$$

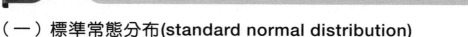

二　標準常態分布

（一）標準常態分布(standard normal distribution)

　　雖然常態分布是一個受到 μ 與 σ 影響的家族分布(location-scale family distribution)，但標準常態分布只有一個，是常態分布家族中的一個特例。亦即當常態分布的平均值為 0 (μ=0)且標準差為 1 (σ=1)時，就稱為標準常態分布[Z ~ N(0,1)]。

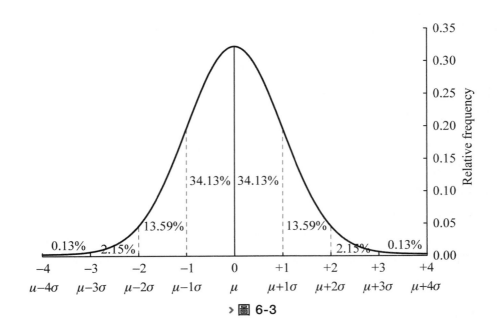

> 圖 6-3

　　如果一個族群是呈標準常態分布，平均值 μ=0 標準差 σ=1，則理論上族群中各有 50%的組成元素大於或小於平均值 0（以 0 為中心對稱）；經由經驗法則(empirical rule)可知，約有 68.26%(34.13%×2)的組成元素 x 會分布在距離平均值加減一個標準差 μ±1σ(0±1)即 +1 與 −1 之間的範圍內；有 95.44%的 x 會分布在距離平均值加減兩個標準差 μ±2σ(0±2)即 +2 與 −2 的範圍內；有 99.74%的 x 會分布在距離平均值加減三個標準差 μ±3σ(0±3)即 +3 與 −3 的範圍內。相反的，如果從族群隨機指定一個 x，也可以同樣的方式由 x 值得知，大於或小於 x 值的機率是多少，被抽樣取到的機率有多少。想要知道這些值，只需要查表、透過各式各樣的統計軟體或是上網都可以輕易的查到，不必經由複雜的計算。

　　例如從標準常態分布 Z～N(0,1) 的族群中隨機抽一個樣本，其觀測值大於或小於 0 的機率各為 0.5 (P(Z>0) = P(Z<0) = 0.5)；樣本平均值大於 1 的機率約為 0.16　(P(Z>1) = 0.0013+0.0215+0.1359 ≒ 0.16)；小於 1 的機率約為 0.84 (P(Z<1) = 0.0013+0.0215+0.01359+0.3413+0.3413 ≒ 0.84)；小於 2 且大於 −1 (−1<x<2) 的機率約為 0.82(P(−1<Z<2) = 0.3413+0.3413+0.1359 ≒ 0.82)；小於 −1 且大於 −2 (−2<x<−1)的機率為 0.14 (P(−2<Z<−1) = 0.1359 ≒ 0.14)。

　　常態分布在自然界有很多，但標準常態分布必須滿足 μ=0，σ=1 兩個條件，極為少見，通常為數學及物理學上的理論值或人為制定的標準，如某些測量儀器的誤差標準，有些輸出入物品某添加物的含量或檢定標準等。所以任一個常態分布經常必須標準化才能利用標準常態分布的性質。

三 常態分布標準化

　　將 $Z \sim N(0,1)$ 的常態分布當成標準常態分布，是因為任何常態分布家族經過適當的轉換都可以變成標準常態分布。因此，就可以經由利用標準常態分布的特性得到任何常態分布的訊息。這個轉換的程序稱之為標準化(normalization)。

　　標準化的程序分為兩個步驟：其一是要如何把平均值變成 0；其二是要如何把標準差變成 1。試回想一下敘述統計當每個數加減或乘除一個常數時對平均值及標準差的影響。設有一個常態分布 $[X \sim N(\mu, \sigma^2)]$ 其平均值為 μ，只要將所有 x 都減去平均值 $(x_i - \mu)$，新的平均值就變成 0。回想一下敘述統計，這時新的族群（由元素 $x_i - \mu$ 構成的族群）的標準差並沒有改變，仍然為 σ。然後，新的族群的每個 $(x_i - \mu)$ 再除以族群的標準差 $[(x_i - \mu)/\sigma]$，則新的族群的標準差變成 1。

　　標準化的完整過程為：

$$z = \frac{x - \mu}{\sigma}$$

$$\mu_{new} = \frac{\sum(\frac{x - \mu}{\sigma})}{N} = \frac{1}{\sigma}\frac{\sum(x - \mu)}{N} = \frac{1}{\sigma}\frac{(\sum x - N \cdot \mu)}{N} = \frac{1}{\sigma}(\frac{\sum x}{N} - \mu)$$

$$= \frac{1}{\sigma}(\mu - \mu) = 0$$

$$\sigma_{new} = \frac{\sqrt{\sum(\frac{x - \mu}{\sigma} - 0)^2}}{\sqrt{N}} = \frac{\sqrt{\frac{1}{\sigma^2}\sum(x - \mu)^2}}{\sqrt{N}} = \frac{1}{\sigma} \cdot \sqrt{\frac{\sum(x - \mu)^2}{N}}$$

$$= \frac{1}{\sigma} \cdot \sigma = 1$$

　　轉換後的值一般以 z 來表示，所以標準常態分布 (standard normal distribution) 又稱 Z 分布 $[Z \sim N(0,1)]$。

　　例如，假設有一 $\mu = 50$，$\sigma = 10$ 的常態分布，

經 $z = \frac{x_i - \mu}{\sigma} = \frac{x_i - 50}{10}$ 標準化後，成為 $\mu = 0, \sigma = 1$ 的 Z 分布 $[Z \sim N(0,1)]$。

以實際的例子來看，假設有一族群是由 2, 5, 6, 9 組成，經 $z = \dfrac{x - \mu}{\sigma}$ 轉換後如下表，在重新計算其平均值與標準差分別為 0 與 1。

x	2	5	6	9	$\mu_x = 5.5$	$\sigma_x = 2.5$
$z = \dfrac{x - \mu}{\sigma}$	−1.4	−0.2	0.2	1.4	$\mu_z = 0$	$\sigma_z = 1$

又有某一人工造林樹種之純林，最大徑圍為常態分布其平均值是 50cm 標準差為 10cm，下圖以兩種不同的尺度來顯示此一常態分布。

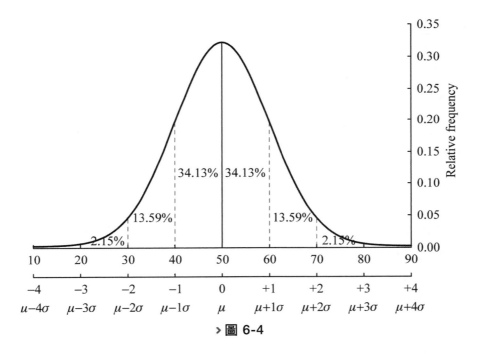

> 圖 6-4

上面是原始尺度，下面為標準化後之尺度。標準化後之尺度 ±1, ±2, ±3，可以簡單的理解成「離開平均值 50cm ±1, ±2, ±3 個標準差 σ（分別為 μ±1σ，μ±2σ，μ±3σ）的距離」；也就是 1×10, 2×10, 3×10cm。

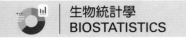
例題 6-1

試求標準常態分布下 $Z = -1 \sim 1.5$ 的機率?

 解

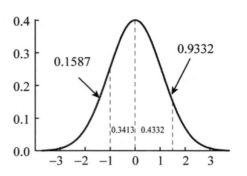

$$P(-1 < Z < 1.5) = P(-1 < Z < 0) + P(0 < Z < 1.5)$$
$$= 0.3413 + 0.4332 = 0.7745$$

or

$$P(-1 < Z < 1.5) = P(Z < 1.5) - P(Z < -1)$$
$$= 0.9332 - 0.1587 = 0.7745$$

例題 6-2

一標準常態分布 $(Z \sim N(0, 1))$,

1. 如 $P(Z < Z_a) = 0.025$, $P(Z < Z_b) = 0.975$; 試求 Z_a 與 Z_b 值各為多少?
2. 如 $0.025 < P(Z) < 0.975$, 試求 Z 值的範圍?

 解

從單尾 Z 值表中找出機率值為 0.025 與 0.975 在找出其對應之 Z 值

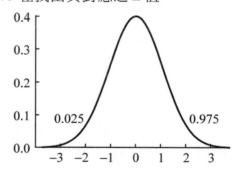

1. $P(Z < -1.96) = 0.025$;
   $P(Z < 1.96) = 0.975$
   所以 $z_a = -1.96$
   $z_b = +1.96$

2. $P(Z < -1.96) = 0.025$;
   $P(Z < 1.96) = 0.975$
   所以 $-1.96 < Z < 1.96$

例題 6-3

某魚販進貨 100 隻魚。假設此批魚貨中的魚重量合乎常態分布,且平均每條魚重為 80g,標準差 5g。試求:

1. 重量在 65g 與 75g 之間的魚占多少百分比?
2. 重量在 90g 以上的魚約有多少隻?

1. 令 X 代表每條魚的重量，依題意知 $\mu = 80$ ，$\sigma = 5$ ，於是：

$$P(65 < X < 75) = P(\frac{65-80}{5} < Z < \frac{75-80}{5}) = P(-3 < Z < -1)$$
$$= 0.1587 - 0.0013 = 15.74\%$$

2. $P(X > 90) = P(Z > \frac{90-80}{5}) = P(Z > 2) = 1 - P(Z < 2)$
   $$= 1 - 0.9772 = 2.28\%$$

故魚重在 90g 以上的魚約為 $100 \times 2.28\% \doteqdot 3$ 隻。

例題 6-4

已知某螺類的壽命為平均值 4.5 年，標準差 1 年的常態分布。試問壽命少於 5 年的比例為多少？

設 X 為該種螺類的壽命，依題意知 $\mu = 4.5$ ，$\sigma = 1$ ，於是

$$P(X < 5) = P(Z < \frac{5-4.5}{1}) = P(Z < 0.5) = 0.6915 = 69.15\%$$

亦即約為 0.6915。

例題 6-5

某種淡水蟹類雌蟹抱卵的數目呈常態分布，其 $\mu = 506$ 個，$\sigma = 81$ 個。

試求：1. 此種淡水蟹類雌蟹成體抱卵數低於 574 者占全體之比例。

2. 淡水蟹類雌蟹成體抱卵數低於多少個卵時，雌蟹占全體雌蟹的 30%。

1. 令 X 淡水蟹成體抱卵數，依題意，淡水蟹類雌蟹成體抱卵數低於 574 之比例為：

$$P(X < 574) = P(Z < \frac{574-506}{81}) = P(Z < 0.8395) \cong P(Z < 0.84) = 0.7995$$

亦即淡水蟹類雌蟹成體抱卵數低於 574 者大約占 79.9%。

2. 第 30 百分位數為 x 即表示常態機率

$$P(Z < \frac{x - 506}{81}) = 0.3$$

查表可得 $P(Z < -0.52) = 0.3015$; $P(Z < -0.53) = 0.2981$

所以，取約 $P(Z < -0.524) \cong 0.3$ （內插法）

即 $\frac{x - 506}{81} = -0.524$

$x = 506 + 81 \times (-0.524) = 463.56 \cong 464$

故約有 30%淡水蟹類雌蟹成體抱卵數少於 464 顆卵。

例題 / **6-6** ··········

　　有一品牌溫度計宣稱其溫度計的標準差為 1，亦即，如果用此溫度計測量純水的冰點理論的平均值應為 0℃，重複測量結果有些值會小於 0℃，有些值會大於 0℃。試問若溫度計準確度如廠商宣稱，測得純水結冰溫度大於−0.8℃，小於 0.8℃的機率為多少？

解

　　測值的分布為標準常態分布 $Z \sim N(0,1)$

　　$P(-0.8 < Z < 0.8) = 0.5762$

　　$P(-0.8 < Z < 0.8) = P(Z < 0.8) - P(Z < -0.8)$
　　　　　　　　　　 $= 0.7881 - 0.2119 = 0.5762$

四 　樣本平均值的抽樣分布

　　統計實際操作的方法是利用抽樣的方法取得樣本，利用樣本所得到的平均數、標準差、變異數等統計量值(statistics)進行族群的平均數、標準差、變異數等參數(parameters)的推估。因此，需更關心抽樣樣本統計值分布的情形。例如，從一個常態分布族群抽樣的樣本當然會符合常態分布。但即便某些特徵值的族群並非常態分布，只要取樣的樣本數夠大時（通常樣本數 n 大於 30 時），其樣本平均值的分布也會是常態分布，這便是中央極限定理(central limit theorem, C.L.T.)。

　　例如，假設一個只含有 1,4,7，三個樣本點的族群，以實際的取樣觀察樣本均值的分布情形。假設分別自族群取出樣本數等於 2 和 3 (n=2,3)的樣本，將所有可能的樣本組合逐一列出；例如當 n = 2 時，所有可能的樣本有(1,1)、(1,4)、(1,7)、(4,1)、(4,4)、(4,7)、(7,1)、(7,4)和(7,7)一共有 9 種可能的樣本。 n = 3 時，所有可能的樣本有(1,1,1)、(1,1,4)、(1,1,7)、(1,4,1)、(1,4,4)、(1,4,7)、(1,7,1)、

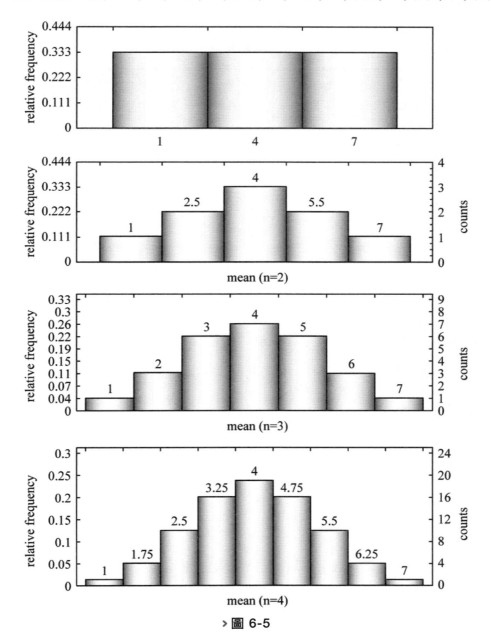

> 圖 6-5

(1,7,4)、(1,7,7)、(4,1,1)、(4,1,4)、(4,1,7)、(4,4,1)、…、(7,7,7)。再分別計算這些樣本的平均值，例如樣本(1,1)的平均值為 1($\overline{X}=1$)、樣本(1,4)的平均值為 2.5($\overline{X}=2.5$)、樣本(1,7)的平均值為 4($\overline{X}=4$)、…樣本(7,7)的平均值為 7($\overline{X}=7$)，依此類推。然後計算每個樣本平均值出現的頻率。因此，可以依不同的樣本數畫出如圖 6-5 的直方圖，看看樣本平均值分布的情形與樣本數大小有何關係。

　　接著分別再算出樣本平均值的平均值、樣本平均值的變異數及標準誤差(standard error, SE, $\sigma_{\overline{x}}$)（樣本平均值的標準差稱為標準誤差），如下表。

族群	3	$\mu=4$	$\sigma^2=6$	$\sigma=2.4495$
樣本數	樣本空間 N	平均值 $\mu_{\overline{x}}$	變異數 $\sigma_{\overline{x}}^2$	標準誤差（樣本均值的標準差） $\sigma_{\overline{x}}$
n= 2	$3^2=9$	4	3	1.7321
n= 3	$3^3=27$	4	2	1.4142
n= 4	$3^4=81$	4	1.5	1.2247

$$\sigma_{\overline{x}}^2=\frac{\sigma^2}{n} \text{ , } \sigma_{\overline{x}}=\frac{\sigma}{\sqrt{n}}$$

　　如上述釋例結果，發現即使不是常態分布的族群，從這個族群抽樣出來的樣本均值的分布，會隨著抽樣樣本數(n)的增大而愈接近常態分布。且不管樣本數大小，樣本平均值的平均值等於族群的均值 $\mu_{\overline{x}}=\mu$；而樣本平均值的變異數隨著樣本數增大而減小，且 $\sigma_{\overline{x}}^2=\frac{\sigma^2}{n}$；因此樣本平均值的標準差（標準誤差）隨著樣本數增大而減小 $\sigma_{\overline{x}}=\frac{\sigma}{\sqrt{n}}$。

　　如果原來的族群為常態分布，其樣本平均值所形成的族群當然為常態分布，且其均值不變($\mu_{\overline{x}}=\mu$)；但其樣本平均值的標準差隨樣本數而減小($\sigma_{\overline{x}}=\frac{\sigma}{\sqrt{n}}$)；如圖 6-6 所示：左圖為常態分布之族群中 x 分布情形，右圖為其樣本大小為 n 時樣本平均值 $\overline{x}$ 的分布情形。

　　上述的情形可以歸納出所謂的中央極限定理：當樣本數夠大（通常 n 大於 30）時，不論族群機率分布如何，從族群抽樣的樣本平均值($\overline{X}$)的分布近似常態分布即 $\overline{X}\sim N(\mu_{\overline{x}},\sigma_{\overline{x}}^2)$ 其中 $\mu_{\overline{x}}=\mu$，$\sigma_{\overline{x}}^2=\frac{\sigma^2}{n}$，所以 $\overline{X}\sim N(\mu,\frac{\sigma^2}{n})$。經由中央極限定理

確定常態分布在統計分析理論的中心（核心）位置，因此中央極限定理又稱之
為中心極限定理。

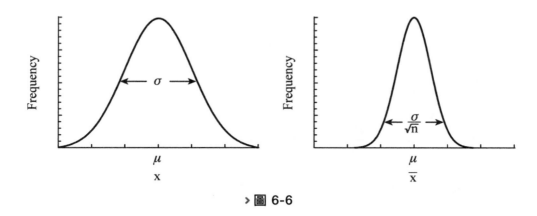

> 圖 6-6

例題 6-7

設某學校學生之身高為平均數 $\mu = 170$ cm，標準差 $\sigma = 12$ cm的常態分布，若由此學校隨機抽出 16 個學生為一組樣本，則所抽出樣本之平均數在族群平均數 6cm 以內的機率為何？

解

平均身高 $\overline{X}$ 為常態分配，且平均值與標準誤差為 $\mu = 170$，$\sigma_{\overline{x}} = \dfrac{\sigma}{\sqrt{n}} = \dfrac{12}{\sqrt{16}} = 3$

$\overline{X}$ 位於 $\mu \pm 6 = 170 \pm 6$ cm以內範圍（亦即介於 164~176 cm 之間）的機率為：

$$P(164 < \overline{X} < 176) = P(\frac{164-170}{3} < Z < \frac{176-170}{3}) = P(-2 < Z < 2) = 0.9544$$

例題 6-8

設某班級學生之統計學成績呈常態分布，其平均數為 72，標準差為 9。

1. 自該班中隨機抽出 1 人，其分數超過 80 之機率。

2. 自該班中隨機抽出 9 位學生，則此 9 位學生之平均成績超過 80 的機率。

3. 自該班中隨機抽出 25 位學生，則此 25 位學生之平均成績介於 70~75 的機率。

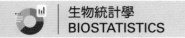

令 X 代表該班學生之統計學成績 $X \sim N(72, 9^2)$

1. 已知 $X \sim N(72, 9^2)$，$\sigma^2 = 9^2$，$\sigma = 9$

$$P(X > 80) = P(Z > \frac{80 - 72}{9}) = P(Z > 0.89) = 0.1867$$

2. 隨機抽出 9 位學生其平均分數超過 80 的機率為

$$P(\overline{X} > 80) = P(Z > \frac{80 - 72}{(9/\sqrt{9})}) = P(Z > 2.67) = 0.0038$$

3. 自該班中隨機抽出 25 位學生，平均成績介於 70~75 的機率為

$$P(70 < \overline{X} < 75) = P(\frac{70 - 72}{(9/\sqrt{25})} < Z < \frac{75 - 72}{(9/\sqrt{25})}) = P(-1.11 < Z < 1.67) = 0.8190$$

例題 6-9

據調查，大學畢業生初進公司的起薪為平均 28,000 元、標準差為 1,500 元的常態分布，若你畢業後將就業，問：

1. 你希望你的起薪能高於 30,000 元，機率有多大？
2. 你的起薪有 90% 的機率會高於多少元呢？
3. 若從你同屆的大學畢業生中，隨機抽取 20 人的起薪為樣本，則此樣本平均起薪介於 27,000~30,000 元的機率為何？
4. 有 50% 的機率此 20 人的平均起薪會低於多少呢？
5. 有 90% 的機率此 20 人的平均起薪會高於多少呢？

1. 你希望你的起薪能高於 30,000 元

$$P(X > 30,000) = P(Z > \frac{30,000 - 28,000}{1,500}) \cong P(Z > 1.33) = 1 - P(Z < 1.33)$$

$$= 1 - 0.9082 = 0.0918$$

2. 你的起薪有 90%的機率會高於多少元

$$P(Z > \frac{x - 28,000}{1,500}) = 1 - P(Z < \frac{x - 28,000}{1,500}) = 0.9$$

即 $P(Z < \frac{x - 28,000}{1,500}) = 0.1$ 查表得 $P(Z < -1.28) = 0.1003$

$$\frac{x - 28,000}{1,500} = -1.28$$
$$x = 26,080$$

3. 若從你同屆的大學畢業生中,隨機抽取 20 人的起薪為樣本,則此樣本平均起薪介於 27,000 至 30,000 的機率為

$$P(27,000 < \overline{X} < 30,000) = P(\frac{27,000 - 28,000}{1,500/\sqrt{20}} < Z < \frac{30,000 - 28,000}{1,500/\sqrt{20}})$$
$$= P(-2.98 < Z < 5.96) = P(Z < 5.96) - P(Z < -2.98) = 0.9986$$

4. 有 50%的機率此 20 人的平均起薪會低於多少

$$P(Z < \frac{\overline{x} - 28,000}{1,500/\sqrt{20}}) = 0.5$$

查表得 $P(Z < 0) = 0.5$,所以 $\frac{\overline{x} - 28,000}{1,500/\sqrt{20}} = 0$, $\overline{x} = 28,000$

5. 有 90%的機率此 20 人的平均起薪會高於多少

$$P(Z > \frac{\overline{x} - 28,000}{1,500/\sqrt{20}}) = 1 - P(Z < \frac{\overline{x} - 28,000}{1,500/\sqrt{20}}) = 0.9$$
$$P(Z < \frac{\overline{x} - 28,000}{1,500/\sqrt{20}}) = 0.1$$ 查表得 $P(Z < -1.28) = 0.1003$

$$\frac{\overline{x} - 28,000}{1,500/\sqrt{20}} = -1.28$$ 所以 $\overline{x} = 28,000 - 1.28 \times \frac{1,500}{\sqrt{20}} \cong 27,571$

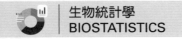 習題

各題機率值請至少取到小數 4 位以上！

1. 請計算下列各題之機率或 y 值。

  (1) 標準常態分布

    A. $P(Z > -1.55) = ?$

    B. $P(-4.05 < Z < 0.05) = ?$

    C. $P(Z > y) = 0.1660$，y = ?

    D. $P(y < Z < 0) = 0.4750$，y = ?

  (2) 常態分布，$X \sim N(65, 4^2)$ 的常態隨機變數

    A. $P(66 < X < 70) = ?$

    B. $P(X < 85) = ?$

    C. $P(X > y) = 0.1660$，y = ?

    D. $P(53 < X < y) = 0.4750$，y = ?

  (3) 設 $X \sim N(150, 10^2)$，由此常態族群中抽出 n = 16 的隨機樣本，求以下各題之機率值或 Y 值：

    A. $P(\overline{X} > 155) = ?$

    B. $P(\overline{X} > y) = 0.7$ 的 y = ?

    C. $P(145 < \overline{X} < 155) = ?$

    D. $P(y < \overline{X} < 160) = 0.9$ 的 y = ?

2. 有一食品工廠的薏仁粉產品，每包重量呈一平均為 980 g、標準差 20 g 之常態分布：

  (1) 隨機抽出一包加以檢驗，重量至少 950 g 以上的機率為何？

  (2) 隨機抽出一包加以檢驗，重量在加減兩個標準差以外的機率為何？

  (3) 出廠前，檢驗員會將重量過輕（前 5%）或過重（後 10%）的薏仁粉產品留下，重新分裝，那麼低於或高於幾公克的產品將被留下？

  (4) 求此工廠的薏仁粉產品每包重量的 Q_1 及 P_{80}。

3. 根據一篇 The Economist 雜誌的文章，美國人每人每年平均收入是 23,075 美元，標準差為 2,250 美元，試問：

(1) 某位美國人的年收入是低於 20,000 美元的機率為何？

(2) 若隨機抽出 15 位美國人，求他們的平均年收入($\overline{X}$)介於 22,000~25,000 美元的機率為何？

(3) 若隨機抽出 25 位美國人，此 25 名樣本的平均年收入高於 23,000 美元的機率為何？

(4) 以 23,075 美元為中心，有 50%的機率此 25 名樣本的平均年收入會介於多少之間？

(5) 有 95%的機率此 25 名樣本的平均年收入會高於多少？

4. (1) 一常態曲線的位置與形狀由那兩個參數(parameters)來決定？

(2) 離開平均值正負一個標準差間的面積占所有面積的百分比為何？

(3) 若此常態分布的族群平均值為 50，標準差為 6

    A. 如何將此分布轉換成平均值為 0 標準差為 1 的標準常態分布 N~(0,1)？

    B. 如果從中取出樣本大小為 9 的樣本($n=9$)，樣本平均值會小於 48 的機率為何？

    C. 如果從中取出樣本大小為 4 的樣本($n=4$)，樣本平均值會小於 47 的機率為何？

    D. 如果從中取出樣本大小為 9 的樣本($n=9$)，如果樣本平均值由($50-A$)到($50+A$)間的機率為 0.95，則 A = ？

5. 已知某種魚類之平均體長(μ)為 120 mm，標準差(σ)為 5 mm：

(1) 試求該種魚類體長介於 110 mm < X < 125 mm 間，占全體之機率。

(2) 若當年某種魚類之族群有 1 萬尾，求在上述體長範圍內魚的尾數。

6. 某玉米品種的果穗長度呈現常態分布，$\mu=25$（公分），$\sigma=3$（公分），試計算下列各種玉米果穗長度之機率：

(1) 隨機抽取一穗其長度大於 21 公分。

(2) 隨機抽取一穗其長度介於 20.5~26.5 公分。

(3) 隨機抽取 36 穗，其平均長度介於 26~27 公分。

7. 某社區成年女性血糖濃度(mg/dL)呈常態分布，其平均值為 152，標準差為 45。由此社區隨機抽出 50 名成年女性，試問有多少人的血糖濃度介於 179~215 之間？

8. 假設鮮乳包裝標示為 2,000 c.c.，但實際裝填量並非每瓶剛好 2,000 c.c.。若經實際測量發現鮮乳容量呈現常態分布，平均數為 1,995 c.c.，標準偏差為 5 c.c.。問隨機抽取 1 瓶鮮乳：
   (1) 容量少於 1,985 c.c.的機率為多少？
   (2) 容量在 1,990~2,000 c.c.的機率為多少？
   (3) 容量多於 2,000 c.c.的機率為何？

9. 某肉豬場緊迫豬發生率為 10%，今隨機抽查 10,000 頭肉豬，試求：
   (1) 有 950~1,050 頭緊迫豬之機率為何？
   (2) 有少於 900 頭緊迫豬之機率為何？

10. 老人族群之平均體重 55kg，變異數 $144kg^2$，體重介於 46kg 與 68kg 之機率為何？

11. 已知 60 年生之羅漢松平均樹高 $\mu = 26.0$ m，CV = 8 (%)之常態分布。若隨機選取 16 株羅漢松樣本平均樹高(X)介於 25.22 m 與 27.04 m 間之機率是多少？

12. 市售布丁每盒標示 100 g，若經實際測量顯示布丁重量呈常態分布，平均數為 100 g，標準（偏）差為 3 g。現隨機抽取一盒布丁，問
   (1) 重量 100 g 以上之機率為何？
   (2) 重量在 95~105 g 之機率為何？
   (3) 重量少於 95 g 之機率為何？

13. 據調查，某種夢幻鍬形蟲的體型呈現常態分布，其平均值為 152 mm，標準差為 45 mm 請問：
   (1) 小白希望抓到的個體能夠高於 160 mm，機率有多大呢？
   (2) 若從小白發狠，於某山區隨機抓了 50 隻本種鍬形蟲作為樣本，則此樣本裡體型介於 140 ~ 160 mm 的個體有多少隻？
   (3) 有 50%的機率此 50 隻的平均體型會小於多少？
   (4) 有 80%的機率此 50 隻的平均體型會高於多少？

CHAPTER 07

區間估計

顏才博
國立屏東科技大學熱帶農業暨國際合作系

林汶鑫
國立屏東科技大學農園生產系

BIOSTATISTICS

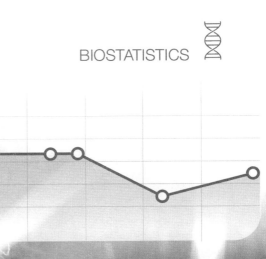

一　何謂估計

統計學是學習如何蒐集、整理、陳示、分析與解釋資料，並利用這些資料進行推論及預測的科學。因此，統計學共分為兩大部分：敘述統計學(descriptive statistics)與推論統計學(inferential statistics)。在前述章節（第三章）中所提及關於資料的蒐集、整理、陳示等的集中量數、位置量數、分散度量數以及圖表均屬於敘述統計學的範疇。而利用這些量數進行推論及預測，則屬於推論統計學的領域，並透過機率理論(probability theory)將其連結。

統計推論(inferential statistic)是藉由利用從感興趣的族群中抽出的隨機樣本對目標族群進行推論、預測，以及做出結論的過程。其中包含兩個主要部分：估計(estimate)與假設檢定(hypothesis testing)。估計係利用樣本的統計量數(statistical measurements)進行族群參數(population parameters)的推估；而假設檢定則是經由先預擬一個稻草人——虛無假設(null hypothesis)，並透過檢定的方式衡量是不是有足夠機率（或證據）推翻或棄卻（拒絕）這個預擬的虛無假說。

其中，估計即是以樣本的統計值估計研究者欲研究（或感興趣）的族群參數，其方式包括點估計(point estimate)以及利用信賴區間(confidence interval)進行之估計。

 二　估計的方式：點估計和區間估計

透過單一個數值進行族群參數估計的過程稱為點估計(point estimation)，而過程中所使用估計式以及所獲得的估計值則稱為點估計式(point estimate)與點估計值(point estimaor)。一般而言，族群參數可以使用多種的點估計式進行估計，並透過不同的準則決定那個點估計式較佳，其中的一個準則為無偏性(unbiasedness)。下表所列是具備無偏性性質的點估計式：

	參數(parameter)	點估計式
平均值(mean)	μ	$\bar{X}$
變異數(variance)	σ^2	S^2
標準差(standard deviation)	σ	S

例如：自學校男學生中抽出 100 個人得出平均身高 $\bar{x}=170$ cm。這個自 100 個人得到的平均值便用來估計全校男學生身高（族群）的平均值 μ。此時，$\bar{x}=170$ cm 即稱之為點估計值。

然而，如果估計的過程中，不指稱全校男學生的平均身高為 170 cm，而是說全校男學生的平均身高「可能」介於 165~175 cm 之間，是由於經估計，族群平均值「可能」介於這個範圍之內，而這便是區間估計的概念。但這樣並不精準。因此，需要把「可能」的機率也表達出來。例如：在區間估計的時候必須交代到底有多少的機率，族群的平均值會被包含在估計的範圍之內（這個區間包含族群平均數的機率有多高）。這個機率值關係到對這個區間有多少信心可以包含族群的平均值，亦即信賴這個區間估計的程度。所以這個機率值稱為信心水準(confidence level)，一般以 $(1-\alpha)$ 表示，α 為顯著水準(significance level)。這個區間則稱為信賴區間(confidence interval)，區間的上下界限稱為信賴界限(confidence limits)。

在估計信賴區間時，影響區間大小的因素包括樣本數、信心水準與族群的變異數或標準（偏）差。信心水準是可由研究者自己決定的，信心水準一旦決定，區間的大小則與樣本數及族群的變異數或標準（偏）差有關。例如：學校男學生抽出 25 個人得出平均身高 $\bar{x}=170$ cm，假設已知全校男學生身高標準差為 15 cm，依據樣本平均值的抽樣分布及中央極限定理，則信心水準為 95%的區間估計過程為：

$$n=25 ; \quad \bar{x}=170 ; \quad \sigma_{\bar{x}}=\frac{15}{\sqrt{25}}=3$$

在標準常態分布 $Z=\frac{\bar{x}-\mu}{\sigma_{\bar{x}}}\sim N(\mu=0,\sigma_{\bar{x}}^2=1)$ 中，區間$(-1.96, 1.96)$共包含 95% 的機率大小。亦即，$P(-1.96\le Z=\frac{\bar{x}-\mu}{\sigma_{\bar{x}}}\le 1.96)=0.95$（如圖 7-1 所示）。因此，轉換列式 $-1.96\le Z=\frac{\bar{x}-\mu}{\sigma_{\bar{x}}}\le 1.96$，可得：

同乘 $\sigma_{\bar{x}}$： 可得 $\quad -1.96\cdot\sigma_{\bar{x}}<\bar{x}-\mu<1.96\cdot\sigma_{\bar{x}}$

同減 $\bar{x}$： 可得 $\quad -1.96\cdot\sigma_{\bar{x}}-\bar{x}<-\mu<1.96\cdot\sigma_{\bar{x}}-\bar{x}$

同乘(-1)： 可得 $\quad 1.96\cdot\sigma_{\bar{x}}+\bar{x}>\mu>-1.96\cdot\sigma_{\bar{x}}+\bar{x}$

移項整理： $\quad \bar{x}-1.96\cdot\sigma_{\bar{x}}<\mu<\bar{x}+1.96\cdot\sigma_{\bar{x}}$

將 $\bar{x} = 170\,cm$ 代入計算：

$$170 - 1.96 \times 3 < \mu < 170 + 1.96 \times 3$$

可得，164.12 cm < μ < 175.88 cm

亦即，有 95%的信心，區間(164.12, 175.88)可以包含族群的平均值。

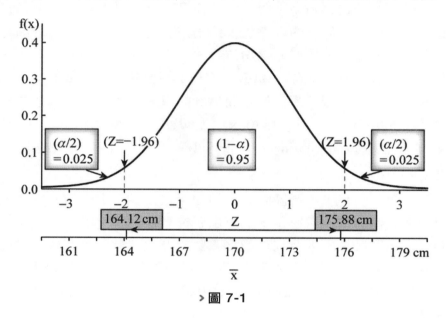

> 圖 7-1

三　族群平均值的區間估計

（一）族群標準差 σ 已知－標準常態分布

　　若研究員欲從一個樣本大小為 n 的樣本對族群($X \sim N(\mu, \sigma^2)$)的平均值進行區間估計；這個樣本算出來的平均數 $\bar{x}$ 即為對族群平均值 μ 的點估計。如已知族群標準差為 σ，由上一章知道樣本平均值的分布應為 $\bar{X} \sim N(\mu, \sigma_{\bar{x}}^2)$，亦即 $N(\mu, \dfrac{\sigma^2}{n})$。

　　由於 $Z = \dfrac{\bar{X} - \mu}{\sigma / \sqrt{n}}$，因此經列式轉換與機率公式可得族群平均值 μ 的 100(1−α)%信賴區間：

$$\bar{X} - Z_{\frac{\alpha}{2}} \times (\sigma / \sqrt{n}) < \mu < \bar{X} + Z_{\frac{\alpha}{2}} \times (\sigma / \sqrt{n})$$

首先，經由訂定一個信心水準 $(1-\alpha)$。例如：在上節之身高的範例是 95%（即 $1-\alpha=0.95$）。因此，α 則為 5%（$\alpha=0.05$）。由於區間估計是將機率平均分布在兩側，所以查詢 Z 值表（附錄三）時，可利用每邊為 $\frac{\alpha}{2}=0.025$，而得其上下界限之 Z 值為 ±1.96。

透過 $Z=\dfrac{\bar{x}-\mu}{\sigma/\sqrt{n}}=\pm 1.96$，及其區間機率為 0.95，可求得 μ 的 95%信賴區間之下界為 $\bar{x}-1.96\times(\sigma/\sqrt{n})$ 及上界為 $\bar{x}+1.96\times(\sigma/\sqrt{n})$。而此區間則為由樣本大小為 n 的樣本，對族群平均值 μ 在 95% 信心水準之區間估計，亦即 $\bar{x}-1.96\times(\sigma/\sqrt{n})<\mu<\bar{x}+1.96\times(\sigma/\sqrt{n})$。意思是說：這個區間會包含族群平均值 μ 的機率為 95%。

可以如此想像：如果從族群中隨機抽取樣本大小為 n 的樣本，所有樣本空間有很多組，每一組樣本大小為 n 的樣本各有其不同的樣本平均值 $\bar{x}$，根據每個樣本平均值 $\bar{x}$ 都可以求得一個固定信心水準（如 95%）下的信賴區間，但並不是每一個樣本平均值 $\bar{x}$ 所求出來的區間都會包含 μ。如果樣本平均值 $\bar{x}$ 落在離平均值 μ 很遠的兩端極端值區（小於 -1.96 個 σ 或大於 $+1.96$ 個 σ）時，這時根據樣本平均值 $\bar{x}$ 所求出的區間便不包含族群平均值 μ；而樣本平均值 $\bar{x}$ 落在離平均值 μ 很遠的兩端極端值區的機率（即為求出的區間便不包含族群平均值 μ 的機率）為 $(\frac{\alpha}{2}+\frac{\alpha}{2})=\alpha$；反之，根據樣本平均值 $\bar{x}$ 求出的區間便包含族群平均值 μ 的機率為 $(1-\alpha)$ 即為信心水準。

例題 7-1

已知全國大學新生之智商標準差為 15，今從大學新生中隨機抽選 100 人進行測驗，結果此 100 人平均智商為 115：

1. 試求全國大學新生平均智商之 95%的信賴區間。
2. 試求全國大學新生平均智商之 99%的信賴區間。

解

令隨機變數 X：全國大學新生之智商分數

則依題意可得：$\sigma=15$、$n=100$、$\bar{x}=115$

透過信賴區間公式：$\bar{X}-Z_{\frac{\alpha}{2}}\times(\sigma/\sqrt{n})<\mu<\bar{X}+Z_{\frac{\alpha}{2}}\times(\sigma/\sqrt{n})$

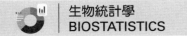

1. 全國大學新生平均智商之 95%的信賴區間：$Z_{\frac{\alpha}{2}} = Z_{0.025} = 1.96$

$$115 - 1.96 \times \frac{15}{\sqrt{100}} < \mu < 115 + 1.96 \times \frac{15}{\sqrt{100}}$$

$112.06 < \mu < 117.94$，此區間會包含全國大學新生平均智商 μ 的機率為 95%。

2. 全國大學新生平均智商之 99%的信賴區間：$Z_{\frac{\alpha}{2}} = Z_{0.005} = 2.576$

$$115 - 2.576 \times \frac{15}{\sqrt{100}} < \mu < 115 + 2.576 \times \frac{15}{\sqrt{100}}$$

$111.136 < \mu < 118.864$，此區間會包含全國大學新生平均智商 μ 的機率為 99%。

例題 7-2

　　某校新生之身高標準差為 10 cm，今從新生中隨機抽選 25 人進行測量，結果此 25 人平均身高為 169 cm；試推論此校新生平均身高的 90%、95%及 99%信賴區間。

令隨機變數 X：某校新生之身高

則依題意可得：$\sigma = 10$ cm、$n = 25$、$\bar{x} = 169$ cm

透過信賴區間公式：$\bar{X} - Z_{\frac{\alpha}{2}} \times (\sigma / \sqrt{n}) < \mu < \bar{X} + Z_{\frac{\alpha}{2}} \times (\sigma / \sqrt{n})$

新生平均身高的 90%信賴區間：$Z_{\frac{\alpha}{2}} = Z_{0.05} = 1.645$

$$169 - 1.645 \times \frac{10}{\sqrt{25}} < \mu < 169 + 1.645 \times \frac{10}{\sqrt{25}}$$

$165.71 < \mu < 172.29$，此區間會包含新生平均身高 μ 的機率為 90%

新生平均身高的 95%信賴區間：$Z_{\frac{\alpha}{2}} = Z_{0.025} = 1.96$

$$169 - 1.96 \times \frac{10}{\sqrt{25}} < \mu < 169 + 1.96 \times \frac{10}{\sqrt{25}}$$

$165.08 < \mu < 172.92$，此區間會包含新生平均身高 μ 的機率為 95%

新生平均身高的 99% 信賴區間：$Z_{\frac{\alpha}{2}} = Z_{0.005} = 2.576$

$$169 - 2.576 \times \frac{10}{\sqrt{25}} < \mu < 169 + 2.576 \times \frac{10}{\sqrt{25}}$$

$163.85 < \mu < 174.15$，此區間會包含新生平均身高 μ 的機率為 99%。

（二）族群標準差 σ 未知－t 分布(student's t distribution)

在前述建立信賴區間時，需建立在假設族群為常態分布 $X \sim N(\mu, \sigma^2)$ 的條件，亦即族群變異數 σ^2 已知的前提下進行。但在實際研究調查過程中，若族群平均數需要進行點估計時，則相對的對於族群變異數 σ^2 也會是未知的。此時，研究者就需要先利用從樣本資料中所獲得之樣本變異數 S^2 對於族群變異數 σ^2 進行估計。因而，此時 $\frac{\overline{X} - \mu}{\sigma/\sqrt{n}}$ 的標準差 σ 需以樣本標準差 S 進行取代。由於，標準差 σ 與以樣本標準差 S 性質不同，因而 $\frac{\overline{X} - \mu}{S/\sqrt{n}}$ 便不能在利用前述的標準常態分布進行推論。

若從一常態族群中進行樣本數為 n 的取樣時，則隨機變數 $t = \frac{\overline{X} - \mu}{S/\sqrt{n}}$ 服從自由度(degree of freedom, df)為 n–1 的 t 分布，亦即 $t = \frac{\overline{X} - \mu}{S/\sqrt{n}} \sim t_{n-1}$，其中 t 稱之為 t 統計量(t statistic)。t 分布是 W. S. Gosset 在 1908 年以筆名 Student 在《Biometrika》期刊中首度提出。因此，亦稱之為學生氏 t 分布(Student's t distirbution)。

t 分布與標準常態分布相似：(1)對稱於平均數＝0 的鐘型連續型分布；(2)分布形狀主要的變異來源：$\overline{X}$ 與 S^2，且變異性較標準常態分布為大。因此，分布兩側尾端較標準常態分布為厚且扁平。但分布曲線下總面積＝1；(3)隨著自由度的不同，t 分布亦會隨之不同。當自由度較小時分布較為扁平且分散。當自由度逐漸增加到無限大時（通常為樣本數 n>30 時），可以利用標準常態分布近似 t 分布。

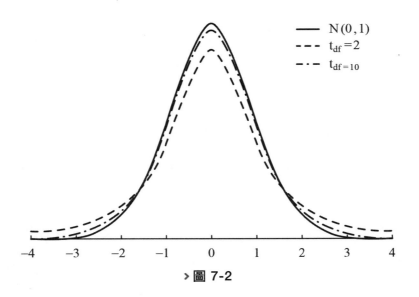

> 圖 7-2

當族群的分布為常態或近似常態，但族群變異數 σ^2 未知，並且無法獲得足夠樣本數 n 時，需利用 t 分布建立族群平均數 μ 的 $100(1-\alpha)\%$ 信賴區間：

$$P\left(-t_{\frac{\alpha}{2},\ n-1} < \frac{\overline{X}-\mu}{\frac{S}{\sqrt{n}}} < t_{\frac{\alpha}{2},\ n-1}\right) = 1-\alpha$$

$$\Rightarrow \quad -t_{\frac{\alpha}{2},\ n-1} \cdot \frac{S}{\sqrt{n}} < \overline{X}-\mu < t_{\frac{\alpha}{2},\ n-1} \cdot \frac{S}{\sqrt{n}}$$

$$\Rightarrow \quad -t_{\frac{\alpha}{2},\ n-1} \cdot \frac{S}{\sqrt{n}} - \overline{X} < -\mu < t_{\frac{\alpha}{2},\ n-1} \cdot \frac{S}{\sqrt{n}} - \overline{X}$$

$$\Rightarrow \quad \overline{X} - t_{\frac{\alpha}{2},\ n-1} \cdot \frac{S}{\sqrt{n}} < \mu < \overline{X} + t_{\frac{\alpha}{2},\ n-1} \cdot \frac{S}{\sqrt{n}}$$

因此，族群平均數 μ 的 $100(1-\alpha)\%$ 信賴區間為：

$$\left(\overline{X} - t_{\frac{\alpha}{2},\ n-1} \cdot \frac{S}{\sqrt{n}},\quad \overline{X} + t_{\frac{\alpha}{2},\ n-1} \cdot \frac{S}{\sqrt{n}}\right)$$

例題 7-3 〔98 年高普考類似題〕

某研究者欲對洗腎患者的血紅蛋白進行研究，今隨機選取 9 名洗腎病患量測其血紅蛋白得知平均值為 $11.5(g/dL)$，標準差為 $2.5(g/dL)$。試問：洗腎病患的血紅蛋白平均值的 95% 信賴區間？

令隨機變數 X：洗腎病患的血紅蛋白數值(g/dL)

則依題意可得：$n=9$、$\bar{x}=11.5\,g/dL$、$S=2.5\,g/dL$

透過信賴區間公式：$\bar{X}-t_{\frac{\alpha}{2},\,n-1}\times(S/\sqrt{n})<\mu<\bar{X}+t_{\frac{\alpha}{2},\,n-1}\times(S/\sqrt{n})$

則血紅蛋白平均值的 95%信賴區間：

$$\bar{X}-t_{0.025,\,8}\times(S/\sqrt{n})<\mu<\bar{X}+t_{0.025,\,8}\times(S/\sqrt{n})$$

$$11.5-2.306\times(2.5/\sqrt{9})<\mu<11.5+2.306\times(2.5/\sqrt{9})$$

$9.58<\mu<13.42$，此區間會包含血紅蛋白平均值 μ 的機率為 95%。

例題 7-4

某農業研究者嘗試提出改進整合式害蟲管理法(modified integrated pest management, MIPM)以栽培草莓，並與現行兩種害蟲管理方式：噴灑化學藥劑(chemical control, CC)與傳統整合式管理(integrated pest management, IPM)進行比較。今試驗進行過程中，該研究員分別自三種管理方法的田區中，隨機摘取部分草莓並秤其重量(mg)，其平均重量、標準差及樣本數如下表所示：

	害蟲管理法		
	CC	IPM	MIPM
平均數(mg)	73.5	75.3	80.5
標準差(mg)	11.3	10.9	8.4
樣本數	8	11	9

試建立三種管理方法之草莓平均產量的 95%信賴區間。

令隨機變數 X：每一個草莓的重量(mg)

透過信賴區間公式：$\bar{X}-t_{\frac{\alpha}{2},\,n-1}\times(S/\sqrt{n})<\mu<\bar{X}+t_{\frac{\alpha}{2},\,n-1}\times(S/\sqrt{n})$

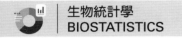
則

施予 CC 害蟲管理法之草莓平均產量的 95%信賴區間：

$$\bar{X} - t_{0.025,\ 7} \times (S/\sqrt{n}) < \mu < \bar{X} + t_{0.025,\ 7} \times (S/\sqrt{n})$$
$$= 73.5 - 2.365 \times (11.3/\sqrt{8}) < \mu < 73.5 + 2.365 \times (11.3/\sqrt{8})$$
$$= 64.05 < \mu < 82.95$$

區間(64.05，82.95)包含施予 CC 害蟲管理法的草莓平均產量 μ 的機率為 95%。

施予 IPM 害蟲管理法之草莓平均產量的 95%信賴區間：

$$\bar{X} - t_{0.025,\ 10} \times (S/\sqrt{n}) < \mu < \bar{X} + t_{0.025,\ 10} \times (S/\sqrt{n})$$
$$= 75.3 - 2.228 \times (10.9/\sqrt{11}) < \mu < 75.3 + 2.228 \times (10.9/\sqrt{11})$$
$$= 67.98 < \mu < 82.62$$

區間(67.98，82.62)包含施予 IPM 害蟲管理法的草莓平均產量 μ 的機率為 95%。

施予 MIPM 害蟲管理法之草莓平均產量的 95%信賴區間：

$$\bar{X} - t_{0.025,\ 8} \times (S/\sqrt{n}) < \mu < \bar{X} + t_{0.025,\ 8} \times (S/\sqrt{n})$$
$$= 80.5 - 2.306 \times (8.4/\sqrt{9}) < \mu < 80.5 + 2.306 \times (8.4/\sqrt{9})$$
$$= 74.04 < \mu < 86.96$$

區間(74.04，86.96)包含施予 MIPM 害蟲管理法的草莓平均產量 μ 的機率為 95%。

四 族群比例的區間估計

在農業或社會科學研究中常會著重於某一特性的發生比例，而比例(proportion)則相同於前述章節所述的相對次數觀念，亦即相對於樣本或族群總個體數目的比值。其中，族群比值(population proportion)是以 p 表示為族群中歸屬於某一特性的個體比例，例如：族群中總個體數為 N，而以 X 表示歸屬於某一特性的個體數目，則 $p = \dfrac{X}{N}$；此外，樣本比例(sample proportion)則是表示樣本個數中屬於某一特性的個體比例，通常以 $\hat{p}$(p-hat)表示，例如：樣本中個體總數為 n，而以 x 表示歸屬於某一特性的個體數目，則 $\hat{p} = \dfrac{x}{n}$。

（一）樣本比例的抽樣分布

在農業或生命科學研究中，常會針對某些特殊事件的發生比例進行討論。例如：種子的發芽率或存活率、胚胎的存活率或某一疾病的患病比例等。而如前述，樣本均值 $\overline{X}$ 是一個具有其機率分布 $\overline{X} \sim N(\mu, \sigma_{\overline{x}}^2)$ 的隨機變數。如同樣本均值一樣，樣本比例 $\hat{p}$ 也是一個隨機變數，因此亦具有其機率分布，稱之為樣本比例的抽樣分布(sampling distribution of a sample proportion)。

在族群中，若將屬於某一特性的個體的隨機變數 Y 以 1 表示，其發生機率為 p；其餘則以 0 代表，發生機率則為 $1-p$。因此，若計算其該特性發生比例的期望值則為 $E(Y) = 1 \cdot p + 0 \cdot (1-p)$，變異數為 $VAR(Y) = E(Y^2) - (E(Y))^2 = p - p^2 = p(1-p)$。若從此族群中隨機抽取出 n 個個體構成一組樣本，持續進行則可建立樣本比例 $\hat{p}$ 的抽樣分布。

樣本比例 $\hat{p}$($= \dfrac{x}{n} = \dfrac{\sum y}{n}$)之抽樣分布的均值與族群分布的均值相同。如同樣本均值 $\overline{X}$ 的抽樣分布的平均值等於族群均值 μ 相同。亦即，就樣本比例 $\hat{p}$ 而言 $\mu_{\hat{p}} = p$。因此，$\hat{p}$ 亦稱為 p 的無偏估計量(unbiased estimator)。此外，與樣本均值 $\overline{X}$ 的抽樣分布的性質相同，$\hat{p}$ 抽樣分布的標準差 $\sigma_{\hat{p}}$ 為 $\sqrt{\dfrac{p(1-p)}{n}}$。

如同樣本均值 $\overline{X}$ 的抽樣分布，依據樣本比例的中央極限定理，若樣本數夠大（通常條件為 $np \geq 5$ 及 $n(1-p) \geq 5$），則樣本比例 $\hat{p}$ 的抽樣分布會近似常態分布，平均數等於 p，變異數等於 $\frac{p(1-p)}{n}$，亦即 $\hat{p} = \frac{x}{n} \overset{approximately}{\sim} N(\mu_{\hat{p}} = p,\ \sigma_{\hat{p}}^2 = \frac{p(1-p)}{n})$。而

經標準化可得 $Z = \dfrac{\hat{p} - p}{\sqrt{\dfrac{p(1-p)}{n}}} \sim N(0,\ 1)$。

（二）族群比例的區間估計

若研究者欲經由一個樣本數大小為 n 的樣本對於某一特性的比例進行研究，並且進行區間估計的估算。

由前一段落的論述中可知，當 $np \geq 5$ 及 $n(1-p) \geq 5$ 時，樣本比例 $\hat{p}$ 的抽樣分布會近似常態分布 $\hat{p} = \frac{x}{n} \overset{approximately}{\sim} N(\mu_{\hat{p}} = p,\ \sigma_{\hat{p}}^2 = \frac{p(1-p)}{n})$，亦即 $Z = \dfrac{\hat{p} - p}{\sqrt{\dfrac{p(1-p)}{n}}} \sim N(0,\ 1)$。

然而，由於族群比例 p 為研究者在研究過程中需要進行估計的參數。因此，便以 $\hat{p} = \frac{x}{n}$ 估計族群比例 p，即是對於族群比例 p 的點估計。並且，對於樣本比例 $\hat{p}$ 之抽樣分布的標準誤 $\sigma_{\hat{p}}$ 則可利用 $\sqrt{\dfrac{\hat{p}(1-\hat{p})}{n}}$ 進行估計。

而進行族群比例 p 的區間估計估算時，經由列式轉換、常態分布及機率公式可得族群比例 p 的 $100(1-\alpha)\%$ 的信賴區間為 $\hat{p} - Z_{\frac{\alpha}{2}} \sqrt{\dfrac{\hat{p}(1-\hat{p})}{n}} < p < \hat{p} + Z_{\frac{\alpha}{2}} \sqrt{\dfrac{\hat{p}(1-\hat{p})}{n}}$。

例題 7-5

某基金會欲了解大高屏地區的醫院中，30~39 歲以及 60~69 歲的男性醫師吸菸狀況，以進行吸菸盛行率的比較研究。因而，進行取樣調查，其結果如下表所示：

年齡	30~39	60~69
吸菸人數	215	476
取樣總人數	860	2,070

請幫該基金會分別計算 30~39 歲以及 60~69 歲的男性醫師吸菸盛行率的 95% 信賴區間。

解

30~39 歲男性醫師吸菸盛行率：

$$n = 860 \text{ 、 } \hat{p} = \frac{215}{860} = 0.25$$

$$\sigma_{\hat{p}} = \sqrt{\frac{\hat{p}(1-\hat{p})}{n}} = \sqrt{\frac{0.25(1-0.25)}{860}}$$
$$= 0.01477$$

並且， $n\hat{p} = 860 \cdot 0.25 = 215 \geq 5$ 與 $n(1-\hat{p}) = 860 \cdot 0.75 = 645 \geq 5$

因此，可以利用常態分布進行信賴區間的估算。

30~39 歲男性醫師吸菸盛行率的 95%信賴區間：

$$\hat{p} - Z_{\frac{\alpha}{2}}\sqrt{\frac{\hat{p}(1-\hat{p})}{n}} < p < \hat{p} + Z_{\frac{\alpha}{2}}\sqrt{\frac{\hat{p}(1-\hat{p})}{n}}$$

$$\cong 0.25 - 1.96 \cdot 0.01477 < p < 0.25 + 1.96 \cdot 0.01477$$

$$\cong 0.2211 < p < 0.2789$$

因此，30~39 歲男性醫師吸菸盛行率的 95%信賴區間為(0.2211, 0.2789)。

60~69 歲男性醫師吸菸盛行率：

$$n = 2,070 \text{ 、 } \hat{p} = \frac{476}{2,070} \cong 0.23$$

$$\hat{p} - Z_{\frac{\alpha}{2}}\sqrt{\frac{\hat{p}(1-\hat{p})}{n}} < p < \hat{p} + Z_{\frac{\alpha}{2}}\sqrt{\frac{\hat{p}(1-\hat{p})}{n}}$$

並且，

$$n\hat{p} = 2,070 \cdot 0.23 = 476.1 \geq 5 \text{ 與 } n(1-\hat{p}) = 2,070 \cdot 0.77 = 1593.9 \geq 5$$

因此，可以利用常態分布進行信賴區間的估算。

60~69 歲男性醫師吸菸盛行率的 95%信賴區間：

$$\hat{p} - Z_{\frac{\alpha}{2}}\sqrt{\frac{\hat{p}(1-\hat{p})}{n}} < p < \hat{p} + Z_{\frac{\alpha}{2}}\sqrt{\frac{\hat{p}(1-\hat{p})}{n}}$$

$$\cong 0.23 - 1.96 \cdot 0.00925 < p < 0.23 + 1.96 \cdot 0.00925$$

$$\cong 0.2119 < p < 0.2481$$

因此，60~69 歲男性醫師吸菸盛行率的 95%信賴區間為(0.2119, 0.2481)。

五 總結

1. 族群平均值 μ 的 $100(1-\alpha)\%$之區間估計

   (1) 族群標準差 σ 已知－標準常態分布

   $$X \sim N(\mu, \sigma^2) \quad \Rightarrow \quad \overline{X} \sim N(\mu_{\overline{X}} = \mu,\ \sigma_{\overline{X}}^2 = \frac{\sigma^2}{n})$$

   $$\overline{X} - Z_{\frac{\alpha}{2}} \times \frac{\sigma}{\sqrt{n}} < \mu < \overline{X} + Z_{\frac{\alpha}{2}} \times \frac{\sigma}{\sqrt{n}}$$

   (2) 族群標準差 σ 未知－t 分布　$t = \dfrac{\overline{X} - \mu}{S/\sqrt{n}} \sim t_{n-1}$

   $$\overline{X} - t_{\frac{\alpha}{2},\ n-1} \cdot \frac{S}{\sqrt{n}} < \mu < \overline{X} + t_{\frac{\alpha}{2},\ n-1} \cdot \frac{S}{\sqrt{n}}$$

2. 族群比例 p 的 $100(1-\alpha)\%$之區間估計

   當 $np \geq 5$ 及 $n(1-p) \geq 5$ 時，$\hat{p} = \dfrac{x}{n} \overset{approximately}{\sim} N(\mu_{\hat{p}} = p,\ \sigma_{\hat{p}}^2 = \dfrac{p(1-p)}{n})$

   $$\hat{p} - Z_{\frac{\alpha}{2}}\sqrt{\frac{\hat{p}(1-\hat{p})}{n}} < p < \hat{p} + Z_{\frac{\alpha}{2}}\sqrt{\frac{\hat{p}(1-\hat{p})}{n}}$$

習題

1. 根據以往的調查資料顯示，美國的健康成年人紅血球素含量之標準差(σ)為 1.12g/100 mL，試計算下列之信賴區間(confidence interval, C.I.)。

   (1) 隨機抽取 n＝10 位成年人，得其平均紅血球素含量為 13.5 g/100 mL，求 90% C.I.。

   (2) 隨機抽取 n＝25 位成年人，得其平均紅血球素含量為 13.1 g/100 mL，求 95% C.I.。

   (3) 隨機抽取 n＝64 位成年人，得其平均紅血球素含量為 12.8 g/100 mL，求 99% C.I.。

2. 設族群資料呈一常態分布，現由此族群中隨機抽取一個 n＝15 的樣本，並計算得 $\sum x = 1,688$，$\sum x^2 = 190,922$，試求 μ 之 95%，99% C.I.。

3. 某食品商進口一貨櫃的蘋果和桃子。現從進口的貨櫃中，隨機抽驗 100 個蘋果發現有 9 個蘋果是有瑕疵的，另隨機抽驗 80 個桃子中有 6 個是有瑕疵的。試問：

   (1) 此批進口蘋果瑕疵率的 95% 及 98% C.I.。

   (2) 此批進口桃子瑕疵率的 80% 及 90% C.I.。

4. 某研究隨機調查臺灣地區 16 頭泌乳牛，其乳汁中乳糖率(lactose percentage, LP)(%)為：

4.84	4.88	4.53	5.03	4.87	4.9	4.94	4.82
4.89	4.95	4.72	4.92	4.76	4.81	4.9	4.93

   依過去的調查資料指出臺灣地區乳牛群乳糖率(LP)之族群標準差 σ＝0.12 (%)。試求臺灣地區乳牛群平均乳糖率(μ)之 95% 信賴區間(C.I.)。

5. 某動物藥品研發部開發新的疥癬蟲殺蟲藥。今隨機噴灑於 500 隻疥癬蟲，結果 400 隻死亡，試依此試驗結果，計算該藥劑對於疥癬蟲殺蟲率之 99% 信賴區間(C.I.)。

6. 某季節自外海捕獲之草蝦(*Penaeus monodon*)對其頭胸甲長記錄如下。試計算其平均頭胸甲長的 95%信賴區間(C.I.)。（L_i 為頭胸甲長，f_i 為尾數）

頭胸甲長(cm)	尾數	頭胸甲長(cm)	尾數
15.4	1	18.0	2
15.6	1	18.2	2
16.0	1	18.4	2
16.2	1	18.6	1
16.4	4	18.8	1
16.6	2	19.2	1
16.8	3	20.0	1
17.0	8	20.8	1
17.2	5	21.4	1
17.4	6	21.6	1
17.6	3		
17.8	2		

$$Z_{\alpha/2} = 1.96 \text{ , } \text{Mean} = \frac{\sum L_i \times f_i}{\sum f_i} \text{ , } s^2 = \frac{\sum f_i (L_i - \text{Mean})^2}{\sum f_i - 1}$$

7. 已知芬蘭一林區之每戶私有林面積分布為常態分布。今隨機調查 16 戶，每戶平均面積 ($\overline{X}$) 為 45 ha，標準差(S)為 0.4 ha。試求該林區每戶私有林平均面積的 95%信賴區間(C.I.)。

8. 根據以往資料顯示，某高中新生之身高標準差(σ)為 10 cm，今從新生中隨機抽選 36 人進行測量，結果此 36 人平均身高為 172 cm：試推論該校新生平均身高的 90%、95%及 99%信賴區間(C.I.)分別為何？並比較信心水準大小與信賴區間的關係。

9. 根據某肉品加工場以往的資料指出，該加工場蒐購的豬隻其體重的標準差(σ)為 60 kg。今分別從該加工場中分別隨機抽選 16 頭及 25 頭進行調查，測量結果顯示 16 頭豬平均體重為 480 kg，而 25 頭豬平均體重也是 480 kg。試計算兩組樣本之 95%的信賴區間(C.I.)，並比較樣本大小與信賴區間的關係。

10. 昭日公司所生產的日光燈壽命呈常態分布，且其族群標準差(σ)為 25 小時。
    今隨機抽取 n = 25 支日光燈，且其平均壽命為 750 小時。
    (1) 試求該公司生產之日光燈平均壽命之 95%信賴區間？
    (2) 然而，消基會不相信該公司所公布的信賴區間資料。因此，自行自消費
        市場中隨機購買 n = 36 支日光燈，並測得其平均壽命為 745 小時，標準
        差為 36 小時。試求該公司生產之日光燈平均壽命之 95%信賴區間？

11. 假設自動販賣機銷售大杯可樂，其重量為常態分布，標準差為 2 公克，今隨
    機抽取 100 杯，其平均重量為 30 公克，試問：該販賣機可樂族群平均重量
    的 95%信賴區間？

12. 應用新開發之疫苗治療 200 頭病豬，結果有 175 頭痊癒，求該疫苗治癒率之
    99%信賴區間？

13. 若豬隻人工授精站的公豬年齡符合常態分布，今隨機抽查豬隻人工授精站公
    豬之平均年齡為 35 月齡。
    (1) 若樣本數為 64，族群標準差(σ) 6 月齡，求公豬平均年齡 99%信賴區
        間。
    (2) 若樣本數為 64，族群標準差(σ) 6 月齡，求公豬平均年齡 95%信賴區
        間。
    (3) 若樣本數為 36，樣本標準差(S) 6 月齡，求公豬平均年齡 95%信賴區
        間。

14. 若隨機抽測 25 個楓木木塊樣本(2 cm × 2 cm × 2 cm)之密度，平均值=0.70
    g/mL，平方和 SS = 0.24$(g / mL)^2$，試問楓木木材密度平均值之標準誤為何？
    請問平均值之 95%信賴區間為何？

15. 用乳房炎軟膏治療罹患臨床性乳房炎牛隻 100 頭後，其中 80 頭痊癒。試估
    計該乳房炎軟膏治療率之 95%信賴區間。

16. 屏東地區某蛇種之新生幼蛇體重（公克）經抽樣量測所得數據為：18.4、
    18.0、17.3、20.4、19.4、19.2、19.9、20.0、19.4、16.0。試計算其平均體重
    的 99%信賴區間(C.I.)。

17. 溪頭國家公園中之松樹感染線蟲之調查顯示，200 株隨機樣本中有 44 株被
    感染請問感染率之 95%信賴區間為何？

CHAPTER **08**

假設檢定

林汶鑫
國立屏東科技大學農園生產系

蔡添順
國立屏東科技大學生物科技系

BIOSTATISTICS

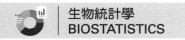

一　檢定的意義及程序

（一）假設檢定的意義

　　藉由族群中隨機抽出的隨機樣本對族群做出推論的過程即稱之為統計推論 (statistical inference)，也就是以隨機樣本中所獲得的訊息用以推論族群的參數，主要分為估計與假設檢定。在前述的章節中概要的介紹了點估計與區間估計，在本章節中將著重在假設檢定的說明與介紹。

　　事先對族群參數（如平均數、標準差、比例值等）建立合理的假設，再由樣本資料來測驗此假設是否成立，作為決策之依據的方法，稱為統計假設檢定或假設檢定(hypothesis testing)。在假設檢定中，藉由針對族群特性提出假設的敘述句後，此敘述句的真或假（成立與否），則需由抽樣所獲得之訊息予以評斷。其主要原則為，在對未知的族群參數提出假設後，經由族群中所隨機抽樣之隨機樣本資料評估所研擬的假設成立的機率。若從隨機樣本中所獲得的結果指出，在假設的條件下是非常罕見時，則評判此研擬的假設是不正確，因而拒絕此假設。

　　在實際的生物試驗中，往往是針對欲了解或改進的方法進行檢測，比對原有或已知的方式（對照組），以確知其差異性，此時即可利用統計假設檢定方式進行。假設之成立與否，全視特定樣本統計量抽樣分布的參數與族群參數之間，是否有顯著差異(significant difference)而定，所以假設檢定又稱顯著性檢定(test of significance)。

　　進行假設檢定時，主要分為兩個程序：(1)對族群參數(μ, σ, p, …)建立合理的假設；(2)由樣本資料檢定此假設是否成立。因此，在進行假設檢定時，需同時有兩種互斥假設存在，並且先假定在虛無假設成立的條件下（亦即虛無假設為真的抽樣分布成立的條件），利用機率的大小評估此虛無假設是否受隨機樣本資料所支持（亦即隨機樣本在虛無假設成立下的抽樣分布中發生機率是否罕見），藉以評估是否應拒絕虛無假設的描述：

1. 虛無假設(null hypothesis, H_0)：通常為我們所欲質疑或否定的敘述，一般即訂為 $\theta = \theta_0$（或 $\theta \leq \theta_0$、$\theta \geq \theta_0$），其中 θ 為族群參數，θ_0 為族群參數假設值。

2. 對立假設(alternative hypothesis, H_1)：通常為我們所欲支持、建立，或肯定的敘述，對應虛無假設的擬定，有下列三種：
   (1) 族群參數可能改變，訂為 $\theta \neq \theta_0$。
   (2) 族群參數可能變大，訂為 $\theta > \theta_0$。
   (3) 族群參數可能變小，訂為 $\theta < \theta_0$。

範例：虛無假設與對立假設範例

1. 根據以往的調查，得知成人平均體重為 65 公斤，而現代人的飲食習慣與以往並不相同，是否現代人之平均體重與以往（65 公斤）有顯著差異呢？

   (1) H_0：現代人之平均體重等於 65 公斤 $(\mu = 65)$。

   (2) H_1：現代人之平均體重不等於 65 公斤 $(\mu \neq 65)$。

2. 一般的植株平均高度為 20cm，現有一新的生長素，我們想要了解施用生長素的植株平均高度是否高於一般沒有施用的植株。

   (1) H_0：施用生長素的植株平均高度沒有高於一般的植株 $(\mu \leq 20)$。

   (2) H_1：施用生長素的植株平均高度有高於一般的植株 $(\mu > 20)$。

3. 政府機關欲了解目前失業率是否低於兩個月前的 6%。

   (1) H_0：失業率沒有低於兩個月前的 6% $(P \geq 6\%)$。

   (2) H_1：失業率低於兩個月前的 6% $(P < 6\%)$。

（二）檢定程序：假設檢定一般遵循下列之步驟所組成

1. 訂定虛無假設(H_0)：針對族群參數所設定之基本假設，想要否定的假設。

2. 訂定對立假設(H_1)：針對題意（研究者的立場）欲測試、肯定之方向設定之假設。

3. 訂定顯著水準(significant level) α：指檢定顯著差異性之機率值，亦即可容忍犯錯誤的機率或罕見程度的門檻，通常訂為 0.1、0.05、0.01，或 0.001。

4. 計算檢定統計量(test statistic)值：依據研究之目的或條件選定抽樣分布，並利用隨機樣本計算檢定統計量值。

5. 決策：依照顯著水準 α 決定臨界值(critical value)，並比較檢定統計量與臨界值，以決定是否拒絕（不拒絕）虛無假設。或依照對立假設方向選擇拒絕域(rejection region or critical region)的位置，再端視檢定統計量值所落之區域進行決策。

6. 根據題意下結論：根據決策結果，依據研究目的進行推論。

   ◎ 檢定統計量(test statistic)：在假設檢定的決策過程中，假定虛無假設為真的抽樣分布條件下，用以決定是否「拒絕(reject)」或「無法拒絕(do not reject)」虛無假設的統計量。

   ◎ 臨界值(critical value)：用以區隔拒絕域或接受域的統計量值。在常態族群（族群標準差已知）時，指標準常態分布下，依據給定之顯著水準 α 之 Z 值。在樣本族群時（族群標準差未知），指依不同自由度下，依據給定之顯著水準 α 之 t 值。

◎ 檢定圖示（雙尾檢定：指欲探討族群參數是否改變，對立假設訂為 H_1：$\theta \neq \theta_0$，見圖 8-1）

　　根據以往的調查，得知成人平均體重為 65 公斤，而現代人的飲食習慣與以往並不相同，是否現代人之平均體重與以往（65 公斤）有顯著差異呢？

1. H_0：現代人之平均體重等於 65 公斤($\mu = 65$)。

2. H_1：現代人之平均體重不等於 65 公斤($\mu \neq 65$)。

3. ex：現代人體重。

◎ 檢定圖示（右單尾檢定：指欲探討族群參數是否變大，對立假設定為 H_1：$\theta > \theta_0$，見圖 8-2），ex：植物生長素。

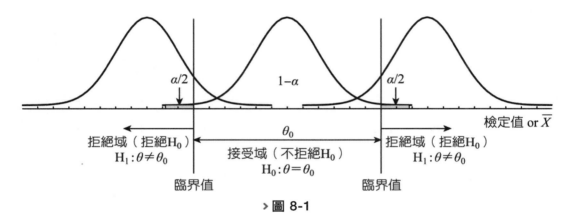

> 圖 8-1

> 圖 8-2

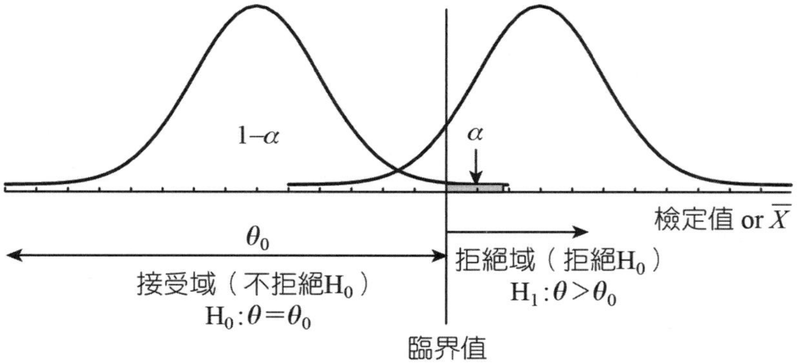

◎ 檢定圖示（左單尾檢定：指欲探討族群參數是否變小，對立假設定為 $H_1 : \theta < \theta_0$，見圖 8-3），ex：失業率。

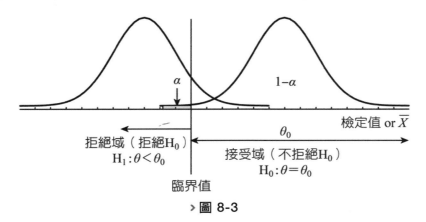

> 圖 8-3

二 族群平均數的檢定

假設檢定時，針對目標族群之期望值（平均數），由採樣平均與其比對之方法。

（一）Z 檢定－族群標準差已知

Z 檢定(Z-test)：當族群標準差已知時，可以常態標準化方式進行檢定。檢定時又因目的的不同，而進行雙尾檢定或單尾檢定二種方式。雙尾檢定一般用於證明與欲檢定之期望值（平均數）相等與否。而單尾檢定則用於檢定抽樣平均值大於或小於期望值時。

雙尾檢定(two-tailed testing)	單尾檢定(one-tailed testing)	
	左尾檢定	右尾檢定
1. H_0 : $\mu = \mu_0$	$\mu \geq \mu_0$	$\mu \leq \mu_0$
2. H_1 : $\mu \neq \mu_0$	$\mu < \mu_0$	$\mu > \mu_0$
3. $\alpha \rightarrow$ 臨界值 $Z_{\alpha/2}$	Z_α	Z_α

4. 計算檢定統計量值： $|Z| = \dfrac{\left|\overline{X} - \mu_0\right|}{\sigma / \sqrt{n}}$ 。

5. 作決策：若 $|Z| > Z$（臨界值）則拒絕 H_0，否則無足夠證據拒絕 H_0。

6. 根據題意下結論。

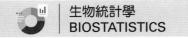
例題 / **8-1** 雙尾檢定

　　假設食用白玉米對照品種台南 22 號的平均株高為 180 cm，其標準差為 50 cm（即 σ=50）。今育成一新品系食用白玉米 NPUST01，隨機調查試驗田區 16 株之平均株高為 200 cm。試問新品系食用白玉米 NPUST01 之平均株高是否與台南 22 號有顯著差異？設顯著水準為 5%（即 α=0.05）。

 解

1. H_0：新品系 NPUST01 之平均株高與台南 22 號沒有顯著差異($\mu=180$)。

2. H_1：新品系 NPUST01 之平均株高與台南 22 號有顯著差異($\mu \neq 180$)。

3. 顯著水準 $\alpha=0.05$ ， $Z_{0.05/2}=1.96$ 。

4. 計算 Z 值

$$Z = \frac{\overline{X} - \mu_0}{\sigma / \sqrt{n}} = \frac{200 - 180}{50 / \sqrt{16}} = 1.6$$

5. $Z=1.6 < Z_{0.025}=1.96$ ，無法拒絕 H_0 。

6. 表示在 α=0.05 情形下，新品系 NPUST01 之平均株高與台南 22 號相同；或是說此調查結果，並不足以證明新品系 NPUST01 之平均株高與台南 22 號不同。

　　檢定圖示（雙尾檢定）

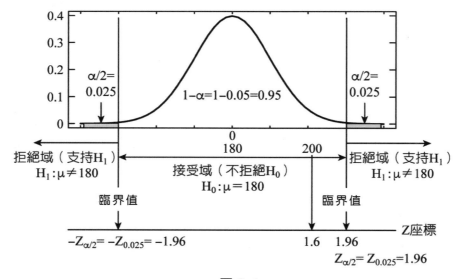

> 圖 8-4

例題 8-2 右尾檢定

　　假設食用白玉米對照品種台南 22 號的平均株高為 180 cm，其標準差為 50 cm（即 $\sigma = 50$）。今育成一新品系食用白玉米 NPUST02，隨機調查試驗田區 16 株之平均株高為 230 cm。試問新品系食用白玉米 NPUST02 之平均株高是否顯著高於台南 22 號？設顯著水準為 5%（即 $\alpha = 0.05$）。

解

1. H_0：新品系 NPUST02 之平均株高沒有顯著高於台南 22 號($\mu \leq 180$)。

2. H_1：新品系 NPUST02 之平均株高顯著高於台南 22 號($\mu > 180$)。

3. 顯著水準 $\alpha = 0.05$，$Z_{0.05} = 1.645$。

4. 計算 Z 值

$$Z = \frac{\overline{X} - \mu_0}{\sigma / \sqrt{n}} = \frac{230 - 180}{50 / \sqrt{16}} = 4$$

5. $Z = 4 > Z_{0.05} = 1.645$，拒絕 H_0。

6. 表示在 $\alpha = 0.05$ 情形下，新品系 NPUST02 之平均株高顯著高於台南 22 號。

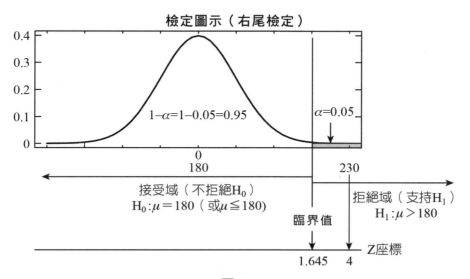

> 圖 8-5

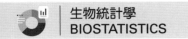

例題 8-3 左尾檢定

　　假設食用白玉米對照品種台南 22 號的平均株高為 180 cm，其標準差為 50 cm（即 $\sigma = 50$）。今育成一新品系食用白玉米 NPUST03，隨機調查試驗田區 16 株之平均株高為 150 cm。試問新品系食用白玉米 NPUST03 之平均株高是否顯著低於台南 22 號？設顯著水準為 5%（即 $\alpha = 0.05$）。

1. H_0：新品系 NPUST03 之平均株高沒有顯著低於台南 22 號($\mu \geq 180$)。

2. H_1：新品系 NPUST03 之平均株高顯著低於台南 22 號($\mu < 180$)。

3. 顯著水準 $\alpha = 0.05$ ， $Z_{0.05} = 1.645$。

4. 計算 Z 值

$$|Z| = \frac{|\overline{X} - \mu_0|}{\sigma / \sqrt{n}} = \frac{|150 - 180|}{50 / \sqrt{16}} = |-2.4| = 2.4$$

5. $|Z| = 2.4 > Z_{0.05} = 1.645$，拒絕 H_0。

6. 表示在 $\alpha = 0.05$ 情形下，新品系 NPUST03 之平均株高顯著低於台南 22 號。

　　檢定圖示（左尾檢定）

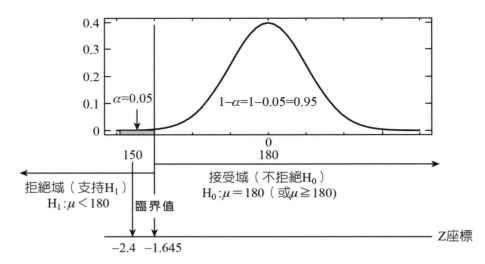

> 圖 8-6

（二）t 檢定—族群標準差未知

當族群標準差未知時，以樣本標準差取代之，並依不同樣本大小之分布進行檢測。

t 檢定(t-test)：當族群標準差未知，而以樣本標準差取代族群標準差，進行對期望值（平均數）之檢測。t 檢定亦可進行雙尾及單尾檢定，其條件如下：

雙尾檢定(two-tailed testing)	單尾檢定(one-tailed testing)	
	左尾檢定	右尾檢定
1. $H_0 : \mu = \mu_0$	$\mu \geq \mu_0$	$\mu \leq \mu_0$
2. $H_1 : \mu \neq \mu_0$	$\mu < \mu_0$	$\mu > \mu_0$
3. $\alpha \rightarrow$ 臨界值 $t_{\alpha/2, n-1}$	$t_{\alpha, n-1}$	$t_{\alpha, n-1}$

4. 計算檢定統計量值

$$|t| = \frac{\left|\overline{X} - \mu_0\right|}{s / \sqrt{n}}$$

5. 作決策：若 $|t| > t$（臨界值）則拒絕 H_0，否則接受 H_0（無足夠證據拒絕 H_0）。

6. 根據題意下結論。

例題 8-4 雙尾檢定

設一般人血液中平均膽固醇含量為 180mg/mL。調查甲地區 16 個成人之平均膽固醇為 200mg/mL，其樣本標準差為 50mg/mL（即 $s = 50$），問甲地區成人之膽固醇是否與一般人有顯著差異？設顯著水準為 5%（即 $\alpha = 0.05$）。

解

1. H_0：甲地區成人之膽固醇與一般人沒有顯著差異($\mu = 180$)。

2. H_1：甲地區成人之膽固醇與一般人有顯著差異($\mu \neq 180$)。

3. 顯著水準 $\alpha = 0.05$，$t_{0.05/2, 16-1} = 2.131$。

4. 計算 t 值

$$t = \frac{\overline{X} - \mu_0}{s / \sqrt{n}} = \frac{200 - 180}{50 / \sqrt{16}} = 1.6$$

5. $t = 1.6 < t_{0.025,15} = 2.131$，不拒絕 H_0。

6. 表示在 $\alpha = 0.05$ 情形下，甲地區成人之膽固醇與一般人沒有顯著差異。

  檢定圖示（雙尾檢定）

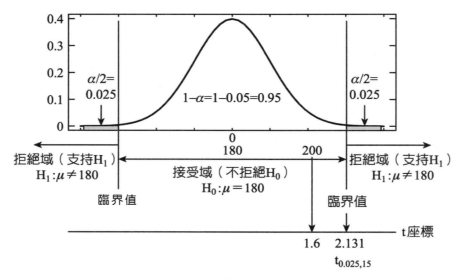

> 圖 8-7

 例題 / 8-5 右尾檢定 ....

  設今欲試驗某飼料添加魚骨粉後，對雞每月平均產蛋量是否提高。一般飼料每隻雞每月平均產量為 21 個。今試驗 25 隻雞，平均每月產蛋量為 24 個，標準差=6 個，問添加魚骨粉是否能提高產蛋量？設 $\alpha = 0.1$。

解

1. H_0：添加魚骨粉不能顯著提高產蛋量$(\mu \leq 21)$。

2. H_1：添加魚骨粉能顯著提高產蛋量$(\mu > 21)$。

3. $\alpha = 0.1$，$t_{0.1,25-1} = 1.318$

4. 計算 t 值

$$t = \frac{\overline{X} - \mu_0}{s / \sqrt{n}} = \frac{24 - 21}{6 / \sqrt{25}} = 2.5$$

5. $t = 2.5 > t_{0.1, 24} = 1.318$ ，拒絕 H_0 。

6. 表示在 $\alpha = 0.1$ 情形下，添加魚骨粉能顯著提高產蛋量。

檢定圖示（右尾檢定）

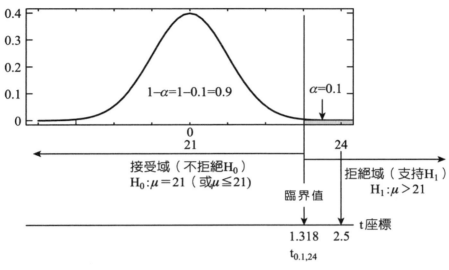

> 圖 8-8

例題 8-6 左尾檢定

設下列資料為從某地區抽檢而得之土壤 pH 值，問此土壤是否為酸性（中性 pH=7）。pH 值：6.5, 7.2, 6.9, 6.5, 6.8, 7.0, 6.0, 5.9, 7.0 (α=0.05)。

 解

首先先求出樣本平均=6.64，樣本標準差=0.4558。

1. H_0：土壤不為酸性($\mu \geq 7$)。

2. H_1：土壤為酸性($\mu < 7$)。

3. $\alpha = 0.05$ ， $t_{0.05,9-1} = 1.86$

4. 計算 t 值

$$|t| = \frac{\left|\overline{X} - \mu_0\right|}{s/\sqrt{n}} = \frac{|6.64 - 7|}{0.4558/\sqrt{9}} = |-2.37| = 2.37$$

5. $t = 2.37 > t_{0.05,8} = 1.86$，拒絕 H_0。

6. 表示在 $\alpha = 0.05$ 情形下，土壤為酸性。

   檢定圖示（左尾檢定）

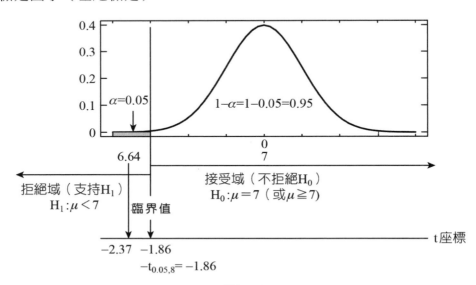

> 圖 8-9

 三 **族群比例的檢定**

是指數據資料為比例值時，所進行之檢定。其方法如下：

雙尾檢定(two-tailed testing)	單尾檢定(one-tailed testing)	
	左尾檢定	右尾檢定
1. H_0 ： $P = P_0$	$P \geq P_0$	$P \leq P_0$
2. H_1 ： $P \neq P_0$	$P < P_0$	$P > P_0$
3. $\alpha \rightarrow$ 臨界值 $Z_{\alpha/2}$	Z_α	Z_α
4. 計算檢定統計量值		

$$|Z| = \frac{\left| \hat{P} - P_0 \right|}{\sqrt{P_0 \left(1 - P_0 \right) / n}}$$

5. 作決策：若 $|Z| > Z$（檢定值）則拒絕 H_0（支持 H_1）否則接受 H_0（無足夠證據拒絕 H_0）。

6. 根據題意下結論。

例題 8-7 雙尾檢定

　　某花卉的調查指出，顧客對此花卉紅白兩種花色有相同的喜好（亦即 50% 顧客喜歡紅色，50%顧客喜歡白色）。現隨機抽取 225 人，得知喜歡紅色的有 58%。問顧客對兩花色是否有相同的喜好 $(\alpha = 0.01)$？

 解

1. H_0：對兩花色有相同的喜好（即喜歡紅色的比例為 50%， $p = 0.5$）。

2. H_1：對兩花色沒有相同的喜好（即喜歡紅色的比例不為 50%， $p \neq 0.5$）。

3. 顯著水準 $\alpha = 0.01$， $Z_{0.01/2} = 2.576$。

4. 計算 Z 值

$$Z = \frac{\hat{P} - P_0}{\sqrt{P_0(1-P_0)/n}} = \frac{0.58 - 0.5}{\sqrt{0.5 \times (1-0.5)/225}} = 2.4$$

5. $Z = 2.4 < Z_{0.005} = 2.576$，支持 H_0。

6. 表示在 $\alpha = 0.01$ 情形下，顧客對此花卉紅白兩種花色有相同的喜好。

　　注意：此題之顯著水準若定於 0.05，則 $Z_{0.025} = 1.96$，結論是 $Z = 2.40 > Z_{0.05/2} = 1.96$，支持 H_1，即顧客對此花卉紅白兩種花色的喜好並不相同！故顯著水準的訂定是很重要的。

檢定圖示（雙尾檢定）

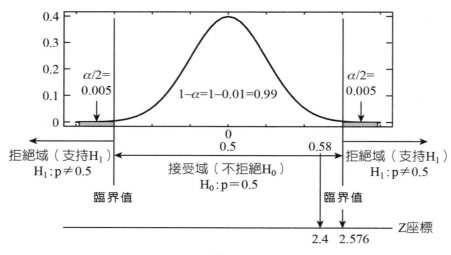

> 圖 8-10

例題 8-8 右尾檢定

今有某新出品殺蟲劑噴灑於某昆蟲 500 隻，結果有 370 隻死亡，假設舊的殺蟲劑之殺蟲率為 0.7，問新出品殺蟲劑之殺蟲率是否比舊的殺蟲劑之殺蟲率為佳？（$\alpha = 0.01$）

首先先求出樣本比例值 $= 370/500 = 0.74$。

1. H_0：新殺蟲劑沒有較佳（即新的與舊的殺蟲劑無顯著差異，$p \leq 0.7$）。

2. H_1：新殺蟲劑較佳（即新的殺蟲率有顯著提高，$p > 0.7$）。

3. 顯著水準 $\alpha = 0.01$，$Z_{0.01} = 2.326$。

4. 計算 Z 值

$$Z = \frac{\hat{P} - P_0}{\sqrt{P_0(1-P_0)/n}} = \frac{0.74 - 0.7}{\sqrt{0.7 \times (1-0.7)/500}} = 1.95$$

5. $Z = 1.95 < Z_{0.01} = 2.326$，不拒絕 H_0。

6. 表示在 α = 0.01 情形下，新殺蟲劑之殺蟲率沒有較佳。

   注意：此題之顯著水準若定於 0.05，則 $Z_{0.05} = 1.645$，結論是 $Z = 1.95 > Z_{0.05} = 1.645$，支持 H_1，新殺蟲劑較佳！故顯著水準的訂定是很重要的。

   檢定圖示（右尾檢定）

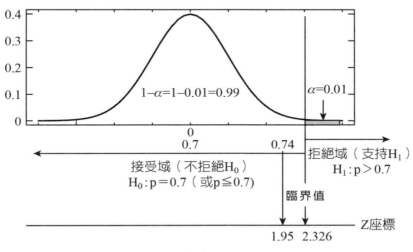

> 圖 8-11

例題 8-9 左尾檢定

　　某腫瘤科研究醫師以一種新療法治療 150 位肺線癌的癌症病人，五年後結果仍有 126 位病人死亡。然而，根據過往經驗，該肺線癌的癌症病患五年內的死亡率超過 90%。試問新療法對於治療肺線癌是否有顯著改善？（α = 0.05）

 解

1. H_0：新療法治療肺線癌沒有顯著改善（即死亡率與以往無顯著差異，$p \geq 0.9$）。

2. H_1：新療法治療肺線癌有顯著改善（即死亡率有顯著降低，$p < 0.9$）。

3. 顯著水準 α = 0.05 ，$Z_{0.05} = 1.645$ 。

4. 計算 Z 值

$$|-Z| = \frac{|\hat{P} - P_0|}{\sqrt{P_0 \times (1 - P_0)/n}} = \frac{|0.84 - 0.9|}{\sqrt{0.9 \times (1 - 0.9)/150}} = |-2.45| = 2.45$$

5. $Z = -2.45 < Z_{0.95} = -1.645$（或 $|Z| = 2.45 > Z_{0.05} = 1.645$），拒絕 H_0。

6. 表示在 $\alpha = 0.05$ 情形下，新療法對於治療肺線癌有顯著改善。

檢定圖示（左尾檢定）

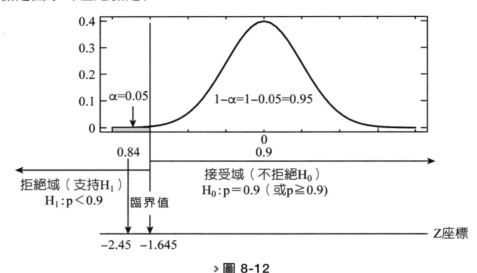

> 圖 8-12

四 兩種錯誤（誤差）

　　檢定進行時，除了可探測結果之顯著性，相對的存在一定的風險，即可能發生錯誤的機會，常態分布是一個連續性的機率分布，檢測時所設之可信賴區間以外之部分即為發生錯誤之機率。根據檢定之前題與結果正確與否，可產生兩種不同之錯誤情況，分別在第一型錯誤及第二型錯誤。

1. 第一型錯誤(type I error)：指拒絕對的 H_0 時所產生之錯誤，一般以 α 稱之。

　　$\alpha = P(\text{type I error}) = P$ （拒絕 $H_0 | H_0$ 為真）。

2. 第二型錯誤(type II error)：接受錯的 H_0 時所產生之錯誤，一般以 β 稱之。

　　$\beta = P(\text{type II error}) = P$ （接受 $H_0 | H_0$ 為偽）。

　　$(1-\beta)$ 稱為檢定力(power of test)：指能正確檢定出原有檢定正確的機率。

決策 ＼ 族群真相	H_0 為真	H_0 為偽
接受 H_0	正確$(1-\alpha)$	type II error(β)
拒絕 H_0	type I error(α)	正確$(1-\beta)$

例題 8-10

　　當檢定現代人之平均體重與 65 公斤是否有顯著差異時，假設你的決策為有顯著差異（即拒絕 H_0，接受 H_1），但事實上現代人之平均體重與 65 公斤並沒有顯著差異（即 H_0 應為真），表示決策是錯誤的，這就犯了第一型的錯誤(type I error)，可能的機率是 α。反之，假設你的決策為沒有顯著差異（即接受 H_0），但事實上現代人之平均體重與 65 公斤是有顯著差異（即 H_1 應為真或 H_0 為偽），表示決策是錯誤的，這就犯了第二型的錯誤(type II error)，可能的機率是 β。

五　檢定與信賴區間之關係

　　在同樣 α 值的情形下，信賴區間可以用來判定樣本平均值與假定族群平均值是否有顯著差異，結論會跟雙尾檢定相同。若以樣本平均值推論出 μ 的信賴區間，包含了原本假定的族群平均值，則表示樣本平均數與族群平均值沒有顯著差異。若以樣本平均值推論出 μ 的信賴區間，不包含原本假定的族群平均值，則表示樣本平均數與族群平均值有顯著差異。

例題 8-11

　　設一般人血液中平均膽固醇含量為 180mg/mL。調查甲地區 16 個成人之平均膽固醇為 200mg/mL，其標準差為 50mg/mL，請計算甲地區成人之膽固醇平均含量的 95%信賴區間，並以此區間判斷甲地區是否與一般人有顯著不同？

解

　　$\overline{X} = 200$，$s = 50$，$n = 16$，95% C.I.的 t 值＝$t_{0.025,15} = 2.131$，故 95% C.I.為

$$\overline{X} \pm t_{0.025,15} \frac{s}{\sqrt{n}} = 200 \pm 2.131 \times \frac{50}{\sqrt{16}} = 200 \pm 26.64 = (173.36, 226.64)$$

　　表示甲地區平均膽固醇含量有 95%的可能性會低到 173.36，也可能會高達 226.64，當然可能會等於 180（即此區間含 180），故甲地區平均膽固醇與一般人沒有顯著不同。

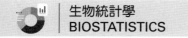

例題 8-12

設一般人血液中平均膽固醇含量為 180mg/mL。調查乙地區 25 個成人之平均膽固醇為 160mg/mL，其標準差為 25mg/mL，請計算乙地區成人之膽固醇平均含量的 95%信賴區間，並以此區間判斷乙地區是否與一般人不同？

解

$\overline{X}=160$，$s=25$，$n=25$，95% C.I.的 t 值＝ $t_{0.025,24}=2.064$，故 95% C.I.為

$$\overline{X}\pm t_{0.025,24}\frac{s}{\sqrt{n}}=160\pm 2.064\times\frac{25}{\sqrt{25}}=160\pm 10.32=(149.68,\ 170.32)$$

表示乙地區平均膽固醇含量有 95%的可能性會低到 149.68，也可能會高達 170.32，並未達到 180（即此區間不含 180），故乙地區平均膽固醇與一般人有顯著不同。

例題 8-13

某花卉的調查指出，顧客對此花卉紅白兩種花色有相同的喜好（亦即 50%顧客喜歡紅色，50%顧客喜歡白色）。現隨機抽取 225 人，得知喜歡紅色的有 58%。求喜歡紅色比率的 99%及 95%信賴區間，並以信賴區間判斷顧客對此花卉紅白兩種花色是否有相同的喜好。

解

$\hat{p}=0.58$，$\hat{q}=1-\hat{p}$，n=225，99% C.I.的 Z 值＝$Z_{0.005}=2.576$，故 99% C.I.為：

$$\hat{p}\pm z\times\sqrt{\frac{\hat{p}\hat{q}}{n}}=0.58\pm 2.576\times\sqrt{\frac{0.58\times 0.42}{225}}=0.58\pm 0.085=(0.495,\ 0.665)$$

因此區間含 0.5，故在 $\alpha=0.01$ 情形下，顧客對此花卉紅白兩種花色有相同的喜好。

而 95% C.I.的 Z 值＝$Z_{0.025}=1.96$，95% C.I.為：

$$\hat{p}\pm z\times\sqrt{\frac{\hat{p}\hat{q}}{n}}=0.58\pm 1.96\times\sqrt{\frac{0.58\times 0.42}{225}}=0.58\pm 0.0645=(0.5155,\ 0.6445)$$

因此區間不含 0.5，故在 $\alpha=0.05$ 情形下，顧客對此花卉紅白兩種花色沒有相同的喜好。

故信賴區間值的設立，如同 α 值之於檢定。

習題

1. 就下列各題敘述，寫出虛無假設(H_0)及對立假設(H_1)，並說明採用單尾或雙尾檢定：

   (1) 以身體質量指數(BMI) 20 為準，低於 20 則視為過瘦，某營養師想了解模特兒是否有過瘦的情形。

   (2) 設已知在 70 年代的嬰兒出生平均體重為 2,700 公克，現在某醫院的想調查 90 年代出生的嬰兒平均體重是否顯著大於 70 年代。

   (3) 已知全國的大專生申請助學貸款的機率為 25%，某校想了解該校學生申請助學貸款的機率是否與全國的 25% 有不同。

2. 某食品公司宣稱所生產之肉鬆每罐重量至少在 500 g 以上，並已知其標準差為 10 g，假設每罐肉鬆重量呈常態分布，在下列各抽樣情形下，是否可反駁其宣稱：

   (1) 隨機抽取 n = 5 罐肉鬆，得其平均重量為 493g。(α = 0.1)

   (2) 隨機抽取 n = 16 罐肉鬆，得其平均重量為 496g。(α = 0.05)

3. 體適能研究者對 18~22 歲的大學男生作隨機抽樣調查，20 名學生作完相同的運動動作後，測得其耗氧量(l/min)如下（假設耗氧量呈常態分布）：

2.43	2.67	2.03	2.52	2.95	2.08	2.79	2.86	2.51	2.32
2.08	2.92	2.89	2.34	2.43	2.68	2.74	2.38	2.79	2.67

   (1) 以 α = 0.05 檢定平均耗氧量是否與 2.5 有顯著不同。

   (2) 請計算平均耗氧量的 95%信賴區間，並以此區間說明是否與 2.5 有顯著不同。

   (3) 以 α = 0.01 檢定平均耗氧量是否顯著高於 2.0。

4. 某食品商進口一貨櫃的蘋果和桃子，現從其進口的水果中，隨機抽驗 100 個蘋果發現有 9 個蘋果是有瑕疵的，抽驗 80 個桃子中有 6 個是有瑕疵的：

   (1) 在 α = 0.05 情形下，試檢定此貨櫃的蘋果瑕疵率是否與 20% 有顯著差異？

   (2) 請寫出蘋果瑕疵率的 95% C.I.，以此區間說明是否與 20% 有顯著差異？

   (3) 在 α = 0.1 情形下，試檢定此貨櫃的桃子瑕疵率是否顯著低於 10%？

5. 現擬比較牛隻餵飼新品種牧草後，是否可縮短母牛之產犢間距。一般母牛之產犢間距為 404 天，標準差 σ = 75 天。應用 25 頭母牛進行試驗結果，平均產犢間距為 388 天。試檢定新品種牧草是否可縮短母牛分娩間距(α = 0.05)？

6. 若依規定文蛤的平均殼長需達 20 mm 才符合商品規格，現從某文蛤養殖場中，隨機抽取 64 枚，測其平均體長為 17 mm，標準差為 2 mm，試問該場文蛤是否已達商品規格？（$\alpha = 0.05$、$Z_{\alpha/2} = 1.96$：由於 t 分布表中並無 df = 63 之數值，且 n = 64 > 30，因此可以使用 Z 值予以代替）。

7. 某家具廠製材規定板材平均厚度 3 cm，今抽驗 5 根，得平均數為 2.97 cm，標準差 0.06 cm，試以 $\alpha = 0.05$ 檢定該廠產品是否符合設定規格？

8. 下列數據為田間調查某品種毛豆之結莢數：

$$25 \quad 32 \quad 29 \quad 31 \quad 31$$
$$28 \quad 29 \quad 30 \quad 27 \quad 33$$

試問當其族群變異數 (σ^2) 為25時 $(\alpha = 0.05)$ 此樣本之平均是否符合此品種之預期平均結莢數(32)？

9. 於 N (20,16)族群中若抽樣樣本平均為 15，n = 9，試問於 $\alpha = 0.01$ 下此樣本平均是否符合族群平均？

10. 為確保農產公司銷售西瓜之品質，檢驗合格標準為糖度 10 brix 以上，標準差為 1.2。於雨季時運來某批西瓜抽樣結果如下：

$$8 \quad 5 \quad 9 \quad 8 \quad 5 \quad 10 \quad 10$$
$$5 \quad 8 \quad 11 \quad 7 \quad 5 \quad 8$$

試問此批西瓜糖度是否低於標準？$(\alpha = 0.05)$

11. 激勃素(GA)常被用於花梗之抽長效果，一般栽培下文心蘭平均花梗長 95 cm，標準差 10 cm，某農戶於文心蘭抽花期施用 GA 後，抽樣 25 件調查花梗數，得平均為 110 cm，試問次施用 GA 是否確有提高花梗長度？$(\alpha = 0.05)$

12. 假定某麵粉工廠生產麵粉後，使用機器將麵粉裝袋。經設定，每包裝需裝填5kg的麵粉。今倉管人員想要驗證該機器所裝填的麵粉是否確實為5kg，以便維修人員判定使否需停機修理。在工廠經理隨機抽樣的25袋麵粉，經計算後其平均數($\bar{x}$)為5.1 kg，標準差(s)為0.05 kg。請問在 $\alpha = 0.05$ 的顯著水準下，試分別利用假設檢定方法與95%的信賴區間判斷該機器是否需要停機修理？

13. 某一廠牌行動電話宣稱其平均重量不超過 78 公克，今隨機抽取此廠牌行動電話 10 支，得其平均重量為 80 公克，標準差為 4 公克。試問：在 $\alpha = 0.05$ 時，該廠牌行動電話平均重量是否超過 78 公克？

14. 衛福部公布每 100 gm 豬肉含 126 mg 膽固醇，標準差為 10 mg。某公司宣稱其所生產之豬肉為低膽固醇健康豬肉。隨機抽檢 16 個豬肉樣本，測得平均膽固醇為 122 mg/100 gm。在顯著水準 1%下，是否可反駁其宣稱？

15. 進行水簾牛舍是否可提升乳牛產乳量之試驗，已知飼養於一般牛舍乳牛 305-2X-ME 乳量為 7,400 kg，標準差 $\sigma = 1,400$ kg。應用 49 頭乳牛進行水簾牛舍飼養試驗，結果 305-2X-ME 平均乳量為 7,600 kg。試問在 $\alpha = 0.05$ 下，乳牛飼養於水簾牛舍是否可提升其產乳量？

16. 隨機抽測 10 塊自然風乾之柳杉木塊，測含水率(M.C.%)，平均值 = 24.8%，變異數 $= 4(\%)^2$，售出之柳杉含水率要達 25%，試問該批柳杉木材含水率是否達到標準 ($\alpha = 0.05$)？

17. 試寫出下面幾個檢定完整的虛無與對立假設：

    (1) 今天有一間廠商向屏科大植物醫院採購人員宣稱該公司的微生物製劑藥效絕對不短於 10 天。試設計假設檢定對廠商的宣稱進行檢定。

    (2) 環工系老師想要檢定上週日老埤鄉的空氣品質是否達到紫爆？（PM2.5 達到150 ? g / m³ 即顯示紫色）

18. 已知土雞年產蛋數 150 顆／隻，標準差 (σ) = 20 顆。應用 100 隻母土雞進行離胺酸提升產蛋數試驗，結果平均年產蛋數為 155 顆／隻。試問在 $\alpha = 0.05$ 下，添加離胺酸於母土雞飼糧中，是否可提升其年產蛋數？

19. 從某蛙類繁殖地區抽檢而得之土壤 pH 值：7.8、8.0、7.0、7.5、7.9、8.0、6.9、7.5、8.2，試檢定此地區土壤是否為鹼性（中性 pH = 7.0 ; $\alpha = 0.01$）。另外計算樣本平均值的 99%信賴區間，此區間是否包含 7.0？

20. 隨機抽測陽明山公園之放射松心材密度(g/mL)，於 $\alpha = 0.05$ 條件下，放射松平均密度是否明顯大於 0.53 g/mL？資料如下表。

樣本	1	2	3	4	5
放射松	0.53	0.54	0.511	0.58	0.52

21. 假設從過去很多的研究中得知，一般 10 日齡以下的白蟻，K 消化酵素的平均值為 80 mg/ml，標準差為 20 mg/ml。今日吳老師想要了解此消化酵素是否與白蟻體內的共生物種類有關，因此針對一群感染特殊共生物的 10 日齡白蟻進行研究。假設此研究者共收集 20 隻白蟻，其平均值為 110 mg/ml，請檢定感染特殊共生物的 10 日齡白蟻之 K 消化酵素的值是否顯著高於 80 mg/ml？

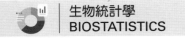
(1) 請根據上述資訊，完整寫出整個假設檢定流程。

(2) 假設經過 3 年的努力這位老師發現，過去的研究所提出 K 消化酵素的標準差不準確，所以必須放棄該數值。今日吳老師想要把之前蒐集的樣本重新檢視，請幫老師完成檢定流程 ($\alpha = 0.05$)。樣本如下：

115、93、104、121、91、121、100、166、120、99、116、85、100、101、98、122、118、99、99、76

(3) 請依照(2)樣本的狀況，協助估計該樣本 K 消化酵素的平均值 95%的信賴區間。

22. 一位植物病理學家想評估一種新開發的生物農藥對防治番茄早疫病(tomato early blight)的效果。他在一個溫室試驗中，隨機選取 40 棵番茄幼苗，分為兩組：實驗組（噴施生物農藥）和對照組（不施任何處理）。試驗持續 8 週後，研究人員對每株番茄幼苗的罹病指數(disease index)進行評估，數值越高表示罹病越嚴重。今試驗結果，實驗組番茄幼苗的平均罹病指數為 2.1，而對照組的平均罹病指數為 3.7。試問在顯著水準為 0.01 的情況下，這些數據是否支持新生物農藥能有效防治番茄疫病的結論？

23. 已知菜豆直接播種於土壤的發芽率為 75%。今取 400 粒種子，以泡水 24 小時後再行播種。試驗結果有 320 粒菜豆種子發芽，試問泡水處理是否顯著提升發芽率？($\alpha = 0.05$)

24. 已知大專籃球賽之團隊罰球命中率為 68%，黑豹大學團隊今年參賽過程中，共罰 88 次，命中 60 球。試問，在 $\alpha = 0.05$ 下黑豹大學團隊命中率是否與一般團隊罰球命中率有顯著差異？

CHAPTER 09

兩個族群參數之比較

林汶鑫
國立屏東科技大學農園生產系

陳英男
國立屏東科技大學水產養殖系

BIOSTATISTICS

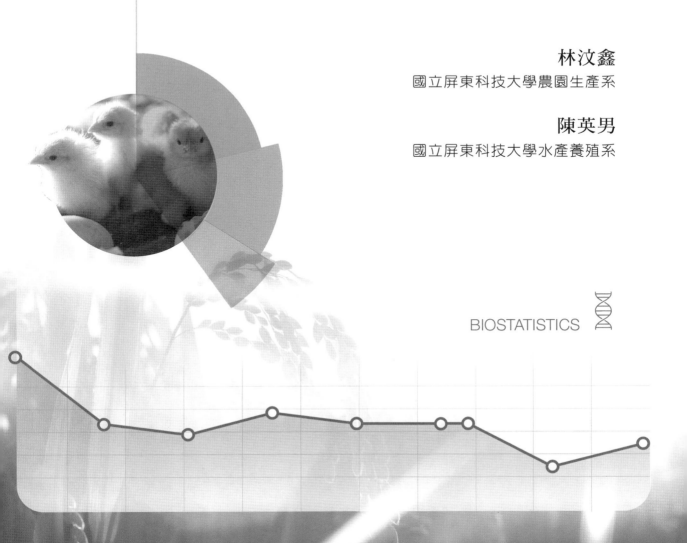

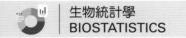

一 兩族群統計估計與假設檢定的意義

在實際生物試驗中往往需要比較兩族群的特性間是否有差異：例如比較台北市與高雄市的生活費差異、某實驗處理組與對照組的差異、某減重藥品使用後是否有顯著較使用前減輕體重、兩班學生之統計成績是否相等。但進行比較時往往無法直接調查族群內每一分子。因此，比較兩族群是否有差異，需要從此兩族群中選出兩組樣本資料進行觀察比較，此時我們應先區分兩族群為獨立或不獨立。若兩族群為獨立，則所得的兩個樣本資料為獨立樣本(independent samples)，若兩族群不獨立，則所得的兩個樣本資料為相依樣本(dependent samples)或配對樣本(paired samples)，再進行後續的估計和假設檢定。

獨立樣本之例：某實驗想了解施用生長素 A（處理組）與未施用生長素 A（對照組）是否會造成植物莖長的差異，於是隨機選取 20 株植物，10 株為處理組，另 10 株為對照組。

相依樣本之例：我們想了解某減重藥品使用後是否會顯著減輕體重，於是隨機選取 10 位試用者，使用前先秤其體重，使用 6 個月後再秤其體重，因體重資料來源使用前後都是此 10 位試用者，因此是相依樣本。

（一）兩族群參數差異之檢定

進行檢定時應事先對兩族群參數（如平均數、標準差、比例值等）建立合理的假設，再由兩樣本資料測驗此假設是否成立。

檢定程序：

1. 虛無假設(null hypothesis, H_0)

　　訂為 $\theta_1 = \theta_2$，θ_1 為族群 1 參數，θ_2 為族群 2 參數，表示兩族群參數相等或無顯著差異。

2. 對立假設(alternative hypothesis, H_1)

　(1) 訂為 $\theta_1 \neq \theta_2$，表示兩族群參數不相等或有顯著差異。

　(2) 訂為 $\theta_1 > \theta_2$，表示族群 1 參數顯著大於族群 2 參數。

　(3) 訂為 $\theta_1 < \theta_2$，表示族群 1 參數顯著小於族群 2 參數。

3. 確立顯著水準 α →臨界值標準之訂定。

4. 計算檢定統計量。

5. 作決策：比較檢定統計量與臨界值，以決定是否拒絕 H_0。

6. 根據題意下結論。

（二）兩族群平均值差異常用的檢定

在生物試驗中，常需探討兩個族群間的參數特性是否有顯著的不同存在或效果是否有顯著的提升或減少。而在統計分析的角度上是尋找樣本證據探討是否為同一個族群，因此利用族群平均值差異的方式進行檢定討論。而根據族群間配對或獨立的特性以及分析的目的，常採用的檢定方法如下：

1. 兩配對族群平均數差之檢定 → 採用配對 t 檢定。

2. 兩獨立族群平均數差之檢定

    (1) 族群變異數（or 標準差）已知 → 採用二樣本 Z 檢定。

    (2) 族群變異數（or 標準差）未知

        (A) 族群變異數（or 標準差）未知但相等 → 採用二樣本 t 檢定。

        (B) 族群變異數（or 標準差）未知且不等 → 採用二樣本 t' 檢定。

3. 檢定兩獨立族群變異數是否相等 → F 檢定。

其中當兩獨立族群平均數進行檢定時，族群變異數是否已知，會影響需選擇利用標準常態分布的 Z 檢定或 t 分布的 t 檢定進行後續的檢定分析。而當兩獨立族群變異數未知時，為進行族群變異數的估計，則需透過 F 分布進行 F 檢定。透過兩個族群變異數比值的假設檢定探討兩獨立族群變異數相等與否，以決定後續 t 檢定中族群變異數的估計策略。

（三）兩族群平均數差異之區間估計方法

1. 兩配對族群平均數差異之區間估計方法

若兩配對族群，平均值差異之信賴區間為：

$$\overline{D} \pm t_{\alpha/2, df} \frac{s_D}{\sqrt{n_D}}$$

    (1) D_i 表示 $X_i - Y_i$ 之各樣本相對應值。

    (2) $\overline{D}$ 表示 $X_i - Y_i$ 之各樣本相對應值之平均數。

    (3) S_D 表示 $X_i - Y_i$ 之各樣本相對應值之標準差。

    (4) n_D 表示 $X_i - Y_i$ 之各樣本相對應值之個數，亦即配對的個數。

2. 兩獨立族群平均數差異之區間估計方法

當兩獨立族群其分布均為常態分布，且變異數均已知時，第一個族群的分布可表示為 $X_1 \sim N(\mu_1, \sigma_1^2)$。若從族群中隨機抽選 n_1 個樣本，依據中央極限定理 (C.L.T.)可知 $\bar{X}_1 \sim N(\mu_1, \dfrac{\sigma_1^2}{n_1})$。同樣的，第二個族群的分布為 $X_2 \sim N(\mu_2, \sigma_2^2)$，若從隨機抽選 n_2 個樣本，依據 C.L.T.，則 $\bar{X}_2 \sim N(\mu_2, \dfrac{\sigma_2^2}{n_2})$。然而，由於兩族群分別相互獨立，因此樣本平均數差異的抽樣分布則為 $\bar{X}_1 - \bar{X}_2 \sim N(\mu_1 - \mu_2, \dfrac{\sigma_1^2}{n_1} + \dfrac{\sigma_2^2}{n_2})$，並且標準化後則為 $\dfrac{(\bar{X}_1 - \bar{X}_2) - (\mu_1 - \mu_2)}{\sqrt{\dfrac{\sigma_1^2}{n_1} + \dfrac{\sigma_2^2}{n_2}}} \sim N(0, 1)$。

因此，當兩獨立族群為常態且兩個族群變異數均已知，其平均值差異之信賴區間為：

$$(\bar{X}_1 - \bar{X}_2) \pm Z_{\alpha/2}\sqrt{\dfrac{\sigma_1^2}{n_1} + \dfrac{\sigma_2^2}{n_2}}$$

當兩獨立族群變異數未知但相等時($\sigma_1^2 = \sigma_2^2$)，族群變異數需由兩組樣本變異數合併之樣本統計量(s_p^2)進行估計。因此，族群平均值差異之信賴區間為：

$$(\bar{X}_1 - \bar{X}_2) \pm t_{\alpha/2, df}\sqrt{\dfrac{s_p^2}{n_1} + \dfrac{s_p^2}{n_2}} \qquad s_p^2 = \dfrac{(n_1 - 1)s_1^2 + (n_2 - 1)s_2^2}{n_1 + n_2 - 2} \qquad df = n_1 + n_2 - 2$$

當兩獨立族群變異數未知但不等時($\sigma_1^2 \neq \sigma_2^2$)，族群變異數需由兩組樣本變異數個別進行估計並進行自由度的估計。因此，族群平均值差異之信賴區間為：

$$(\bar{X}_1 - \bar{X}_2) \pm t_{\alpha/2, df}\sqrt{\dfrac{s_1^2}{n_1} + \dfrac{s_2^2}{n_2}}$$

$$df = \dfrac{\left(\dfrac{s_1^2}{n_1} + \dfrac{s_2^2}{n_2}\right)^2}{\dfrac{\left(\dfrac{s_1^2}{n_1}\right)^2}{n_1 - 1} + \dfrac{\left(\dfrac{s_2^2}{n_2}\right)^2}{n_2 - 1}}$$ ，計算後取高斯符號[df]。

※高斯符號：意指小於或等於的整數。

　　然而，兩獨立族群變異數相等與否，則需由族群變異數比值進行假設檢定加以確定，此時需利用兩個族群變異數比值抽樣分布的 F 分布(F-distribution)進行推論。

　　F 分布是 1920 年代，由 R.A. Fisher 所提出，其分布為 $(\frac{S_1^2}{\sigma_1^2})/(\frac{S_2^2}{\sigma_2^2}) \sim F_{df_1, df_2}$，其中 df_1 為計算置於分子的樣本變異數 S_1^2 之自由度，稱為分子自由度(numerator degrees of freedom) $n_1 - 1$，df_2 為置於分母的樣本變異數 S_2^2 之自由度，稱為分母自由度(denominator degrees of freedom) $n_2 - 1$。F 分布為右偏分布，其分布值的範圍介於 $0 \sim \infty$，並且分布形狀受到自由度 df_1、df_2 的不同而改變，當自由度 df_1、df_2 接近無限大時，F 分布會趨近常態分布（圖 9-1）。

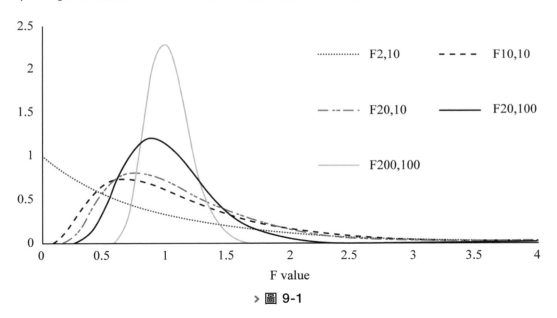

> 圖 9-1

（四）兩族群假設檢定與信賴區間之關係

　　事實上進行兩族群平均值差異假設檢定，是在比較兩族群的平均值之間是否有顯著差異存在。而兩族群平均值差異的信賴區間，是在計算兩族群的平均差異值的範圍。信賴區間的結果可用來判斷兩族群的平均值之間是否有顯著差異，如果信賴區間是由負值跨到正值，即包含 0，就表示「兩族群平均值沒有顯著差異」；若信賴區間是不包含 0（即上下限皆為正值，或上下限皆為負值），就表示「兩族群平均值有顯著差異」。

舉例來看：有兩個樣本資料如下：

	樣本平均值	樣本標準差	樣本數
樣本 1	12	4	8
樣本 2	10	2	8

在 $\alpha = 0.05$ 且族群變異數相等的假設情形下，進行兩族群平均值差異的信賴區間：

$$2 \pm 2.145 \times 1.5811 \doteqdot (-1.3915,\ 5.3915)$$

表示第一個族群的平均值可能小於第二個族群的平均值 (-1.3915)，也可能大於第二個族群的平均值(5.3915)，也可能等於第二個族群的平均值（因為 0 包含在此信賴區間內），因此表示「兩族群平均值沒有顯著差異」。

二 兩配對族群平均數差統計推論

所謂配對族群，即指欲比較試驗之族群同質性高，且個別元素以配對方式存在時（即 $X_1 \rightarrow Y_1$，$X_2 \rightarrow Y_2$，…等）。主要分為自身配對：來自於同一試驗單位，例如大型動植物，分成兩部分隨機安排兩處理；同源配對：使用不同個體，但不同個體配對間需盡量使其相似，來源相同或性質相同，例如同一窩的幼鼠或同一胎的豬仔。

設 $D_i = X_i - Y_i$，$i = 1, 2, 3, \cdots, n_D$，因為 $X_i \sim N(\mu_1,\ \sigma_1^2)$，$Y_i \sim N(\mu_2,\ \sigma_2^2)$，所以 $D_i \sim N(\mu_D,\ \sigma_D^2)$，$i = 1, 2, 3, \cdots, n_D$。

$\mu_D = $ 差異值(D_i)之平均數，其無偏點估計值為 $\overline{D}$。

$$\overline{D} = \frac{\sum_{i=1}^{n_D} D_i}{n_D}$$

$\sigma_D^2 = $ 差異值(D_i)之變異數，其無偏點估計值為 s_D^2。

$$S_D^2 = \frac{\sum_{i=1}^{n_D}(D_i - \overline{D})^2}{n_D - 1}$$

$n_D = n$ 個差異值(D_i)：

$$\overline{D} \sim N(\mu_D, \frac{\sigma_D^2}{n_D})$$

然而，σ_D^2 需以 S_D^2 進行估計，因此

$$\frac{\overline{D} - \mu_D}{\frac{S_D}{\sqrt{n_D}}} \sim t_{n_D - 1}$$

μ_D 的信賴區間為：

$$\overline{D} \pm t_{\alpha/2, (n_D - 1)} \times \frac{S_D}{\sqrt{n_D}}$$

　　二樣本配對 t 檢定：當無法以族群進行其參數檢定而以獨立抽樣樣本進行檢定時，採用此法。

雙尾檢定(two-tailed testing)　　　　單尾檢定(one-tailed testing)

1. H_0：$\mu_D = 0$　　　　　　　　$\mu_D \geq 0$　　　　　$\mu_D \leq 0$

2. H_1：$\mu_D \neq 0$　　　　　　　　$\mu_D < 0$　　　　　$\mu_D > 0$

3. 顯著水準 $\alpha \to t_{\alpha/2, n_D - 1}$　　　　$t_{\alpha, n_D - 1}$　　　　　$t_{\alpha, n_D - 1}$

4. 檢定統計量

$$|T| = \frac{|\overline{D}|}{S_D / \sqrt{n_D}}$$

5. 作決策：若 $|T| > t$（臨界值）則拒絕 H_0，否則不拒絕 H_0（無足夠證據拒絕 H_0）。

6. 根據題意下結論。

例題 **9-1** 自身配對

　　有 12 位年輕人參加一項體能訓練，下表為訓練前後的體重資料（假設差異值為常態分布）。

	1	2	3	4	5	6	7	8	9	10	11	12
訓練前	70	62	69	75	80	62	64	79	72	60	68	75
訓練後	64	56	72	75	72	60	68	72	65	64	71	70

1. 計算訓練前後的體重差異值的 95%信賴區間，並以此區間推論訓練前後的體重是否有顯著改變。

2. 以顯著水準 0.05 做假設檢定，檢定訓練前後的體重是否有顯著改變。

3. 比較(1)、(2)兩題，結論是否一致？

解

	1	2	3	4	5	6	7	8	9	10	11	12
訓練前	70	62	69	75	80	62	64	79	72	60	68	75
訓練後	64	56	72	75	72	60	68	72	65	64	71	70
D_i	6	6	–3	0	8	2	–4	7	7	–4	–3	5

　　訓練前減訓練後，得到 D_i 值，再求出 $\overline{D} = 2.25$， $S_D = 4.789$， $n_D = 12$

1. 訓練前後的體重差異值的 95%信賴區間，代入公式 $\overline{D} \pm t_{\alpha/2,(n_D-1)} \times \dfrac{S_D}{\sqrt{n_D}}$

$$2.25 \pm 2.201 \times \frac{4.789}{\sqrt{12}} = 2.25 \pm 3.043 = (-0.793, 5.293)$$

　　此區間(–0.793, 5.293)的下限是負值上限是正值，故 0 也在範圍內，表示訓練前後的體重差異有可能為 0，也就是表示訓練前後的體重沒有顯著改變。

2. 以顯著水準 0.05 做假設檢定，檢定訓練前後的體重是否有顯著改變。

　　(1) H_0：訓練前後的體重沒有顯著改變（即 $\mu_D = 0$，或 $\mu_{前} = \mu_{後}$）。

　　(2) H_1：訓練前後的體重有顯著改變（即 $\mu_D \neq 0$，或 $\mu_{前} \neq \mu_{後}$）為雙尾檢定。

　　(3) $\alpha = 0.05 \rightarrow t_{0.025, 12-1} = 2.201$

(4) $|T| = \dfrac{2.25}{\dfrac{4.789}{\sqrt{12}}} = 1.628$

(5) $t = 1.628 < 2.201$，所以不拒絕 H_0。

(6) 在 $\alpha = 0.05$ 情形下，訓練前後的體重沒有顯著改變。

3 比較 (1)、(2) 兩題，兩者的結論是一致的。

（註：在 α 值相等情形下，信賴區間是相當於雙尾檢定的，兩者的結論應該是一致的。）

例題 9-2 同源配對

調查男女生之起薪是否有差異，隨機選擇 13 對剛畢業並有就業的男女生，每對男女生皆是同一行業。調查結果如下（單位千元）：

	1	2	3	4	5	6	7	8	9	10	11	12	13
男生	45.2	35.2	29.5	30.5	38.6	39.0	26.2	20.2	25.1	20.8	27.0	32.6	25.8
女生	37.8	33.0	29.6	25.8	38.5	37.5	22.5	20.6	25.2	20.5	22.2	34.5	26.2

1. 以 $\alpha = 0.1$ 及 0.01 分別檢定男女生之平均起薪是否有顯著差異？

2. 分別計算男女生之平均起薪差異值的 90% 及 99% 信賴區間，並以此區間推論男女生之平均起薪是否有顯著差異？

1. 男生起薪減女生起薪，得到 D_i 值，再求出 $\overline{D} = 1.677$，$S_D = 2.71$，$n_D = 13$。

	1	2	3	4	5	6	7	8	9	10	11	12	13
男生	45.2	35.2	29.5	30.5	38.6	39.0	26.2	20.2	25.1	20.8	27.0	32.6	25.8
女生	37.8	33.0	29.6	25.8	38.5	37.5	22.5	20.6	25.2	20.5	22.2	34.5	26.2
D_i	7.4	2.2	−0.1	4.7	0.1	1.5	3.7	−0.4	−0.1	0.3	4.8	−1.9	−0.4

(1) H_0：男女生之平均起薪沒有顯著差異（即 $\mu_D = 0$，或 $\mu_{男生} = \mu_{女生}$）。

(2) H_1：男女生之平均起薪有顯著差異（即 $\mu_D \neq 0$，或 $\mu_{男生} \neq \mu_{女生}$）為雙尾檢定。

(3) $\alpha = 0.10 \rightarrow t_{0.05, 13-1} = 1.782$

$$\alpha = 0.01 \rightarrow t_{0.005, 13-1} = 3.055$$

(4) $|T| = \dfrac{1.677}{2.71 \big/ \sqrt{13}} = 2.231$

(5) $t = 2.231 > 1.782$，所以拒絕 H_0；

$t = 2.231 < 3.055$，所以不拒絕 H_0。

(6) 在 $\alpha = 0.1$ 情形下，男女生之起薪有顯著差異；

在 $\alpha = 0.01$ 情形下，男女生之起薪沒有顯著差異。

2. 男女生之平均起薪差異值的信賴區間，採用 $\overline{D} \pm t_{\alpha/2, 13-1} \times \dfrac{S_D}{\sqrt{n_D}}$

90% C.I.，$\alpha = 1 - 0.9 = 0.1$，$\alpha/2 = 0.05$，$1.677 \pm 1.782 \times \dfrac{2.71}{\sqrt{13}} = 1.677 \pm 1.339$

$= (0.338,\ 3.016)$，信賴區間不含 0，表示男女生之平均起薪不可能相等，所以差異值有顯著差異。

99% C.I.，$\alpha = 1 - 0.99 = 0.01$，$\alpha/2 = 0.005$，$1.677 \pm 3.055 \times \dfrac{2.71}{\sqrt{13}} = 1.677 \pm 2.296 =$

$(-0.619,\ 3.973)$，信賴區間含 0 表示男女生之平均起薪可能相等，所以差異值沒有顯著差異。

三　兩獨立族群推論

（一）

當族群變異數已知時，檢測值以族群參數為主。設有二樣本，其分布為

$$\overline{X}_1 \sim N(\mu_1, \frac{\sigma_1^2}{n_1})\ ;\ \overline{X}_2 \sim N(\mu_2, \frac{\sigma_2^2}{n_2})$$

則

$$\overline{X}_1 - \overline{X}_2 \sim N(\mu_1 - \mu_2, \frac{\sigma_1^2}{n_1} + \frac{\sigma_2^2}{n_2})$$

或

$$\frac{(\overline{X}_1 - \overline{X}_2) - (\mu_1 - \mu_2)}{\sqrt{\dfrac{\sigma_1^2}{n_1} + \dfrac{\sigma_2^2}{n_2}}} \sim N(0,1)$$

信賴區間為

$$(\overline{X}_1 - \overline{X}_2) \pm Z_{\alpha/2}\sqrt{\frac{\sigma_1^2}{n_1} + \frac{\sigma_2^2}{n_2}}$$

此時二樣本可進行 Z 檢定

雙尾檢定(two-tailed testing)	單尾檢定(one-tailed testing)	
1. H_0 : $\mu_1 - \mu_2 = 0$	$\mu_1 - \mu_2 \geq 0$	$\mu_1 - \mu_2 \leq 0$
2. H_1 : $\mu_1 - \mu_2 \neq 0$	$\mu_1 - \mu_2 < 0$	$\mu_1 - \mu_2 > 0$
3. $\alpha \rightarrow$ 臨界值 $Z_{\alpha/2}$	Z_α	Z_α

4. 檢定統計量

$$|Z| = \frac{\left|(\overline{X}_1 - \overline{X}_2) - \mu_d\right|}{\sqrt{\dfrac{\sigma_1^2}{n_1} + \dfrac{\sigma_2^2}{n_2}}} \quad , \quad \mu_d = \mu_1 - \mu_2$$

5. 作決策：若 $|Z| > Z$（臨界值）則拒絕 H_0；否則不拒絕 H_0（無足夠證據拒絕 H_0）。

6. 根據題意下結論。

例題 9-3 區間估計

欲了解甲乙兩班統計學成績是否有差異，自甲乙兩班分別隨機 $n_1 = 25$ 及 $n_2 = 36$ 名學生，計算出其平均成績分別為甲班 $= 80$ 分，乙班 $= 75$ 分；假設兩班統計學成績呈常態分配，且已知甲班統計學成績標準差 $\sigma_1 = 5$，乙班 $\sigma_2 = 3$，請計算兩班統計學成績差$(\mu_1 - \mu_2)$之95% C.I.。

已知 $\overline{X}_1 = 80$ ， $\overline{X}_2 = 75$ ， $\sigma_1 = 5$ ， $\sigma_2 = 3$ ， $n_1 = 25$ ， $n_2 = 36$ ，

95%C.I.之 Z 值，即 $Z_{\alpha/2} = Z_{0.025} = 1.96$

故兩班統計學成績差$(\mu_1 - \mu_2)$之 95% C.I.為

$$(\overline{X}_1 - \overline{X}_2) \pm Z_{\alpha/2} \sqrt{\frac{\sigma_1^2}{n_1} + \frac{\sigma_2^2}{n_2}} = (80 - 75) \pm 1.96 \sqrt{\frac{5^2}{25} + \frac{3^2}{36}} = (2.8,\ 7.2)$$

例題 9-4 統計檢定

同上題，以 $\alpha = 0.05$ 檢定兩班統計學成績是否有顯著差別？

1. H_0 ：兩班統計學成績沒有顯著差別（ $\mu_1 = \mu_2$ 或 $\mu_1 - \mu_2 = 0$ ）。

2. H_1 ：兩班統計學成績有顯著差別（ $\mu_1 \neq \mu_2$ 或 $\mu_1 - \mu_2 \neq 0$ ）。

3. $\alpha = 0.05 \rightarrow Z_{\alpha/2} = Z_{0.025} = 1.96$

4. $\overline{X}_1 = 80$ ， $\overline{X}_2 = 75$ ， $\sigma_1 = 5$ ， $\sigma_2 = 3$ ， $n_1 = 25$ ， $n_2 = 36$ ，

$$|Z| = \frac{\left| (\overline{X}_1 - \overline{X}_2) - \mu_d \right|}{\sqrt{\frac{\sigma_1^2}{n_1} + \frac{\sigma_2^2}{n_2}}} = \frac{80 - 75}{\sqrt{\frac{5^2}{25} + \frac{3^2}{36}}} = 4.47$$

5. $Z = 4.47 > 1.96$ ，拒絕 H_0 。

6. 即在 $\alpha = 0.05$ 情形下，兩班統計學平均成績有顯著差別。

（二）

當族群變異數未知，而檢測依據均以樣本統計量取代族群參數時則其檢定方法如下：

1. 族群變異數未知但相等

因族群變異數(σ^2)未知，所以用樣本變異數(s^2)取代，又因假設族群變異數相等$(\sigma_1 = \sigma_2)$，於是利用 s_1^2 與 s_2^2 估算新的估計量 s_p^2 （合併變異數），即以 s_p^2 取代 σ_1^2 和 σ_2^2 ，其以自由度為權重計算加權平均，計算如下。

$$s_P^2 = \frac{(n_1 - 1)s_1^2 + (n_2 - 1)s_2^2}{n_1 + n_2 - 2}$$

則

$$\frac{(\overline{X}_1 - \overline{X}_2) - (\mu_1 - \mu_2)}{\sqrt{\dfrac{s_P^2}{n_1} + \dfrac{s_P^2}{n_2}}} \sim t \qquad df = n_1 + n_2 - 2$$

而 $(\mu_1 - \mu_2)$ 信賴區間為：

$$(\overline{X}_1 - \overline{X}_2) \pm t_{\alpha/2, (n_1 + n_2 - 2)} \sqrt{\frac{s_P^2}{n_1} + \frac{s_P^2}{n_2}}$$

◎ 二獨立樣本 t 檢定

雙尾檢定(two-tailed testing)　　　　單尾檢定(one-tailed testing)

(1) H_0 ： $\mu_1 - \mu_2 = 0$ 　　　　$\mu_1 - \mu_2 \geq 0$ 　　　　$\mu_1 - \mu_2 \leq 0$

(2) H_1 ： $\mu_1 - \mu_2 \neq 0$ 　　　　$\mu_1 - \mu_2 < 0$ 　　　　$\mu_1 - \mu_2 > 0$

(3) $\alpha \rightarrow$ 臨界值 $t_{\alpha/2, (n_1 + n_2 - 2)}$ 　　$t_{\alpha, (n_1 + n_2 - 2)}$ 　　$t_{\alpha, (n_1 + n_2 - 2)}$

(4) 檢定統計量

$$|T| = \frac{\left|(\overline{X}_1 - \overline{X}_2) - \mu_d\right|}{\sqrt{\dfrac{s_P^2}{n_1} + \dfrac{s_P^2}{n_2}}} \ , \quad \mu_d = \mu_1 - \mu_2$$

(5) 作決策：若 $|T| > t$（臨界值）則拒絕 H_0，否則不拒絕 H_0（無足夠證據拒絕 H_0）。

(6) 根據題意下結論。

例題 9-5　區間估計 ....

　　為進行一項養分配給的研究，選取 25 頭乳牛，比較兩飼料的效果，其一為脫水牧草，另一為枯萎的牧草。隨機地自此牛群中選出 12 頭以脫水牧草飼養，另 13 頭乳牛則餵以枯萎的牧草。根據三個星期的觀察，每天平均牛奶產量（磅）的資料列示下表：

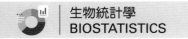

枯萎牧草：44 44 56 46 47 38 58 53 49 35 46 30 41

脫水牧草：35 47 55 29 40 39 32 41 42 57 51 39

假設牛奶產量的資料分別取自平均數 μ_1 與 μ_2 的常態族群隨機樣本，且族群具有共同的變異數。試求 $(\mu_1 - \mu_2)$ 之 95%信賴區間(C.I.)。

先求得下面的統計量數

食用枯萎牧草：$n_1 = 13$，$\overline{X}_1 = 45.15$，$s_1^2 = 63.97$。

食用脫水牧草：$n_2 = 12$，$\overline{X}_2 = 42.25$，$s_2^2 = 76.39$。

$$s_P^2 = \frac{(13-1)63.97 + (12-1)76.39}{13+12-2} = 69.9$$

95%C.I.，$df = 13+12-2 = 23$ 之 t 值，$t_{0.025,23} = 2.069$

所以 $(\mu_1 - \mu_2)$ 之 95%C.I.為

$$(45.15 - 42.25) \pm 2.069 \sqrt{\frac{69.9}{13} + \frac{69.9}{12}} = 2.90 \pm 6.92 \text{ 或 } (-4.02,\ 9.82) 。$$

例題 9-6 統計檢定 ⋯⋯⋯⋯⋯⋯⋯⋯⋯⋯⋯⋯⋯⋯⋯⋯⋯⋯

同上題，以 $\alpha = 0.05$ 檢定兩飼料的對乳牛產乳量的效果是否有顯著差異？

先求得下面的統計值

食用枯萎牧草：$n_1 = 13$，$\overline{X}_1 = 45.15$，$s_1^2 = 63.97$。

食用脫水牧草：$n_2 = 12$，$\overline{X}_2 = 42.25$，$s_2^2 = 76.39$。

$$s_P^2 = \frac{(13-1)63.97 + (12-1)76.39}{13+12-2} = 69.9$$

1. H_0：兩份飼料的效果沒有顯著差別（ $\mu_1 = \mu_2$ 或 $\mu_1 - \mu_2 = 0$ ）。

2. H_1：兩份飼料的效果有顯著差別（ $\mu_1 \neq \mu_2$ 或 $\mu_1 - \mu_2 \neq 0$ ）。

3. $\alpha = 0.05 \rightarrow t_{\alpha/2,23} = 2.069$

4. $|T| = \dfrac{\left|(\overline{X}_1 - \overline{X}_2) - \mu_d\right|}{\sqrt{\dfrac{s_P^2}{n_1} + \dfrac{s_P^2}{n_2}}} = \dfrac{|45.15 - 42.25|}{\sqrt{\dfrac{69.9}{13} + \dfrac{69.9}{12}}} = 0.866$

5. $t = 0.866 < 2.069$，無法拒絕 H_0。

6. 即在 $\alpha = 0.05$ 情形下，兩份飼料的效果沒有顯著差別。

2. 族群變異數未知且不等

進行檢定時，因族群變異數(σ^2)未知且不等，所以無法利用 s_p^2 進行合併變異數的估算，需直接以樣本變異數(s^2)取代族群變異數(σ^2)，即以 s_1^2 取代 σ_1^2，s_2^2 取代 σ_2^2，計算後取高斯符號並進行自由度的估計，如下所示：

$$\frac{(\overline{X}_1 - \overline{X}_2) - (\mu_1 - \mu_2)}{\sqrt{\dfrac{s_1^2}{n_1} + \dfrac{s_2^2}{n_2}}} \sim t' \quad , \quad df = \frac{\left(\dfrac{s_1^2}{n_1} + \dfrac{s_2^2}{n_2}\right)^2}{\dfrac{\left(\dfrac{s_1^2}{n_1}\right)^2}{n_1 - 1} + \dfrac{\left(\dfrac{s_2^2}{n_2}\right)^2}{n_2 - 1}} \quad , 計算後取高斯符號[df]。$$

$(\mu_1 - \mu_2)$信賴區間為：

$$(\overline{X}_1 - \overline{X}_2) \pm t_{\alpha/2,df} \sqrt{\frac{s_1^2}{n_1} + \frac{s_2^2}{n_2}}$$

◎ 二獨立樣本 t' 檢定

雙尾檢定(two-tailed testing)　　　　單尾檢定(one-tailed testing)

(1) H_0 : $\mu_1 - \mu_2 = 0$ 　　　　$\mu_1 - \mu_2 \geq 0$ 　　　$\mu_1 - \mu_2 \leq 0$

(2) H_1 : $\mu_1 - \mu_2 \neq 0$ 　　　　$\mu_1 - \mu_2 < 0$ 　　　$\mu_1 - \mu_2 > 0$

(3) $\alpha \rightarrow$ 臨界值 $t_{\alpha/2,df}$ 　　　$t_{\alpha,df}$ 　　　　$t_{\alpha,df}$

(4) 檢定統計量

$$|T| = \frac{\left|(\overline{X}_1 - \overline{X}_2) - \mu_d\right|}{\sqrt{\dfrac{s_1^2}{n_1} + \dfrac{s_2^2}{n_2}}} \qquad df = \frac{\left(\dfrac{s_1^2}{n_1} + \dfrac{s_2^2}{n_2}\right)^2}{\dfrac{\left(\dfrac{s_1^2}{n_1}\right)^2}{n_1 - 1} + \dfrac{\left(\dfrac{s_2^2}{n_2}\right)^2}{n_2 - 1}} \quad , \quad \mu_d = \mu_1 - \mu_2$$

(5) 作決策：若 $|T| > t$（臨界值）則拒絕 H_0，否則不拒絕 H_0（無足夠證據拒絕 H_0）。

(6) 根據題意下結論。

例題 9-7 區間估計

今欲比較痛風病人和一般正常人之血液中尿酸含量是否有異，測定結果如下，試求 $(\mu_1 - \mu_2)$ 之 95%信賴區間（假設兩族群變異數不相等）。

痛風病人	8.2	10.7	7.5	14.6	6.3	9.2	11.9	5.6	12.8	4.9
一般正常人	4.7	6.3	5.2	6.8	5.6	4.2	6.0	7.4		

先求得下面的統計值

痛風病人：$n_1 = 10$，$\overline{X}_1 = 9.17$，$s_1^2 = 10.6$。

一般正常人：$n_2 = 8$，$\overline{X}_2 = 5.775$，$s_2^2 = 1.145$。

95%C.I.，$t_{0.025, df=11} = 2.201$

$$df = \frac{\left(\dfrac{s_1^2}{n_1} + \dfrac{s_2^2}{n_2}\right)^2}{\dfrac{\left(\dfrac{s_1^2}{n_1}\right)^2}{n_1 - 1} + \dfrac{\left(\dfrac{s_2^2}{n_2}\right)^2}{n_2 - 1}} = \frac{\left(\dfrac{10.6}{10} + \dfrac{1.145}{8}\right)^2}{\dfrac{\left(\dfrac{10.6}{10}\right)^2}{10 - 1} + \dfrac{\left(\dfrac{1.145}{8}\right)^2}{8 - 1}} = 11.33 \approx 11$$

$(\mu_1 - \mu_2)$ 之 95%C.I. $= (9.17 - 5.775) \pm 2.201\sqrt{\dfrac{10.6}{10} + \dfrac{1.145}{8}} = (0.98,\ 5.81)$。

例題 **9-8** 統計檢定

同上題，以 $\alpha = 0.05$ 檢定痛風病人之血液中尿酸含量是否比一般正常人為高？

解

先求得下面的統計值

痛風病人：$n_1 = 10$，$\overline{X}_1 = 9.17$，$s_1^2 = 10.6$。

一般正常人：$n_2 = 8$，$\overline{X}_2 = 5.775$，$s_2^2 = 1.145$。

1. H_0：痛風病人之尿酸含量沒有比一般人高（$\mu_1 \leq \mu_2$ 或 $\mu_1 - \mu_2 \leq 0$）。

2. H_1：痛風病人之尿酸含量比一般人高（$\mu_1 > \mu_2$ 或 $\mu_1 - \mu_2 > 0$）。

3. $\alpha = 0.05 \rightarrow t_{\alpha,df} = t_{0.05,11} = 1.796$（df 的計算請見上題）。

4. $|T| = \dfrac{\left|(\overline{X}_1 - \overline{X}_2) - \mu_d\right|}{\sqrt{\dfrac{s_1^2}{n_1} + \dfrac{s_2^2}{n_2}}} = \dfrac{|9.17 - 5.775|}{\sqrt{\dfrac{10.6}{10} + \dfrac{1.145}{8}}} = 3.0952$

5. $t = 3.0952 > 1.796$，拒絕 H_0。

6. 即在 $\alpha = 0.05$ 情形下，痛風病人之血液中尿酸含量比一般正常人高。

（三）兩獨立族群變異數相等檢定

進行兩獨立族群平均數差統計推論時，如果族群變異數未知時，我們須先判斷兩族群變異數是否相等，得到結論後，才能決定要採用兩族群變異數相等的 t-test 或兩族群變異數不等的 t'-test。而判斷兩族群變異數是否相等的檢定方法是採用 F 檢定(F-test)。

1. H_0：兩族群變異數相等 $\sigma_1^2 = \sigma_2^2$。

2. H_1：兩族群變異數不等 $\sigma_1^2 \neq \sigma_2^2$（$\sigma_1^2 < \sigma_2^2$ 或 $\sigma_1^2 > \sigma_2^2$）註：視樣本變異數之結果決定大小於符號。

3. $\alpha \rightarrow$ 臨界值 $F_{\alpha,df1,df2}$，$df_1 =$ 分子自由度，$df_2 =$ 分母自由度。

4. $F = \dfrac{s_1^2}{s_2^2}$（或 $F = \dfrac{s_2^2}{s_1^2}$）註：將大的樣本變異數值放在分子。

5. 作決策：若 F < F$_{\alpha,df1,df2}$ （臨界值）則兩族群變異數相等（接受 H$_0$）$\Rightarrow$t-test。

若 F≥F$_{\alpha,df1,df2}$ （臨界值）則兩族群變異數不等（接受 H$_1$）$\Rightarrow$t'-test。

例題 9-9 統計檢定 ....

為進行一項養分配給的研究，選取 25 頭乳牛，比較二份飼料的效果，其一為脫水牧草，另一為枯萎的牧草。隨機地自此牛群中選出 12 頭以脫水牧草飼養，另 13 頭乳牛則餵以枯萎的牧草。根據三個星期的觀察，每天平均牛奶產量（磅）的資料列示下表：

枯萎牧草：44 44 56 46 47 38 58 53 49 35 46 30 41

脫水牧草：35 47 55 29 40 39 32 41 42 57 51 39

二者的變異數（或說是標準差）是否相等？（$\alpha = 0.05$）

先求得食用枯萎牧草：$s_1^2 = 63.97$，食用脫水牧草：$s_2^2 = 76.39$。

1. H$_0$：枯萎牧草和脫水牧草牛奶產量變異數相等 $\sigma_1^2 = \sigma_2^2$。

2. H$_1$：枯萎牧草和脫水牧草牛奶產量變異數不等 $\sigma_1^2 < \sigma_2^2$。

3. $\alpha \rightarrow$ 臨界值 $F_{\alpha,df1,df2} = F_{0.05,12-1,13-1} = 2.7173$

4. F = 76.39 / 63.97 = 1.19

5. 作決策：F = 1.19 < F$_{\alpha,df1,df2}$ = 2.72，兩族群變異數相等。

例題 9-10 統計檢定 ....

今欲比較痛風病人和一般正常人之血液中尿酸含量是否有異，測定結果如下，二者的變異數（或說是標準差）是否相等？（$\alpha = 0.05$）

痛風病人	8.2	10.7	7.5	14.6	6.3	9.2	11.9	5.6	12.8	4.9
一般正常人	4.7	6.3	5.2	6.8	5.6	4.2	6.0	7.4		

先求得下面的統計值

痛風病人：$s_1^2 = 10.6$，一般正常人：$s_2^2 = 1.145$。

1. H$_0$：痛風病人和一般正常人變異數相等 $\sigma_1^2 \leq \sigma_2^2$。

2. H_1：痛風病人和一般正常人變異數不等 $\sigma_1^2 > \sigma_2^2$。

3. $\alpha \rightarrow$ 臨界值 $F_{\alpha, df1, df2} = F_{0.05, 10-1, 8-1} = 3.68$

4. $F = 10.6 / 1.145 = 9.26$

5. 作決策：$F = 9.26 > F_{\alpha, df1, df2} = 3.68$，兩族群變異數不等。

（四）兩獨立族群的族群比例差異推論比較

如前章節所描述，當探討單一族群比例問題時，依據樣本比例的中央極限定理，若樣本數夠大（通常條件為 $np \geq 5$ 及 $n(1-p) \geq 5$，或 $n > 30$），則樣本比例 $\hat{p}$ 的抽樣分布會近似常態分布，$\mu_{\hat{p}} = p$，$\sigma_{\hat{p}}^2 = \dfrac{p(1-p)}{n}$，亦即 $\hat{p} = \dfrac{X}{n} \overset{approximately}{\sim} N(\mu_{\hat{p}} = p, \sigma_{\hat{p}}^2 = \dfrac{p(1-p)}{n})$。而經標準化可得 $Z = \dfrac{\hat{p} - p}{\sqrt{\dfrac{p(1-p)}{n}}} \sim N(0, 1)$。所以，可以利用標準常態分布建立**族群比例(p)**的信賴區間及假設檢定。而若探討兩個獨立族群的族群比例差異時，則個別族群的樣本比例的抽樣分布則為？

假設族群 1 中具有某特徵的個體比例為 p_1，而族群二中具有同一特徵的個體比例為 p_2。若分別從兩個族群中隨機取出 n_1 及 n_2 個樣本進行該特徵的調查，結果具有此一特徵的個數分別為 X_1 及 X_2，而其分布分別為 $X_1 \sim B(n_1, p_1)$ 與 $X_2 \sim B(n_2, p_2)$，並且 p_1 與 p_2 的無偏估計式分別為 $\hat{p}_1 = \dfrac{X_1}{n_1}$ 與 $\hat{p}_2 = \dfrac{X_2}{n_2}$。並且依據中央極限定理，其樣本比例的抽樣分布分別為：

$$\hat{p}_1 = \frac{X_1}{n_1} \overset{approximately}{\sim} N(\mu_{\hat{p}_1} = p_1, \ \sigma_{\hat{p}_1}^2 = \frac{p_1(1-p_1)}{n_1}) \quad 與$$

$$\hat{p}_2 = \frac{X_2}{n_2} \overset{approximately}{\sim} N(\mu_{\hat{p}_2} = p_2, \ \sigma_{\hat{p}_2}^2 = \frac{p_2(1-p_2)}{n_2})$$

而由於兩個族群彼此互為獨立，因此兩個樣本比例差異的抽樣分布則為：

$$\hat{p}_1 - \hat{p}_2 \overset{approximately}{\sim} N(\mu_{\hat{p}_1 - \hat{p}_2} = p_1 - p_2, \ \sigma_{\hat{p}_1 - \hat{p}_2}^2 = \frac{p_1(1-p_1)}{n_1} + \frac{p_2(1-p_2)}{n_2})$$

經標準化後則為：

$$Z = \frac{(\hat{p}_1 - \hat{p}_2) - (p_1 - p_2)}{\sqrt{\dfrac{p_1(1-p_1)}{n_1} + \dfrac{p_2(1-p_2)}{n_2}}} \overset{\text{approximately}}{\sim} N(0,\ 1)$$

1. 兩獨立族群的族群比例差異的信賴區間

因此，在樣本比例差異的抽樣分布中欲建立 $100(1-\alpha)\%$ 之區間則為 $P(-z_{\alpha/2}(L) \le$

$Z = \dfrac{(\hat{p}_1 - \hat{p}_2) - (p_1 - p_2)}{\sqrt{\dfrac{p_1(1-p_1)}{n_1} + \dfrac{p_2(1-p_2)}{n_2}}} \le z_{\alpha/2}$ $(U)) = 100(1-\alpha)\%$。然而，由於估計的目的是

在於族群比例差異 $(p_1 - p_2)$ 的信賴區間，經轉換：

$$-z_{\alpha/2} < Z < z_{\alpha/2}$$

$$= -z_{\alpha/2} < \frac{(\hat{p}_1 - \hat{p}_2) - (p_1 - p_2)}{\sqrt{\dfrac{p_1(1-p_1)}{n_1} + \dfrac{p_2(1-p_2)}{n_2}}} < z_{\alpha/2}$$

$$= -z_{\alpha/2} \cdot \sqrt{\frac{p_1(1-p_1)}{n_1} + \frac{p_2(1-p_2)}{n_2}} < (\hat{p}_1 - \hat{p}_2) - (p_1 - p_2)$$

$$< z_{\alpha/2} \cdot \sqrt{\frac{p_1(1-p_1)}{n_1} + \frac{p_2(1-p_2)}{n_2}}$$

$$= -(\hat{p}_1 - \hat{p}_2) - z_{\alpha/2} \cdot \sqrt{\frac{p_1(1-p_1)}{n_1} + \frac{p_2(1-p_2)}{n_2}} \cdot \sigma_{\bar{x}}$$

$$< (p_1 - p_2) < -(\hat{p}_1 - \hat{p}_2) + z_{\alpha/2} \cdot \sqrt{\frac{p_1(1-p_1)}{n_1} + \frac{p_2(1-p_2)}{n_2}}$$

在顯著水準 α 的條件下，族群比例差異 $(p_1 - p_2)$ 的 $100(1-\alpha)\%$ 信賴區間為

$$-(\hat{p}_1 - \hat{p}_2) - z_{\alpha/2} \cdot \sqrt{\frac{p_1(1-p_1)}{n_1} + \frac{p_2(1-p_2)}{n_2}} \cdot \sigma_{\bar{x}} < (p_1 - p_2) < -(\hat{p}_1 - \hat{p}_2)$$

$$+ z_{\alpha/2} \cdot \sqrt{\frac{p_1(1-p_1)}{n_1} + \frac{p_2(1-p_2)}{n_2}} \ \circ$$

然而，族群比例(p)往往在研究者的研究過程中同樣是需進行估計的參數，一樣未知。因此，需以樣本比例 $\hat{p}_1 = \dfrac{X_1}{n_1}$ 與 $\hat{p}_2 = \dfrac{X_2}{n_2}$ 分別估計族群比例 p_1 與 p_2，

則 $\hat{\sigma}_{\hat{p}_1 - \hat{p}_2}$ 為 $\sqrt{\dfrac{\hat{p}_1(1-\hat{p}_1)}{n_1} + \dfrac{\hat{p}_2(1-\hat{p}_2)}{n_2}}$ 。因而上述之族群比例差異 $(p_1 - p_2)$ 的 100 $(1-\alpha)\%$信賴區間需修正為：

$$-(\hat{p}_1 - \hat{p}_2) - z_{\alpha/2} \cdot \sqrt{\frac{\hat{p}_1(1-\hat{p}_1)}{n_1} + \frac{\hat{p}_2(1-\hat{p}_2)}{n_2}} \cdot \sigma_{\bar{x}} < (p_1 - p_2) < -(\hat{p}_1 - \hat{p}_2)$$
$$+z_{\alpha/2} \cdot \sqrt{\frac{\hat{p}_1(1-\hat{p}_1)}{n_1} + \frac{\hat{p}_2(1-\hat{p}_2)}{n_2}}$$

2. 兩獨立族群的族群比例差異的假設檢定

在前述已知兩個樣本比例差異的抽樣分布則為：

$$\hat{p}_1 - \hat{p}_2 \overset{\text{approximately}}{\sim} N(\mu_{\hat{p}_1 - \hat{p}_2} = p_1 - p_2, \ \sigma_{\hat{p}_1 - \hat{p}_2}^2 = \frac{p_1(1-p_1)}{n_1} + \frac{p_1(1-p_1)}{n_1})$$

且經標準化後則為：

$$Z = \frac{(\hat{p}_1 - \hat{p}_2) - (p_1 - p_2)}{\sqrt{\dfrac{p_1(1-p_1)}{n_1} + \dfrac{p_2(1-p_2)}{n_2}}} \overset{\text{approximately}}{\sim} N(0, 1)$$ 。然而，由於需在虛無假設為真的情

況下進行檢定，因此需將族群比例差異 $(p_1 - p_2)$ 以虛無假設之設定值 H_0：$p_1 - p_2 = 0$ 取代，其中 $p_1 - p_2 = 0$ 更可等於 $p_1 = p_2 = p_0$。因此當虛無假設為真時，研究人員同樣需估計 p_0。由於 $X_1 \sim B(n_1, p_1)$ 與 $X_2 \sim B(n_2, p_2)$，因此，在虛無假設為真的前提下，$p_1 = p_2 = p_0$，所以 $X_1 + X_2 \sim B(n_1 + n_2, p_0)$，而此時 p_0 的估計式可以取為 $\hat{p}_0 = \dfrac{X_1 + X_2}{n_1 + n_2}$。其中 $\hat{p}_0 = \dfrac{X_1 + X_2}{n_1 + n_2}$ 不僅是 p_0 的無偏估計式，更具有抽樣變異最小的特性。

因此，在虛無假設成立的條件($p_1 = p_2 = p_0$)下，兩個樣本比例差異的抽樣分布

$$\hat{p}_1 - \hat{p}_2 \overset{\text{approximately}}{\sim} N(\mu_{\hat{p}_1 - \hat{p}_2} = p_1 - p_2, \ \sigma_{\hat{p}_1 - \hat{p}_2}^2 = \frac{p_1(1-p_1)}{n_1} + \frac{p_2(1-p_2)}{n_2})$$

且經標準化後：

$$Z = \frac{(\hat{p}_1 - \hat{p}_2) - (p_1 - p_2)}{\sqrt{\dfrac{p_1(1-p_1)}{n_1} + \dfrac{p_2(1-p_2)}{n_2}}} \overset{\text{approximately}}{\sim} N(0, 1)$$

可改寫為

$$\hat{p}_1 - \hat{p}_2 \overset{approximately}{\sim} N(\mu_{\hat{p}_1 - \hat{p}_2} = 0, \sigma_{\hat{p}_1 - \hat{p}_2}^2 = p_0(1 - p_0)(\frac{1}{n_1} + \frac{1}{n_2}))$$

且經標準化後：

$$Z = \frac{(\hat{p}_1 - \hat{p}_2)}{\sqrt{p_0(1 - p_0)}\sqrt{\frac{1}{n_1} + \frac{1}{n_2}}} \overset{approximately}{\sim} N(0, 1)$$

其中族群比例 p_0 仍是未知，因此需以 $\hat{p}_0 = \dfrac{X_1 + X_2}{n_1 + n_2}$ 進行估計並取代。

依據假設檢定的六個步驟（部分）進行族群比例差異 $(p_1 - p_2)$ 的推論：

Step	雙尾檢定 (two-tailed testing)	單尾檢定 (one-tailed testing)	
		左尾檢定	右尾檢定
1. 虛無假設(H_0)	$P_1 = P_2$ $(P_1 - P_2 = 0)$	$P_1 \geq P_2$ $(P_1 - P_2 \geq 0)$	$P_1 \leq P_2$ $(P_1 - P_2 \leq 0)$
2. 對立假設(H_1)	$P_1 \neq P_2$ $(P_1 - P_2 \neq 0)$	$P_1 < P_2$ $(P_1 - P_2 < 0)$	$P_1 > P_2$ $(P_1 - P_2 > 0)$
3. 臨界值 （依據顯著水準 α）	$-Z_{\alpha/2}$ 或 $Z_{\alpha/2}$	$-Z_\alpha$	Z_α
4. 檢定統計量	$Z = \dfrac{(\hat{p}_1 - \hat{p}_2)}{\sqrt{p_0(1 - p_0)}\sqrt{\frac{1}{n_1} + \frac{1}{n_2}}}$		
5. 作決策	若 $\lvert Z \rvert > Z$ （臨界值）則拒絕 H_0 ；否則不拒絕（無足夠證據拒絕）		
6. 針對研究之目的或題意進行推論			

例題 9-11 統計檢定

木柴使用於戶外易受腐朽菌危害，因此以藥劑處理為常用的防腐方法。今測試兩種防腐劑 ACQ 與 CCA 於柳杉木材之效果，試驗結果如下表。請問 ACQ 與 CCA 的效果是否有顯著差異？（$\alpha = 0.05$）

藥劑	腐朽	完整	總和
ACQ	24	76	100
CCA	20	80	100

解

先計算下列的樣本比例值

$$P_A = \frac{24}{100} = 0.24 \ , \ P_C = \frac{20}{100} = 0.20 \ , \ P_0 = \frac{(24+20)}{(100+100)} = 0.22 \ 。$$

1. H_0：防腐劑 ACQ 與 CCA 的效果相等 $P_A = P_C$。

2. H_1：防腐劑 ACQ 與 CCA 的效果有顯著差異 $P_A \neq P_C$。

3. $\alpha \rightarrow$ 臨界值 $Z_{\alpha/2} = Z_{0.025} = 1.96$

4. $Z = \dfrac{\hat{P}_A - \hat{P}_C}{\sqrt{P_0(1-P_0)} \times \sqrt{\dfrac{1}{n_A} + \dfrac{1}{n_C}}} = \dfrac{0.24 - 0.20}{\sqrt{0.22(1-0.22)} \times \sqrt{\dfrac{1}{100} + \dfrac{1}{100}}} = 0.6828$

5. 作決策：$Z = 0.6828 < Z_{\alpha/2} = Z_{0.025} = 1.96$，防腐劑 ACQ 與 CCA 的效果沒有顯著差異。

習題

1. 為了判斷食鹽對血壓的影響，隨機選取 12 名食用無鹽食譜半個月，在食用前與食用後測得舒張壓如下：

食用前	75	90	95	81	93	73	78	86	92	65	81	74
食用後	70	92	90	72	91	65	70	88	88	63	82	75

若舒張壓是常態分布，試以 $\alpha = 0.05$ 檢定無鹽食品是否可以降低血壓？

2. 調查男女生之起薪是否有差異，隨機選擇了 15 對剛畢業並有就業的男女生，每對男女生皆是同一行業。調查結果如下（單位：千元）：

	1	2	3	4	5	6	7	8	9	10	11	12	13	14	15
男生	45.2	35.2	29.5	30.5	38.6	39.0	26.2	20.2	25.1	20.8	27.0	32.6	25.8	24.5	24.2
女生	37.8	31.0	29.2	30.3	35.2	37.5	22.5	20.6	25.2	20.5	22.2	38.4	26.2	25.1	20.8

(1) 以 $\alpha = 0.1$ 及 0.01 分別檢定男女生之平均起薪是否有顯著差異。

(2) 分別計算男女生之平均起薪差異值的 90% 及 99% 信賴區間，並以此區間推論男女生之平均起薪是否有顯著差異，與上題結論是否一致？

3. 假設取自兩個獨立族群的隨機樣本，並已知族群 1 的標準差=10、族群 2 的標準差=12，兩個樣本的相關統計量數如下：

	樣本 1	樣本 2
樣本數(n)	20	8
樣本平均值($\overline{X}$)	150	165

(1) 求 $\mu_1 - \mu_2$ 之 95% 信賴區間，以此區間推論 μ_1 與 μ_2 是否有顯著差異？

(2) 以 $\alpha = 0.05$ 檢定 μ_1 與 μ_2 是否有顯著的差異，與上題結論是否相同？

4. 設今有 A、B 兩種生長素進行莖增長試驗，A 生長素施用於 10 株植物，B 生長素施用於 12 株植物，經一段時間後，兩種生長素使莖增長的資料如下（單位：cm）：

A 生長素	13.5	15.4	15.0	12.2	13.5	15.6	14.1	13.5	15.1	13.2		
B 生長素	11.9	10.5	10.5	12.2	9.8	13.0	14.2	12.8	11.5	12.6	13.2	13.0

在族群標準差未知但相等的假設前提下：

(1) 求 s_p（族群標準差的混合估計量）。

(2) 求 $\mu_A - \mu_B$ 的 90%信賴區間，並說明此信賴區間的意義。

(3) 以 $\alpha = 0.01$ 檢定 B 生長素使莖增加的長度是否顯著少於 A 生長素？

5. 自甲、乙兩公司隨機抽出幾天的營業額（單位：千元），其資料如下：

甲公司	165	86	126	98	90	114	94	127
乙公司	92	109	115	89	96	92		

假定兩公司每日營業額皆呈常態分布。試以 $\alpha = 0.1$ 檢定：

(1) 甲、乙兩公司每日營業額之變異數是否相等？

(2) 甲、乙兩公司每日營業額之平均數是否相等？

(3) 求 $\mu_甲 - \mu_乙$ 的 90%信賴區間，並以此區間判斷甲、乙兩公司每日營業額之平均數是否相等，與(2)題結論是否相符？

6. 擬比較乳牛第一胎與第二胎之乳產量是否相同，隨機調查 6 頭乳母牛第一與二泌乳期之產乳量(kg)如下，試問乳牛第一與二產之泌乳量是否相同？（$\alpha = 0.05$）

母牛號	1	2	3	4	5	6	Σ	Mean
第一胎	8,591	8,670	8,380	8,500	8,870	8,290	51,301	8550.17
第二胎	8,459	9,240	8,980	9,418	9,748	8,388	54,233	9038.83

7. 設有 A 與 B 兩種飼料配方，欲比較其對豬隻增重之影響，故分別餵予 8 與 9 頭肉豬。餵飼四個月後兩組豬隻增重如下，試比較兩種飼料配方對肉豬增重效果是否相同？（$\alpha = 0.05$）

肉豬號	1	2	3	4	5	6	7	8	9
A 配方	70	77	74	77	69	73	81	56	—
B 配方	65	68	55	83	53	67	59	58	63

8. 研究飲食中缺乏 vitamin E 與肝中 vitamin A 含量之關係時，將動物依性別、體重配成 8 對，並將每對中的兩頭動物隨機分配在正常 vitamin E 飼料組和缺乏組，然後定期測其肝中 vitamin A 之含量如下，試問其試驗結果是否有顯著差異？（$\alpha = 0.05$）

配對編號	1	2	3	4	5	6	7	8
正常飼料組	3,550	2,000	3,000	3,950	3,800	3,750	3,450	3,050
缺 vitamin E	2,450	2,400	1,800	3,200	3,250	2,700	2,500	1,750

9. 設馬來西亞原木廠有二區，均請當地工人，並按件計酬，現抽查部分工人之每月工資（美元）（假設為常態分布）如下：

A 區	73	110	129	82	130	127	131	102	114	91		
B 區	104	110	126	84	67	107	102	120	86	91	115	105

試問以 $\alpha = 0.05$ 檢定 A 廠平均工資是否高於 B 廠？

10. 測試 A、B 兩個品牌電池的壽命結果如下：

A 品牌電池：$n_1 = 10$，$\bar{x}_A = 500$，$s_A^2 = 100$。

B 品牌電池：$n_2 = 12$，$\bar{x}_B = 560$，$s_B^2 = 121$。

A、B 兩個品牌電池的壽命有顯著差異嗎？（$\alpha = 0.05$）

11. 以 10 隻白老鼠試驗一減肥藥否有效在吃藥前量其體重，連續服用藥物一星期後再量其體重(g)，結果如下表，試檢測該減肥藥是否有效？（$\alpha = 0.05$）

編號	減肥前 x_A	減肥後 x_B
1	420	380
2	235	230
3	280	300
4	360	260
5	305	295
6	215	190
7	200	200
8	460	410
9	345	330
10	375	380

12. 為測試不同培養基對菊花組培瓶苗於繼代時生長之影響，以 MS 及 1/2 MS 培養基進行比較，抽 op 花瓶內生長高度(cm)之變化結果如下：

瓶 培養基	1	2	3	4	5	6	7	8	9
MS	8.5	7.5	8.2	6.5	7.9	8.3	7.8	9.2	6.9
1/2 MS	8.2	7.0	8.2	6.4	7.5	8.0	7.2	8.5	6.5

試問二處理間是否有顯著差異性？（$\alpha = 0.05$）

13. 以二種不同介質進行草類枝條繁殖試驗，調查其發根情況（根數），結果如下：

介質	1	2	3	4	5	6	7	8
細椰纖	3	5	4	6	3	5	6	4
砂土	2	3	2	2	3	4	3	

試問二者間是否有顯著差異存在？（$\alpha = 0.01$）

14. 為提高國蘭植株之發芽數，業者以細胞分裂素 BA 處理植株 100 日後與對照組之比較：新增芽數如下：

編號	1	2	3	4	5	6	7	8	9
BA	3	4	4	4	5	3	2	4	3
對照組	1	2	2	3	2	3	2	3	1

BA 處理是否顯著有效？($\alpha = 0.05$)

15. 為測試某殺蟲劑是否能有效解決此蟲害所造成之大豆植株生長矮化問題，田間測試 10 個不同大豆品種時與對照組（CK–無噴藥）並列種植並調查植株高度(cm)如下：

品種	1	2	3	4	5	6	7	8	9	10
噴殺蟲劑	65	55	63	70	68	64	72	61	58	61
對照組	63	50	61	67	64	62	71	59	56	58

試問此殺蟲劑是否顯著有效？($\alpha = 0.05$)

16. 利用切除雌蝦眼柄法去進行草蝦人工催熟和產卵試驗，對取自同一群體之 18 尾雌蝦，隨機配對後，每對中 1 尾切除一側眼柄，另一尾不切除，觀察切除與不切除眼柄至產卵時間(hr)之配對試驗結果如下，試問其試驗結果是否有顯著差異？($\alpha = 0.05$)

配對編號	1	2	3	4	5	6	7	8	9
切除眼柄	143.0	144.0	143.5	152.5	156.0	165.2	176.5	176.2	180.0
不切除眼柄	150.5	176.0	206.0	338.0	410.0	418.0	426.0	530.0	534.5

17. 有 6 名肥胖的國小學童參與一項為期半年的減肥食譜計畫，其參加計畫前後的體重如下表所載。試問在 $\alpha = 0.05$ 下：

學童序號	1	2	3	4	5	6
減肥前體重	69	70	69	69	72	68
減肥後體重	65	61	69	60	64	64

(1) 學童參加減肥計畫前後平均體重差異之 95%信賴區間？

(2) 請利用假設檢定論述參加該計畫後，學童的體重是否確實降低？

18. 某研究指出 A、B 兩個品牌香菸尼古丁含量(mg)均偏高。假設其尼古丁含量均為常態族群，今各抽取 n = 5 支的香菸檢驗其尼古丁的含量如下表所示，設在 α = 0.05 之下，試問：

(1) A、B 品牌尼古丁含量之族群變異數是否相等？

(2) A、B 品牌尼古丁的平均含量是否相等？

A 品牌	3.9	3.0	3.7	4.5	4.1
B 品牌	4.2	3.9	3.6	4.4	4.5

19. 某一貫場隨機抽取 10 頭肉豬，進行飼料中添加 ω-3 對血中膽固醇含量之影響試驗。試驗開始與試驗結束時，均採血檢測每頭試驗豬膽固醇含量，結果如下表（單位：mg%/dL）。在 α = 0.01 下，檢測試驗前後豬隻血中膽固醇含量是否有顯著的不同？

	1	2	3	4	5	6	7	8	9	10
試驗開始	158	127	100	119	85	89	134	111	102	125
試驗結束	136	108	84	112	80	84	122	94	84	102

20. 比較 A 與 B 兩品系母雞所產雞蛋重量是否相同，每品系隨機抽取 10 母雞所產蛋與稱重（單位：mg）如下表。若已知兩品系母雞所產蛋重皆呈常態分布，且兩變異數 (σ^2) 相等。

品系	1	2	3	4	5	6	7	8	9	10
A	341	360	355	358	345	362	352	348	356	353
B	355	366	369	365	364	367	363	371	368	362

在 α = 2% 下，檢定 A 與 B 兩品系母雞所產雞蛋平均重量是否相等？

求 A 與 B 兩品系母雞所產雞蛋重量差之 98%信賴區間，並下結論。

21. 隨機抽測花旗松與鐵杉樣本之密度，試問花旗松之木材平均密度是否大於鐵杉(α = 0.05)？資料如下表：

花旗松	0.53	0.54	0.55	0.56	0.53	0.52	0.51	0.53	0.52	0.53	0.52	0.55	0.53
鐵杉	0.47	0.48	0.49	0.51	0.46	0.45	0.44	0.47	0.47	0.42			

22. 屏東地區 107 年度暢銷生物農藥排行榜，前 20 項中，蘇力菌就占了將近一半，如果想要了解一種新上市的蘇力菌對植物生長勢（維管束內壓，Pa）的負面效果，進行了一項臨床試驗，隨機選出 6 株生長狀態接近的試驗植株，開始施用此新型的蘇力菌，並記錄施藥前後的維管束內壓(Pa)如下：

編號	1	2	3	4	5	6
使用前	165	180	160	175	170	150
使用後	135	140	135	135	140	125

試問此新型的蘇力菌是否會對植株的維管束內壓平均值造成負面影響？
（$\alpha = 0.05$）

23. 比較原品系(A)與新育成品系(B)公豬之五月齡體重是否相同，故每品系隨機抽取 10 頭公豬稱五月齡體重（單位：kg）如下表。若已知兩品系公豬五月齡體重均皆呈常態分布，且兩族群變異數($\sigma_1^2 = \sigma_2^2$)相等。

(1) 在 $\alpha = 5\%$ 下，檢定 A 與 B 品系公豬五月齡重是否相等？
(2) 求 A 與 B 品系公豬五月齡重差異之 95% 信賴區間，並下結論。

品系	1	2	3	4	5	6	7	8	9	10
A	81	100	95	98	85	102	92	88	96	93
B	95	106	109	105	104	97	103	111	108	102

24. 隨機自野外採集某種蛙類的雌雄成蛙體重（公克），其資料如下：

雌蛙	9.8	7.8	6.5	9.4	8.6	9.8	8.7	8.6
雄蛙	8.3	5.3	6.9	7.2	7.6	7.2		

假定兩種性別的野外成蛙體重皆呈常態分布。試以 $\alpha = 0.1$ 檢定：
(1) 不同性別的成蛙體重之變異數是否相等？
(2) 不同性別的成蛙體重之平均數是否相等？
(3) 試計算 μ 雌 $-\mu$ 雄的 90% 信賴區間，並以此區間判斷不同性別的成蛙體重之平均數是否相等，與(2)題結論是否相符？

25. 分別隨機抽測二種品牌（長勝與瑞峰）合板之厚度(cm)。假設厚度為常態分布，試問長勝和瑞峰之合板平均厚度是否有顯著差異存在(α=0.05)？

資料如下表，請進行相關之假設檢定。

樣本	1	2	3	4	5
長勝	2.53	2.54	2.55	2.56	2.53
瑞峰	2.40	2.48	2.49	2.58	2.52

26. 一位昆蟲學家想研究兩種不同品種龍蝨的體型差異。他在實驗室分別飼養了這兩種龍蝨，並隨機挑選了 20 隻雄蟲進行體長測量（單位：毫米）。測量數據如下：

品種 A： 12.1, 11.7, 12.5, 11.9, 12.3, 11.6, 12.2, 12.0, 11.8, 12.4, 11.5, 12.1, 11.7, 12.3, 12.6, 12.2, 11.9, 12.4, 11.8, 12.0；

品種 B： 10.8, 11.2, 11.0, 10.9, 11.3, 10.6, 11.5, 10.7, 11.1, 10.5, 11.4, 10.9, 10.8, 11.2, 11.0, 11.1, 10.7, 11.3, 11.2, 10.6。

請問在顯著水準為 0.05 的情況下，兩種品種的雄蟲體長是否存在顯著差異？

請用適當的統計方法進行檢驗並解釋結果。

27. 有一家具工廠品管部門抽檢其兩條生產線之瑕疵率，結果如下：

生產線	總數	瑕疵數
A	200	10
B	250	15

請問，A、B 兩條生產線之瑕疵率於顯著水準為 0.05 的情況下是否有顯著差異？

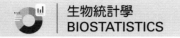

CHAPTER 10

卡方分布

羅凱安
國立屏東科技大學森林系

姜中鳳
國立屏東科技大學動物科學與畜產系

BIOSTATISTICS

一　基本原理

統計資料中，有些是數量資料，有些是質的資料或類別資料(categorical data)。所謂類別資料又稱次數資料(frequency data)，是只能以類別區分的資料。在日常生活中碰到的兩種以上類別的問題（資料）非常多，例如：性別、教育程度、職業別、區域別、偏好程度等等。在處理這些資料時，通常是將所觀察的樣本依其類別加以計數(counting)，得到各類別的次數分布表，然後用以分析資料的特性。相對於數量資料的主要參數為平均數、變異數，其分析方法的建立過程中常以常態分布為前提假設，因此相關統計分析方法稱為母數統計方法(parametric statistical methods)；而類別資料的主要參數則為比例(proportion)或次數，其分析方法建立時較不受分布限制(distribution-free)，因此相關統計分析方法稱為無母數統計方法(nonparametric statistical methods)，本章節所介紹之卡方檢定也是無母數統計方法之一。

在類別資料的分析上，經常使用卡方檢定(chi-square test)。卡方檢定的主要原理相當簡單，即是檢定所「觀察的次數分布」是否與「期望的次數分布」相符合。因此，其檢定結果只有兩種情形：「是」與「否」，所以卡方檢定一般都以右單尾來進行檢定。

（一）卡方分布

研究者常有興趣在某一屬性或變項的觀察次數上，由抽樣實驗所得到的次數稱為觀察次數(observed frequency, O)，常會分成幾個類別或稱為水準(level)，例如在「性別」變項的次數觀察上，可分為「男」、「女」兩個類別分別計數；喜惡程度可分為「喜歡」、「還好」、及「討厭」三個類別。而期望次數(expected frequency)則是指如果虛無假設為真時，預期（或理論上）會發生的次數(E)，通常是根據某個理論或假說來計算。因此，該變項各類別的期望次數為：

$$E_i = np_i$$

n為樣本數，p_i為虛無假設為真時，第i類別的比例或機率。

直覺上，想要了解所觀察的次數分布是否與期望的次數分布相符合，只要計算類別i的觀察次數(O_i)與期望次數(E_i)的殘差(residual)，即可以衡量類別i的觀察次數與期望次數二者之相符程度，殘差值愈大，表示愈不相符；反之，殘差值愈小，則表示愈相符。但由於考慮其各類別之總和$\sum(O_i - E_i)$均為零而無法比較，因而建議使用殘差的平方 $(O_i - E_i)^2$ 來加以衡量。然而殘差的平方值的大小只是一絕對量，若要衡量其相對符合的程度，可再將 $(O_i - E_i)^2$ 除以 E_i，利用「殘差平方的比例」值的大小來進行。此即所謂皮爾森卡方分布(Pearson chi-square distribution)，公式如下：

$$\chi^2 = \sum_{i=1}^{k} \frac{(O_i - E_i)^2}{E_i} \quad , \quad i = 1, 2, \cdots, k$$

卡方分布是一右偏歪（正偏態）由零開始之分布，由於平方和個數不同，卡方分布是依自由度不同，而有不同的曲線族分布（如表 10-1 及圖 10-1）。

| 表 10-1 | 卡方分布在不同自由度及機率下之臨界值

自由度 (df)	機率(α)							
	99%	95%	90%	50%	10%	5%	1%	0.1%
1	0.000	0.004	0.016	0.455	2.706	3.841	6.635	10.827
2	0.020	0.103	0.211	1.386	4.605	5.991	9.210	13.815
3	0.115	0.352	0.584	2.366	6.251	7.815	11.345	16.266
4	0.297	0.711	1.064	3.357	7.779	9.488	13.277	18.466
5	0.554	1.145	1.610	4.351	9.236	11.070	15.086	20.515
6	0.872	1.635	2.204	5.348	10.645	12.592	16.812	22.457
7	1.239	2.167	2.833	6.346	12.017	14.067	18.475	24.321
8	1.647	2.733	3.490	7.344	13.362	15.507	20.090	26.124
9	2.088	3.325	4.168	8.343	14.684	16.919	21.666	27.877
10	2.558	3.940	4.865	9.342	15.987	18.307	23.209	29.588
11	3.053	4.575	5.578	10.341	17.275	19.675	24.725	31.264
12	3.571	5.226	6.304	11.340	18.549	21.026	26.217	32.909
13	4.107	5.892	7.041	12.340	19.812	22.362	27.688	34.527
14	4.660	6.571	7.790	13.339	21.064	23.685	29.141	36.124
15	5.229	7.261	8.547	14.339	22.307	24.996	30.578	37.698
20	8.260	10.851	12.443	19.337	28.412	31.410	37.566	45.314
30	14.953	18.493	20.599	29.336	40.256	43.773	50.892	59.702
40	22.164	26.509	29.051	39.335	51.805	55.758	63.691	73.403
50	29.707	34.764	37.689	49.335	63.167	67.505	76.154	86.660
60	37.485	43.188	46.459	59.335	74.397	79.082	88.379	99.608

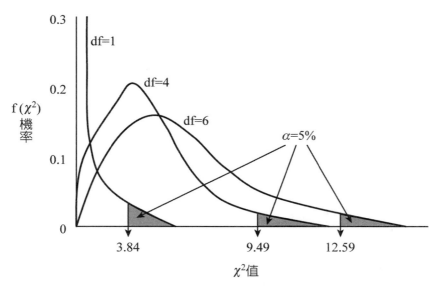

> ▶ **圖 10-1** 不同自由度的卡方機率分布與右單尾($\alpha = 5\%$)臨界值

（二）卡方檢定

　　為判斷卡方值之抽樣結果是否有顯著差異，必須在所設定之顯著水準(α)下，與不同自由度之臨界值比較。若小於等於臨界值，即表示觀察次數與期望次數沒有顯著差異，接受虛無假設；若大於臨界值，即表示觀察次數與期望次數有顯著差異，接受對立假設。例如：在 5%的顯著水準下，自由度 =1 時，卡方臨界值為 3.84；自由度 =4 時，卡方臨界值為 9.49；自由度 =6 時，卡方臨界值為 12.59（圖 10-1）。

　　因此，卡方檢定之步驟，如同前述之假設檢定步驟，有以下 6 個：

1. 訂虛無假設(H_0)。
2. 訂對立假設(H_1)。
3. 依據顯著水準(α)與自由度(df)訂定卡方分布臨界值 $\chi^2_{df, \alpha}$。
4. 計算卡方檢定統計量(chi-square statistic)。
5. 決策：(1)依 α 及 df 查出卡方臨界值，決定接受域與拒絕域；(2)比較檢定統計量值與臨界值，以決定是否拒絕 H_0。
6. 根據題意下結論。

二　卡方檢定的種類

　　利用卡方分布可用來做三種檢定：適合度檢定、獨立性檢定及同質性檢定。這三種檢定如前所述，基本上都是檢定資料的次數分布或比例分布是否合乎某一特性。適合度檢定是檢定族群是否為某一特定分布的檢定方法；同質性檢定是檢定二個族群分布是否相同；獨立性檢定是檢定二個屬性間有無關係。三種檢定如圖 10-2 所示。

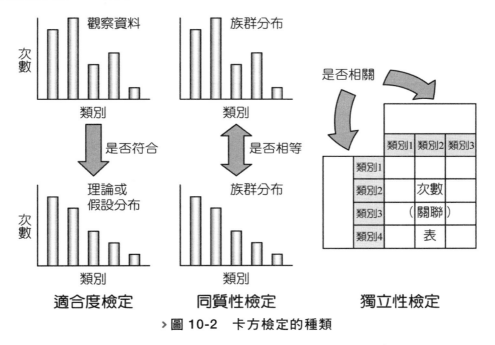

> 圖 10-2　卡方檢定的種類

（一）適合度檢定(Goodness of fit test)

　　當我們不知道族群分布時，不能夠自以為它是何種分布或合乎某一分布，應該設立族群為某種分布的假設，然後檢定該假設。適合度檢定(goodness of fit test)即是利用樣本資料檢定族群分布是否為某一特定分布或理論分布的統計方法。此一檢定方法的目的，在於檢定各類別之觀察次數(O_i)有多符合(how good)虛無假設的期望次數(E_i)的接近程度，來檢定它是否符合(fit)某一特定分布(pattern of distribution)，所以稱為適合度檢定。

　　其原始檢定資料格式及計算程序如表 10-2 所示，最後一列所計算殘差平方比例值之總和 $(\sum(O_i - E_i)^2 / E_i)$ 即為卡方值。當 n 夠大時（指 $E_i \geq 5$），$\sum(O_i - E_i)^2 / E_i$

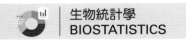

會趨近於 χ^2_{k-1} 的分布，其自由度為$(k-1)$，符號 k 為類別（水準）數目，即適合度之卡方分布如下：

$$\chi^2 = \sum_{i=1}^{k} \frac{(O_i - E_i)^2}{E_i} \sim \chi^2_{k-1}$$

當 O_i 與 E_i 相差很大時，卡方值變大，表示樣本資料不足以支持虛無假設 H_0（某特定分布的假設），應拒絕 H_0。在選定顯著水準 α 下，採右尾檢定（適合度的卡方檢定為右尾檢定）。

| 表 10-2 | 適合度檢定資料格式與計算程序

原始資料					
類別	1	2	…	k	合計
觀察值	O_1	O_2	…	O_k	n
計算程序					
觀察比例或機率	$q_1 = O_1/n$	$q_2 = O_2/n$	…	$q_k = O_k/n$	1
期望比例或機率	p_1	p_2	…	p_k	1
期望值	$E_1 = n \times p_1$	$E_2 = n \times p_2$	…	$E_k = n \times p_k$	n
殘差	$(O_1 - E_1)$	$(O_2 - E_2)$		$(O_K - E_K)$	0
殘差平方	$(O_1 - E_1)^2$	$(O_2 - E_2)^2$		$(O_K - E_K)^2$	$\sum(O_i - E_i)^2$
殘差平方比例	$\frac{(O_1 - E_1)^2}{E_1}$	$\frac{(O_2 - E_2)^2}{E_2}$		$\frac{(O_k - E_k)^2}{E_k}$	$\frac{\sum(O_i - E_i)^2}{E_i}$

而卡方適合度檢定的步驟與公式如下：

1. 虛無假設(H_0)：$O_i = E_i$（或 $q_i = p_i$）。
2. 對立假設(H_1)：H_0 不為真〔至少有一個 $O_i \neq E_i$（或 $q_i \neq p_i$），q_i 為 i 類別的觀測比例或機率〕。
3. 依據顯著水準(α)與自由度(df)。訂定卡方分布臨界值 $\chi^2_{df,\alpha}$（右單尾）。
4. 計算卡方統計量，並與臨界值比較。

5. 決策：依據接受域與拒絕域的決定（如圖 10-3），若 $\chi^2 > \chi^2_{k-1,\alpha}$，則拒絕 H_0；若 $\chi^2 \le \chi^2_{k-1,\alpha}$，則接受 H_0。

6. 根據題意作結論。

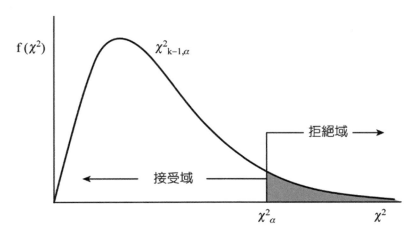

> 圖 10-3 卡方檢定的拒絕域與接受域

例題 10-1

下表為擲一骰子 300 次出現各點數的次數分布，請問此組資料是否足以顯示此骰子為一公平骰子？（$\alpha = 0.01$）

點數	1	2	3	4	5	6
次數	33	61	49	65	55	37

 解

若此骰子為一公平骰子，則各點數應會平均出現 300/6=50 次

點數	1	2	3	4	5	6
觀測次數	33	61	49	65	55	37
期望次數	50	50	50	50	50	50

檢定方法：

1. H_0：此骰子為一公平骰子。

2. H_1：此骰子不是一公平骰子。

3. $\alpha = 0.01$；$k = 6$，故 $df = 6 - 1 = 5$
   臨界值 $\chi^2_{6-1,0.01} = 15.086$（查表 10-1，或利用 Excel 函數 CHISQ.INV.RT(0.01,5)）
   計算檢定統計量。

4. 計算卡方統計量：$\chi^2 = \sum (O_i - E_i)^2 / E_i = (33 - 50)^2 / 50 + (61 - 50)^2 / 50 +$
   $(49 - 50)^2 / 50 + (65 - 50)^2 / 50 + (55 - 50)^2 / 50 + (37 - 50)^2 / 50 = 16.6$

5. 決策：將檢定統計量與臨界值比較，因 $16.6 > 15.086$，故拒絕 H_0，接受 H_1。

6. 下結論：在顯著水準 $\alpha = 0.01$ 情形下，此骰子不是一公平骰子。

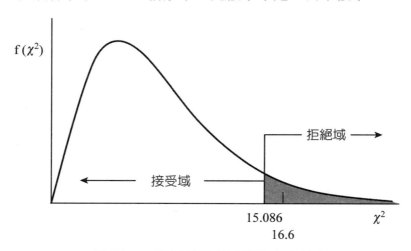

> 圖 10-4　骰子是否公平的適合度檢定

例題 10-2

有一豌豆實驗，得 315 個圓而黃的，108 個圓而綠的，101 個皺而黃的，32 個皺而綠的。依孟德爾(Mendel)遺傳理論比例應為 9：3：3：1。試以 $\alpha = 0.05$ 的顯著水準，檢定此實驗結果是否符合遺傳理論？

解

總數為 $315 + 108 + 101 + 32 = 556$ 依遺傳理論比例應為 9：3：3：1，故各外型的期望值應為 312.75：104.25：104.25：34.75。

外型	圓而黃的	圓而綠的	皺而黃的	皺而綠的
觀測次數	315	108	101	32
期望次數	312.75	104.25	104.25	34.75

檢定方法：

1. H_0：此實驗結果符合遺傳理論。

2. H_1：此實驗結果不符合遺傳理論。

3. $\alpha = 0.05$；$k = 4$，故 $df = 4-1 = 3$。

　　臨界值 $\chi^2_{4-1,0.05} = 7.815$（查表 10-1，或利用 Excel 函數 CHISQ.INV.RT $(0.05,3)$）計算統計量。

4. 計算卡方統計量
$$\chi^2 = \Sigma(O_i - E_i)^2 / E_i = (315 - 312.75)^2 / 312.75 + \cdots + (32 - 34.75)^2 / 34.75 = 0.47$$

5. 決策：將檢定統計量與臨界值比較，因 $0.47 < 7.815$，故不拒絕 H_0。

6. 下結論：在顯著水準 $\alpha = 0.05$ 情形下，此實驗結果符合遺傳理論。

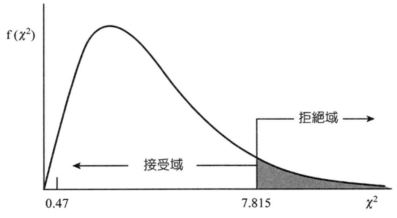

> 圖 10-5　豌豆實驗結果符合遺傳理論的適合度檢定

（二）同質性檢定(Homogeneity test)

　　同質性檢定是檢定兩個或兩個以上族群的某一特性的分布（各類別的比例）是否齊一或相近。同質性檢定是由各個族群中分別抽出樣本，然後依類別區分而成為一個多項列聯表(contingency table)。然後利用從樣本所得到的觀察次數檢定各個族群的比例是否齊一。同質性檢定事實上等於是做兩個或多個獨立族群的分布各類別的比例是否一樣或相似的檢定，亦即協助了解不同特質在不同組別中之分布是否相同。

　　例如我們想要檢定屏東縣各個不同所得等級的原住民，其自有房屋的比例與高雄縣同等級所得原住民自有房屋的比例是否相同；或者想要檢定臺北市民

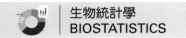
跟高雄市民及臺中市民對有機米的喜好是否相同；又或者想檢定本校男同學與女同學對校園安全的滿意度的比例是否相同等，都可用此 χ^2 分布來檢定。此種同質性檢定亦常用來檢定所調查的樣本比例在各分層與族群是否一致，以了解該樣本的有效性。

同質性檢定的原始資料格式及計算如表 10-3，檢定之統計量為：

$$\chi^2 = \sum_{i=1}^{r} \sum_{j=1}^{c} \frac{(O_{ij} - E_{ij})^2}{E_{ij}}$$

| 表 10-3 | 同質性檢定資料格式與計算程序

原始觀察值	類別				
組別（族群）	1	2	…	c	列合計
1	O_{11}	O_{12}	…	O_{1c}	R_1
2	O_{21}	O_{22}	…	O_{2c}	R_2
…	…	…	…	…	…
r	O_{r1}	O_{r2}	…	O_{rc}	R_r
行合計	C_1	C_2		C_C	n
計算程序					
期望值					
1	$E_{11} = (R_1 \times C_1)/n$	$E_{12} = (R_1 \times C_2)/n$	…	$E_{1C} = (R_1 \times C_C)/n$	R_1
2	$E_{21} = (R_2 \times C_1)/n$	$E_{22} = (R_2 \times C_2)/n$	…	$E_{2C} = (R_2 \times C_C)/n$	R_2
…	…	…	…	…	…
r	$E_{r1} = (R_r \times C_1)/n$	$E_{r2} = (R_r \times C_2)/n$	…	$E_{rC} = (R_r \times C_C)/n$	R_r
行合計	C_1	C_2		C_C	n
計算式	$$\chi^2 = \sum_{i=1}^{r} \sum_{j=1}^{c} \frac{(O_{ij} - E_{ij})^2}{E_{ij}}$$ 或 $$\chi^2 = \sum_{i=1}^{r} \sum_{j=1}^{c} \frac{(O_{ij} - \frac{R_i C_j}{n})^2}{\frac{R_i C_j}{n}}$$ 此式可不用先計算期望值而直接以原始觀察資料計算較簡易				

其中：r：橫列個數，c：縱行個數，O_{ij}：樣本觀察次數，E_{ij}：為估計期望次數 ($E_{ij} = R_i C_j / n$)，自由度為 $(r-1)(c-1)$。若 O_{ij} 與 E_{ij} 差異較大時，χ^2 會較大，則不接受 H_0，而至於是哪一個族群在哪個類別有差異，則需進行事後比較 (post hoc comparison)，一般是進一步計算列聯表每個細格的標準化殘差值 (standardized residual) 進行判斷，如果標準化殘差值大於 1.96 或小於 -1.96 代表該類別細格間具有顯著差異 ($\alpha = 5\%$)；反之，若 O_{ij} 與 E_{ij} 差異不大，χ^2 會較小，則接受 H_0。

而檢定的步驟與公式如下：

1. 虛無假設 (H_0)：各組在不同類別的反應比例是一樣 ($O_{ij} = E_{ij}$)。

2. 對立假設 (H_1)：H_0 不為真（至少有一個 $O_{ij} \neq E_{ij}$）。

3. 依據顯著水準 (α) 與自由度 (df) 訂定卡方分布臨界值 $\chi^2_{df,\alpha}$（右單尾）。

4. 計算卡方統計量，並與臨界值比較。

5. 決策：依據接受域或拒絕域的決定，若 $\chi^2 > \chi^2_{(c-1)(r-1),\alpha}$，則拒絕 H_0；若 $\chi^2 \leq \chi^2_{(c-1)(r-1),\alpha}$，則接受 H_0。

6. 根據題意作結論。

例題 10-3

某項民意測驗調查甲、乙兩地區居民是否支持勞動基準法，自甲地區抽出 300 人，乙地區抽出 250 人，調查結果如下：

	支持	反對	無意見
甲地區	158	105	37
乙地區	119	94	37

以 $\alpha = 0.05$，檢定甲、乙兩地區居民對勞動基準法的意見是否一致？

解

先計算各細格 (cell) 之期望值，如下表：

	支持 （期望值）	反對 （期望值）	無意見 （期望值）	總和
甲地區	158 (300×(277/550)=151.1)	105 (300×(199/550)=108.5)	37 (300×(74/550)=40.4)	300

	支持 （期望值）	反對 （期望值）	無意見 （期望值）	總和
乙地區	119 (250×(277/550)=125.9)	94 (250×(199/550)=90.5)	37 (250×(74/550)=33.6)	250
總合	277	199	74	550

檢定方法：

1. H_0：甲、乙兩地區居民對勞動基準法的意見一致。

2. H_1：甲、乙兩地區居民對勞動基準法的意見不一致。

3. $\alpha = 0.05$ ； $c = 3$ ， $r = 2$ ，故 $df = (3-1)(2-1) = 2$ 。

   臨界值 $\chi^2_{(3-1)(2-1),0.05} = 5.991$ 〔查表 10-1，或利用 Excel 函數 CHISQ.INV.RT (0.05,2)〕計算檢定統計量。

4. 計算卡方統計量（這裡使用要先計算期望次數的公式）

$$\chi^2 = \sum_{i=1}^{r} \sum_{j=1}^{c} \frac{(O_{ij} - E_{ij})^2}{E_{ij}} = \frac{(158 - 151.1)^2}{151.1} + \cdots + \frac{(37 - 33.6)^2}{33.6} = 1.57$$

5. 決策：將檢定統計量與臨界值比較，因 $1.57 < 5.991$ ，故不拒絕 H_0 。

6. 下結論：在顯著水準 $\alpha = 0.05$ 情形下，甲、乙兩地區居民對勞動基準法的意見一致。

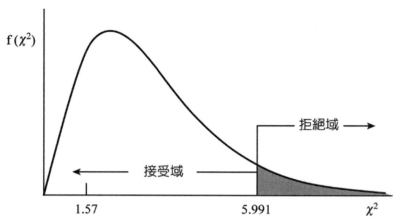

> 圖 10-6　兩地區居民對勞動基準法意見的同質性檢定

例題 **10-4**

假設我們想檢定二個森林遊樂區的遊客滿意度是否相同。假設在阿里山抽取 750 個遊客，墾丁抽取 600 個遊客，調查結果如下表（$\alpha = 0.05$）：

滿意程度	阿里山	墾丁	合計次數
很滿意	100	100	200
滿意	150	150	300
不滿意	300	200	500
很不滿意	200	150	350
合計次數	750	600	1,350

解

檢定方法：

1. H_0：二個森林遊樂區的遊客滿意度一樣。

2. H_1：二個森林遊樂區的遊客滿意度不一樣。

3. $\alpha = 0.05$；$c = 4$，$r = 2$，故 $df = (4-1)(2-1) = 3$。

　　臨界值 $\chi^2_{(2-1)(4-1),0.05} = 7.815$〔查表 10-1，或利用 Excel 函數 CHISQ.INV.RT $(0.05,3)$〕檢定統計量。

$$\chi^2 = \sum_{i=1}^{c} \sum_{j=1}^{r} \frac{(O_{ij} - E_{ij})^2}{E_{ij}} = \frac{(100 - 750 \cdot \frac{200}{1,350})^2}{750 \cdot \frac{200}{1,350}} + \cdots + \frac{(150 - 600 \cdot \frac{350}{1,350})^2}{600 \cdot \frac{350}{1,350}}$$

$$= 10.61$$

4. 計算卡方統計量：（這裡使用不用先計算期望值之簡易法）。

5. 決策：將檢定統計量與臨界值比較，因 $10.61 > 7.815$，故拒絕 H_0。

6. 下結論：在顯著水準 $\alpha = 0.05$ 情形下，二個森林遊樂區的遊客滿意度不一樣。

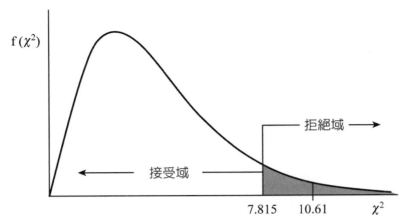

> 圖 10-7　二個森林遊樂區的遊客滿意度的同質性檢定

（三）獨立性檢定(Independent test)

　　獨立性檢定是統計研究人員想要檢定兩個自變項（屬性）間是否獨立的統計方法。即興趣在了解兩個變項間是否有交互作用(interaction)存在，而不是其間的差異性。例如想了解男女生（性別）對男女合班的意見（贊成與否）是否有關聯，亦即「性別」是否影響「男女合班的意見」。獨立性檢定通常是將資料列示為列聯表或稱為交叉表(cross table)的形式，因此有人稱它為列聯表檢定。列聯表的形式通常是將一個屬性排成橫列，另一個屬性排成縱行（如圖 10-2）。

　　獨立性檢定與之前介紹的同質性檢定相類似，都是以卡方分布來做檢定。同質性檢定與獨立性檢定最大的不同是，同質性檢定的列總和或行總和是事先決定的。而獨立性檢定的列(row)總和及行(column)總和不是固定的，它只是決定樣本數而已，列總和及行總和是隨機的。

　　獨立性檢定其原始資料與計算如表 10-4，其檢定統計量則如下：

$$\chi^2 = \sum_{i=1}^{r} \sum_{j=1}^{c} \frac{(O_{ij} - E_{ij})^2}{E_{ij}}$$

　　其中：r：列聯表中橫列的個數，c：縱行個數，O_{ij}：樣本觀察次數，E_{ij}：為估計期望論次數 $(E_{ij} = R_i C_j / n)$，自由度為 $(r-1)(c-1)$。若 O_{ij} 與 E_{ij} 差異較大時，$O_{ij} - E_{ij}$ 的值會較大，則不接受 H_0；反之，若 O_{ij} 與 E_{ij} 差異不大，χ^2 會較小，則接受 H_0。

而檢定的步驟如下：

1. 虛無假設(H_0)：A 因素與 B 因素無關（獨立，$O_{ij} = E_{ij}$）。

2. 對立假設(H_1)：H_0 不為真（至少有一個 $O_{ij} \neq E_{ij}$）。

3. 依據顯著水準(α)與自由度(df)。訂定卡方分布臨界值 $\chi^2_{df,\alpha}$（右單尾）。

4. 計算卡方統計量，並與臨界值比較。

5. 決策：依據接受域與拒絕域的決定，若 $\chi^2 > \chi^2_{(c-1)(r-1),\alpha}$，則拒絕 H_0；若 $\chi^2 \leq \chi^2_{(c-1)(r-1),\alpha}$，則接受 H_0。

6. 根據題意作結論。

| 表 10-4 | 獨立性檢定資料格式與計算程序

原始觀察值	變數A（類別A）				
變數 B （類別 B）	1	2	…	c	列合計
1	O_{11}	O_{12}	…	O_{1C}	R_1
2	O_{21}	O_{22}	…	O_{2C}	R_2
…	…	…	…	…	…
r	O_{r1}	O_{r2}	…	O_{rc}	R_r
行合計	C_1	C_2		C_C	n
計算程序					
期望值					
1	$E_{11} = (R_1 \times C_1)/n$	$E_{12} = (R_1 \times C_2)/n$	…	$E_{1c} = (R_1 \times C_c)/n$	R_1
2	$E_{21} = (R_2 \times C_1)/n$	$E_{22} = (R_2 \times C_2)/n$	…	$E_{2c} = (R_2 \times C_c)/n$	R_2
…	…	…	…	…	…
r	$E_{r1} = (R_r \times C_1)/n$	$E_{r2} = (R_r \times C_2)/n$	…	$E_{rc} = (R_r \times C_c)/n$	R_r
行合計	C_1	C_2		C_C	n
計算式	$\chi^2 = \sum\limits_{i=1}^{r} \sum\limits_{j=1}^{c} \dfrac{(O_{ij} - E_{ij})^2}{E_{ij}}$ 或 $\chi^2 = \sum\limits_{i=1}^{r} \sum\limits_{j=1}^{c} \dfrac{(O_{ij} - \frac{R_i C_j}{n})^2}{\frac{R_i C_j}{n}}$ 此式可不用先計算期望值而直接 以原始觀察資料計算較簡易				

除了獨立性卡方檢定之外，χ^2 亦衍生出相關的類別變項的相關／關聯(association)檢定方法：若二個變項都是二分的(dichotomous)名義（類別）變項，適用 ϕ 相關係數(phi coefficient)；若是變項是二分類別對二分以上類別可使用 Cramer's V 係數、或列聯相關係數(contingency coefficient)。

此外，本節介紹的獨立性卡方檢定是獨立樣本，若非獨立樣本，可用麥氏卡方檢定(McNemar's chi-square test)。

例題 10-5

學校為了解男女學生對兩性共同用廁所的意見，100 位男女學生對「贊成」與「反對」的意見如下表，請問此問題的意見是否隨男女性別而有所不同？（$\alpha = 0.05$）：

性別／意見	贊成	反對	合計次數
男	44	16	60
女	16	24	40
合計次數	60	40	100

解

檢定方法：

1. H_0：學生對兩性共同用廁所問題不因性別而有所不同。

2. H_1：學生對兩性共同用廁所問題隨著性別而有所不同。

3. $\alpha = 0.05$；$c = 2$，$r = 2$，故 $df = (2-1)(2-1) = 1$。

    臨界值 $\chi^2_{(2-1)(2-1),0.05} = 3.841$〔查表 10-1，或利用 Excel 函數 CHISQ.INV.RT (0.05,1)〕計算檢定統計量。

4. 計算卡方統計量（以簡易法計算）

$$\chi^2 = \sum_{i=1}^{r} \sum_{j=1}^{c} \frac{(O_{ij} - \frac{R_i C_j}{n})^2}{\frac{R_i C_j}{n}} = \frac{(44 - \frac{60 \times 60}{100})^2}{\frac{60 \times 60}{100}} + \cdots + \frac{(24 - \frac{40 \times 40}{100})^2}{\frac{40 \times 40}{100}} = 11.1$$

5. 決策：將檢定統計量與臨界值比較，因 $11.1 > 3.841$，故拒絕 H_0。

6. 下結論：在顯著水準 $\alpha = 0.05$ 情形下，學生對兩性共同用廁所問題隨著性別而有所不同。

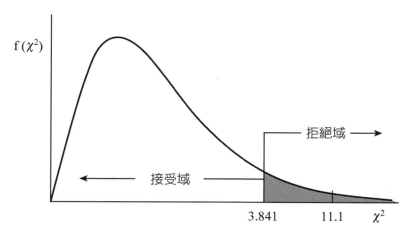

> 圖 10-8 　男女學生對廁所不依性別區分意見的獨立性檢定

例題 10-6

三家供應商其零件供應的品質情形如下。

供應商	零件品質		
	優良	普通	極差
A	95	3	2
B	170	18	7
C	135	6	9

以 $\alpha = 0.1$，檢定供應商與零件品質是否有相關？

解

先計算期望次數

供應商	零件品質			總和
	優良 （期望值）	普通 （期望值）	極差 （期望值）	
A	95 (89.9)	3 (6.1)	2 (4.0)	100
B	170 (175.3)	18 (11.8)	7 (7.9)	195
C	135 (134.8)	6 (9.1)	9 (6.1)	150
總合	400	27	18	445

檢定方法：

1. H_0：供應商與零件品質無關（供應商與零件品質兩因子相互獨立）。

2. H_1：供應商與零件品質有關（供應商與零件品質兩因子不獨立）。

3. $\alpha = 0.1$；$c = 3$，$r = 3$，故 $df = (3-1)(3-1) = 4$

臨界值 $\chi^2_{(3-1)(3-1),0.1} = 7.779$〔查表 10-1，或利用 Excel 函數 CHISQ.INV.RT(0.1,4)〕檢定統計量。

4. 計算卡方統計量（使用要先計算期望次數的公式）

$$\chi^2 = \sum_{i=1}^{r} \sum_{j=1}^{c} \frac{(O_{ij} - E_{ij})^2}{E_{ij}} = \frac{(95-89.9)^2}{89.9} + \cdots + \frac{(9-6.1)^2}{6.1} = 8.825$$

5. 決策：將檢定統計量與臨界值比較，因 $8.825 > 7.779$，故拒絕 H_0。

6. 下結論：在顯著水準 $\alpha = 0.1$ 情形下，供應商與零件品質有關，要好好選供應商喔！

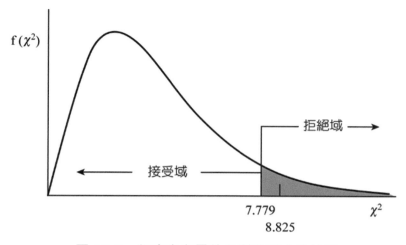

> **圖 10-9** 供應商與零件品質的獨立性檢定

三 卡方檢定的使用限制

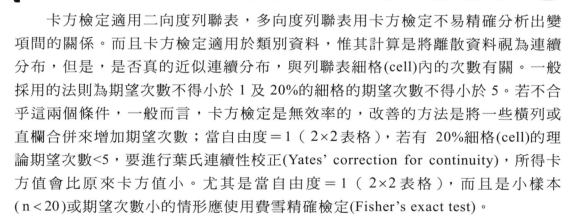

　　卡方檢定適用二向度列聯表，多向度列聯表用卡方檢定不易精確分析出變項間的關係。而且卡方檢定適用於類別資料，惟其計算是將離散資料視為連續分布，但是，是否真的近似連續分布，與列聯表細格(cell)內的次數有關。一般採用的法則為期望次數不得小於 1 及 20%的細格的期望次數不得小於 5。若不合乎這兩個條件，一般而言，卡方檢定是無效率的，改善的方法是將一些橫列或直欄合併來增加期望次數；當自由度＝1（2×2表格），若有 20%細格(cell)的理論期望次數<5，要進行葉氏連續性校正(Yates' correction for continuity)，所得卡方值會比原來卡方值小。尤其是當自由度＝1（2×2表格），而且是小樣本(n＜20)或期望次數小的情形應使用費雪精確檢定(Fisher's exact test)。

　　此外，卡方檢定有一個很重要的限制條件，那就是若樣本數由 100 增加為 500，且在各組之次數依比例（5 倍）加大，則 χ^2 值將增大 5 倍。因此可知，若樣本數增加，將使 χ^2 值加大，而 χ^2 值變大，則易於拒絕 H_0。換言之，當樣本數非常大時，χ^2 檢定結果總是接受 H_1，結果並不可靠，因為 χ^2 值受樣本數大小的影響。

習 題　　　　　　　　　　　　　　　　　　　　　EXERCISE

1. 設下列為某校小學一年級學童（共 120 位）之體重記錄（單位：公斤），請以 $\alpha = 0.05$ 檢定此體重之分布是否符合平均 $= 25$，標準偏差 $= 3$ 之常態分布。

體重	人數
$X < 16$	0
$16 \leq X < 19$	5
$19 \leq X < 22$	14
$22 \leq X < 25$	28
$25 \leq X < 28$	43
$28 \leq X < 31$	25
$31 \leq X < 34$	4
$X \geq 34$	1
總數	120

2. 某研究以問卷方式調查男女顧客對 Samsung 新款手機的喜好意見，200 名男女顧客的意見結果如下表，問男女生對此新款手機的喜好是否一致？（$\alpha = 0.01$）

	男生	女生
喜歡	54	36
不喜歡	38	72

3. 為檢測不同灌溉方式對水稻葉片衰老的影響，收集到下表中的資料，問葉片衰老是否與灌溉方式有關。（$\alpha = 0.05$）

灌溉方式	綠葉數	黃葉數	枯葉數
深水	146	7	7
淺水	183	9	13
濕潤	152	14	16

4. 探討三種治療乳牛乳房炎藥膏之療效有無差異，100 頭罹患臨床性乳房炎乳牛之治療結果如下表，試問此三種藥膏之療效有無差異？($\alpha = 0.05$)

藥膏	A	B	C
沒改善	5	10	15
效果佳	25	20	25

5. 某畜產品公司進行傳統式與新開發養生藥膳香腸之顧客喜好度調查，結果如下表，試比較兩種香腸之受歡迎程度是否相同。($\alpha = 0.05$)

	傳統式	養生香腸
喜歡	2	5
不喜歡	2	8

6. 適合（符合）性檢定：

有某農藥商宣稱其新出品的殺蟲劑之殺蟲效率為 90%，今對 200 隻昆蟲實驗，結果有 160 隻死亡，試問測試結果是否與該藥商所宣稱效率符合？($\alpha = 0.05$)

7. 獨立性檢定：

欲檢定某種魚大小與棲息環境對於分布情況影響是否相關($\alpha = 0.05$)？今從屏東某溪之沙岸、軟石岸及沿岸採集魚依大小分類，其結果如下：

體長(cm)	沙岸	軟石岸	沿岸
<2.0	7	15	12
2.0~3.0	42	60	27
3.0~4.0	15	8	14

8. 有一研究者調查一柳杉林(n = 421)不同樹高級的株數分布，試以卡方檢定其是否符合常態分布？(α = 1%)

樹高級	7.5~8.5	8.5~9.5	9.5~10.5	10.5~11.5	11.5~12.5	12.5~13.5
中間值	8	9	10	11	12	13
實測株數	2	4	28	61	71	90
樹高級	13.5~14.5	14.5~15.5	15.5~16.5	16.5~17.5	17.5~18.5	
中間值	14	15	16	17	18	
實測株數	70	62	27	5	1	

9. 四種林木種子經過發芽試驗後結果如下表，試問四種林木種子的發芽率是否相同？(α = 1%)

樹種	甲	乙	丙	丁	總和
發芽種子數目	56	72	78	124	330
不發芽種子數目	44	28	22	76	170
實測株數	100	100	100	200	500

10. 檢驗某野生果蠅族群發現兩個特徵分別各由一個基因座(locus)上的基因所控制，其中每一基因座有兩個對偶基因(alleles)。檢查果蠅族群中 50 個個體共 100 股 DNA 發現兩個基因座的四種排列組合的頻率如下，試問這兩個特徵之間是否符合孟德爾遺傳獨立分配率[是否有連鎖效應(linkage)] (α = 0.05)？

	A	a	Total
B	22	38	60
b	8	32	40
Total	30	70	100

11. 假設某植物花的顏色由一基因座上的對偶基因(W, w)決定，WW 為白，Ww 為粉紅，ww 為紅，將粉紅花雜交（Ww 與 Ww 雜交）後得到的 90 種子，種植後 90 株玫瑰開花，白花有 22 株，52 株為粉紅，16 株開紅花，請問這樣的結果有沒有偏離哈溫定律(Hardy-Weinberg equilibrium)所預測的結果？(α = 0.05)

12. 植物遺傳學家於百合花雜交組合（紅花×白花）F_2 後代中調查各花色植株數量如下：紅花 185 株，粉紅花 420 株，白花 195 株，試問此結果是否符合 1：2：1 之預期。（$\alpha = 0.05$）

13. 農藥商之調查田間噴施三種不同的殺菌劑抑制植株感病之效果如下：

效果 ＼ 藥品	A	B	C
感病	12	7	3
不感病	213	113	97

　　試問此三種藥劑抑菌效果是否相同？（$\alpha = 0.05$）

14. 果樹專家欲了解樹齡與品種間著果數之關係，田間取樣調查枝條結果數如下：

樹齡（年）＼ 品種	A	B	C
0~5	38	26	10
5~10	75	63	49
10~15	57	21	11

　　試問，此二因素是否有關（$\alpha = 0.05$）？

15. 育種家調查某抗蟲品系(A)與感染品種(B)雜交之 F_2 世代植株結果如下：

感染率	0~20%	20~40%	40~60%	60~80%	80~100%
棵數	35	185	320	220	40

　　試問此結果是否符合 1：4：6：4：1 之預期？（$\alpha = 0.05$）

16. 三種食品包裝經過問卷調查後結果如下表，試問消費者對於三種食品包裝的喜好程度是否相同？（$\alpha = 0.01$）

食品包裝品牌	P 牌	O 牌	H 牌
喜歡	5	10	15
不喜歡	25	20	25

17. 動物保護專家欲了解臺灣獼猴的年齡與棲息地間活動數量之關係，野地取樣調查結果如下：試問，此二因素是否有關（$\alpha = 0.05$）？

棲息地 年齡（年）	A	B
0~5	38	26
5~10	75	63

18. 超市欲了解顧客對草莓、水蜜桃與原味三種口味優酪乳的喜好是否相同，上週調查發現分別賣出 116 盒草莓，110 盒水蜜桃與 74 盒原味優酪乳。試在顯著水準 5%下，檢定顧客對三種口味優酪乳喜好是否相同？

19. 蘋果公司手機新機種 iPhone 7 系列暢銷全球，某門市銷售記錄顯示男性購買銀、灰與金三色分別有 40、80 與 30 位；而女性則有 50、30 與 70 位。在顯著水準 5%下，檢定消費者性別與手機顏色選購是否有關？

20. 林木褐根腐病之感染率實驗，共 270 株健康林木中隨機選取 120 株接受藥劑處理，剩餘 150 株則無施藥，經三個月後調查其感染狀況如下表：

	褐根腐病	
	無感染	感染
施藥	105	15
未施藥	110	40

試問林木褐根腐病之感染率是否與施用藥劑具相關性？（$\alpha = 0.05$）

21. 防檢局為了了解不同年齡層的農民對推動植物醫生的看法，對 100 位青農與老農模範農民對「贊成」與「反對」的意見如下表，請問此問題的意見與農民年齡層兩個因子之間是否獨立？（$\alpha = 0.05$）：

年齡層／意見	反對	贊成
青農	16	24
老農	44	16

22. 以新研發乳牛乳房炎藥膏治療 80 頭初產與 100 頭經產罹病程度相同之荷蘭泌乳牛，分別有 34 與 56 頭治癒。在顯著水準 5%下，檢定該乳房炎藥膏對初產與經產荷蘭泌乳牛之療效是否相同。

23. 假設下表為 100 位男女學生是否害怕蛇類的調查結果，試檢定學生害怕蛇類的情況是否隨男女性別而有所不同？其 P 值為何？($\alpha = 0.01$)：

性別	害怕	不害怕	合計次數
男	20	24	44
女	44	12	56
合計次數	64	36	100

24. 松材線蟲之防治實驗，健康林木中隨機選取接受 A、B、C 藥劑處理，三個月後調查其感染狀況如下表。感染狀況是否與施用藥劑種類有相關？($\alpha = 0.05$)

藥劑	無感染	感染
A 藥	80	20
B 藥	60	40
C 藥	55	50

CHAPTER 11

F 分布及變異數分析

林汶鑫、林素汝
國立屏東科技大學農園生產系

BIOSTATISTICS

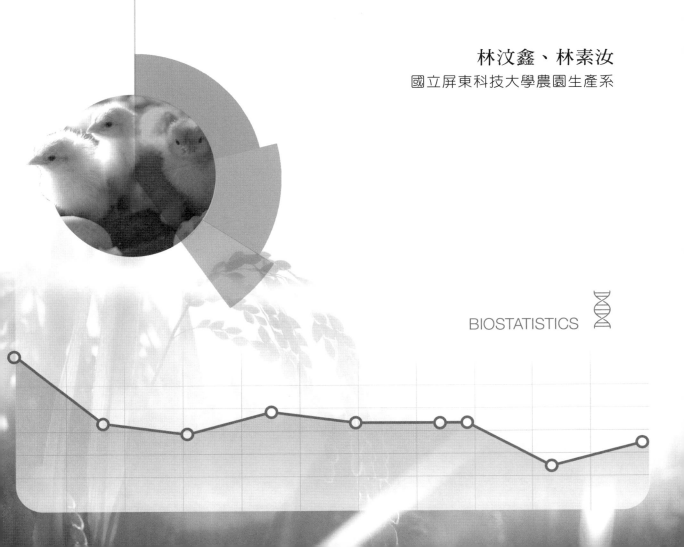

 一　F 分布(F-distribution)　

在常態分布二個族群的比較中主要是利用平均值間差異性之比較（ z 檢定或 t 檢定）。然而，對於二個族群間彼此變異數是否相等往往是影響選取何種比較模式以檢測此二族群是否能有顯著差異之重要決定因子。因此，二族群變異數的相等性與否是一個統計學上討論之重要議題。如果第一族群變異數(σ_1^2)等於第二族群變異數(σ_2^2)時，二者之比值 $\sigma_1^2 / \sigma_2^2 = 1$。此比值稱為 F 值， $F = \sigma_1^2 / \sigma_2^2$。但往往在二族群之比較中，我們僅能分別抽取 n_1，及 n_2 的樣本，而個別樣本的變異數為 s_1^2 / s_2^2。

以 $F = s_1^2 / s_2^2$ 代表上述族群之相等性比較時，各樣本的個體不同，其均方也不同，因此 F 值之比較中就無法如族群僅有單一理論值 $(F = 1)$，而產生 $C_{n_1}^{N_1} \times C_{n_2}^{N_2}$ 個 F 值。由這些 F 值整理之次數分布表所製出之次數分布即為 F 分布(F-distribusion)（如附錄六）。F 分布包含二族群之個別自由度（ df_1 及 df_2 ），其中 df_1 為分子的自由度， df_2 為分母自由度。F 分布曲線如下圖：

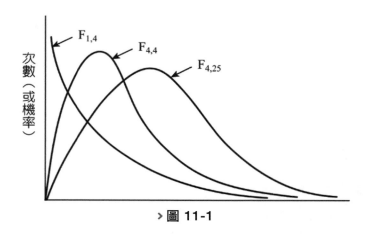

> 圖 11-1

F 值由 $0 \sim \infty$。一般在實際比較中，常把較大變異數之族群置於分子，較小變異數置於分母，且依其分布值為右偏斜(skew to the right)狀態，近原點(0)處，於 $\alpha = 0.05$ 或 0.01 雙尾檢定時極為接近且 F 值很小，因此慣例上 F 檢定均採單尾檢定。

二　二族群變異數相等性之檢定

當二族群變異數未知時，比較其變異數是否相等之檢定如下：

1. H_0：$\sigma_1^2 = \sigma_2^2$。

2. H_1：$\sigma_1^2 > \sigma_2^2$ or（$\sigma_1^2 < \sigma_2^2$）（需視樣本變異數之大小於決定對立假設之大小於符號）。

3. 依據 $\alpha = (0.05\text{ or }0.01)$選擇臨界值。

4. 以個別樣本變異數取代（$s_1^2 \to \sigma_1^2$，$s_2^2 \to \sigma_2^2$），$F = s_1^2 / s_2^2$（較大之樣本變異數置於分子）。

5. 檢定之理論 F 值 F_{α, df_1, df_2}。

6. 若 $F > F_{\alpha, df_1, df_2}$ 則二族群變異數不等；$F < F_{\alpha, df_1, df_2}$ 則二族群變異數相等。

例：某工廠有新舊二生產線，要測試二生產線產品每日數量之變異是否相等，由此二生產線每日產能報表中抽取資料如下：

1. 新線：38, 36, 42, 38, 36, 39, 41, 41, 39, 40。

2. 舊線：36, 32, 41, 37, 39, 44, 38, 32, 34, 35。

　　$s_1^2 = 4.2222$　，　$F = 3.5158$

　　$s_2^2 = 14.8444$

　　當 $\alpha = 0.05$ 時，　$F_{0.05, 9, 9} = 3.1789$

　　$F > F_{0.05, 9, 9}$

故接受二族群變異數不等的假設。

在生物統計資料的實際應用上，F－檢定可用於二族群平均值比較前先證明二族群之變異數相等與否，再進一步選定適當之 t－檢定模式。另外，F 值為二變異數之比值即代表二個族群之平均變動量，如此可比較孰大孰小，在生物產業上可用於代表品質管制適當與否之指標，變異大者為品管差，變異小則品管優良。

三　變異數分析(ANOVA：analysis of variance)

F 檢定另一個好處即在於可以隨時測試任二種變異數是否相等。在此較不同族群的均值是否相等時，如果族群數超過二個以上時，前述二族群間比較測驗：Z 檢定及 t -檢定就無法應付自如，而得重複多次之二族群比較。但是，如果把所有族群合併以一共同標準比較時則產生兩種層次的族群構造，一個是合併各族群後之整體，另一個則是原有個別族群。而合併後之大族群之平方和為所有個別族群內個別抽樣樣本與合併之大族群平均值之總體差異組成〔 $\sum_{i=1}^{m}\sum_{j=1}^{n}(x_{ij}-\bar{x}..)^2$ 〕，其中 i 為各別族群 $(1 \rightarrow m)$ 代號，j 代表個別族群內之個別個體樣本 $(1 \rightarrow n)$ ，$\bar{x}..$ 則為總體平均值。此平方和可以被劃分為個別族群內之平方和之總計（即由個別族群內之樣本與其平均值之差異平方和所組成）〔 $\sum_{i=1}^{m}\sum_{j=1}^{n}(x_{ij}-\bar{x}_{i}.)^2$ 〕，（ $\bar{x}_{i}.$ 為個別族群之平均值），與個別族群間平方和總計（即由個別族群之平均值與總體平均值之差異平均和組成） $\sum_{i=1}^{m}\sum_{j=1}^{n}(\bar{x}_{i}.-\bar{x}..)^2$ 。此種劃分總變異之組成至不同變異來源之方式即稱為變異數分析(analysis of variance, ANOVA)。此時可以利用個別族群間之變異與族群內變異比值（ F 測驗）決定族群平均是否相等。上述變異數分析法乃是利用幾個族群之合併，以總平均值為中央軸線而比較個別族群於此輻線上不同之位置差異，如此即可以檢定三個或三個以上族群平均是否相等，而其虛無假設則為 $H_0 : \mu_1 = \mu_2 = \cdots\cdots = \mu_m$ ，對立假設為 H_1 ：至少任二族群間有顯著差異存在。

下列二圖例即為接受 H_0 或接受 H_1 之例證。

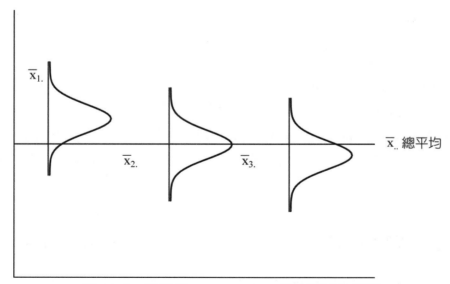

> 圖 11-2　接受 $H_0 : \mu_1 = \mu_2 = \mu_3$ ，三族群平均相等

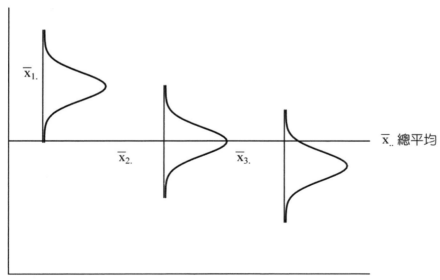

> 圖 11-3　接受 H_1，至少二族群間有顯著差異

　　當三個族群皆在總平均軸附近時，各族群間重疊部分多，而無法明顯區別差異（圖 11-2）時即接受 H_0。當三個族群中至少二個族群($\overline{x}_1.$ vs $\overline{x}_3.$)其重疊極少時，可顯出差異（圖 11-3）時即接受 H_1。

　　在實際科學上或實驗上之利用，往往將不同之處理方式加於生物個體而產生不同樣本集團（族群），再比較處理間所產生之差異即可利用上述之變異數分析法而證明平均值間之相等性，因此往往將族群平均值與總平均值間之差異稱為處理變異。而個別族群內之個體與平均值之差異稱為誤差變異。如此，總變異即可劃分為處理變異與誤差變異。將上述之平方和 $\sum\limits_{i=1}^{m}\sum\limits_{j=1}^{n}(\overline{x}_i. - \overline{x}..)$ 及 $\sum\limits_{i=1}^{m}\sum\limits_{j=1}^{n}(x_{ij} - \overline{x}_i.)^2$ 分別除以各自由度可得處理均方(mean square of treatment, MSt)和誤差均方(mean square of error, MSE)，再求得此二均方之比值（F－值），參照不同機率（ $\alpha = 0.05$ 或 0.01）下，F分布值即可接受或棄卻擬說。此種分析方式之資料形式，總體分析架構[變異數分析表(ANOVA table)]及檢定模式如下所示：

（一）資料形式

若有 m 個族群，每個族群均有 n 個重複個體。

	1	2	…	m
1	X_{11}	X_{21}		X_{m1}
2	X_{12}	X_{22}		X_{m2}
:				
n	X_{1n}	X_{2n}		X_{mn}
平均	$\bar{X}_{1.}$	$\bar{X}_{2.}$		$\bar{X}_{m.}$

總平均 $$\bar{x}.. = \frac{\sum\limits_{i=1}^{m}\sum\limits_{j=1}^{n} x_{ij}}{mn}$$

利用實驗取得資料可建立變異數分析(analysis of variance)表，簡稱為 ANOVA 表（表 11-1）。

| 表 11-1 | ANOVA 表

變異來源 Sources of Variation	平方和 Sum of Squares	自由度 Degree of Freedom	均方 Mean Square	F 值
處理 Treatment	SSt	m−1 (df₁)	MSt=SSt / df₁	MSt / MSE
誤差 Error	SSE	m(n − 1) (df₂)	MSE=SSE / df₂	
總變異 Total	SST	mn − 1		

$$SSt = \sum\sum (\bar{x}_{i.} - \bar{x}..)^2 \ , \ SST = \sum\sum (x_{ij} - \bar{x}..)^2 \ , \ SSE = SST - SSt$$

（二）多個處理（族群）平均數相等之檢定

1. $H_0 : \mu_1 = \mu_2 = \cdots = \mu_m$ （ m 個族群平均無顯著差異）。

2. $H_1 : \mu_i \neq \mu_j$ （m 個族群平均中至少有兩個平均值間有顯著差異）。

3. $\alpha \to F_{\alpha, df_1, df_2}$ 。

4. $F = MSt / MSE$ 。

5. 若 $F > F_{\alpha, df_1, df_2}$ 則拒絕 H_0 支持 H_1。

6. 根據題意下結論。

例題 11-1

　　今有 A、B、C 三種奶粉，每種隨機取四罐，分別測定其蛋白質含量如下，試比較三種奶粉之蛋白質含量有無差異。($\alpha = 0.05$)

解

1. 先算出各處理的平均及總平均 A 奶粉平均=16，B 奶粉平均 =17，C 奶粉平均 = 21，總平均 =18。

奶粉 重複	A	B	C
1	17	19	20
2	18	18	23
3	15	16	21
4	14	15	20

2. 計算 SST，SSt，SSE：

$$SST = \sum_{i=1}^{3}\sum_{j=1}^{4}\left(x_{ij} - \overline{x}..\right)^2 = (17-18)^2 + (18-18)^2 \ldots\ldots + (20-18)^2 = 82$$

$$SSt = \sum_{i=1}^{3}\sum_{j=1}^{4}(\overline{x}_i. - \overline{x}..)^2 = n\sum_{i=1}^{3}(\overline{x}_i. - \overline{x}..)^2$$

$$= 4\times(16-18)^2 + 4\times(17-18)^2 + 4\times(21-18)^2 = 56$$

$$SSE = SST - SSt = 82 - 56 = 26$$

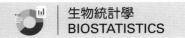
3. 建立 ANOVA 表：

變源	SS	自由度	MS	F
奶粉間	56	2	28	9.692308
誤差	26	9	2.888889	
總變異	82	11		

4. 計算 MSt、MSE 及 F 值：

$MSt = SSt / df_1 = 56 / 2 = 28$

$MSE = SSE / df_2 = 26 / 9 = 2.888889$

$F = MSt / MSE = 28 / 2.888889 = 9.6923$

5. 做檢定及結論：

因為 $F = 9.6923 > F_{0.05,2,9} = 4.26$，所以拒絕 H_0，表示在 $\alpha = 0.05$ 情形下三種奶粉蛋白質含量至少有二種具顯著差異。

（三）處理間平均值比較

1. ANOVA 分析的結果只提供處理間是否有顯著差異的結論，若結論為無差異，那就表示各處理平均皆沒有顯著差異。

2. 若結論為有顯著差異，到底差異是在哪些處理間並無結論，還需要進一步做檢定以確認不同族群間之差異性，最簡易的比較是利用最小顯著差異法(least significant difference, LSD)。

$$LSD = t_{\frac{\alpha}{2}, df_2} \sqrt{MSE(1 / n_i + 1 / n_j)}$$

α 為顯著水準，df_2 為誤差自由度，MSE 為 Mean Square of Error，n_i 與 n_j 為 i 與 j 處理的重複個數。

3. 任兩處理間的平均值差異要大於 LSD 值，才表示此兩種處理間有顯著差異，否則此兩種處理間無顯著差異。可據此將不同處理平均值間之差異進行不同組合比較，即可明確分辨不同族群平均值間之關係。

（四）處理間平均值比較例題

因上題三種奶粉之蛋白質含量經 ANOVA 分析顯示有顯著差異，利用 LSD 法來比較處理間的差異。

$\alpha = 0.05$ ， $t_{0.025,9} = 2.262$ ， $n_1 = n_2 = n_3 = 4$ （各個處理的重複個數 = 4），所以：

$$LSD = t_{\frac{\alpha}{2},df_2} \sqrt{MSE(1/n_i + 1/n_j)}$$

$$= t_{\frac{\alpha}{2},df_2} \sqrt{\frac{2MSE}{4}} = 2.262 \times \sqrt{\frac{2 \times 2.888889}{4}} = 2.72$$

$\begin{cases} \text{A、B 間差異}|16-17|=1<2.72 \text{ 無顯著差異。} \\ \text{B、C 間差異}|17-21|=4>2.72 \text{ 有顯著差異。} \\ \text{A、C 間差異}|16-21|=5>2.72 \text{ 有顯著差異。} \end{cases}$

例題 11-2 完成 ANOVA 表

有一試驗有三種處理，得下列變異數分析表的部分資料，請完成此 ANOVA 表，並檢定三種處理是否有顯著差異。（$\alpha = 0.05$）

變源	SS	自由度	MS	F
處理間	0.003053	df_1	MSt	
誤差	SSE	df_2	MSE	
總變異	0.0213	11		

解

誤差變異平方和(SSE) = 總變異平方和(SST) — 處理間變異平方和(SSE)
$= 0.0213 - 0.003053 = 0.018247$ 。
處理自由度 $(df_1) = 3 - 1 = 2$ 。
誤差自由度 $(df_2) = 11 - 2 = 9$ 。
處理變異均方(MSt) = SSt / df_1 = 0.003053 / 2 = 0.001527 。
誤差變異均方(MSE) = SSE / df_2 = 0.018247 / 9 = 0.002027 。
F 值 = MSt / MSE = 0.001527 / 0.002027 = 0.753 。

變源	SS	自由度	MS	F
處理間	0.003053	2	0.001527	0.753
誤差	0.018247	9	0.002027	
總變異	0.0213	11		

檢定方法：

1. H_0：三種處理沒有顯著差異（$\mu_1 = \mu_2 = \mu_3$）。

2. H_1：三種處理其中至少有二種具顯著差異（$\mu_i \neq \mu_j$）。

3. $\alpha = 0.05 \rightarrow F_{0.05,\ 2,9} = 4.2565$

4. F 檢定統計量 $= 0.753$。

5. 將檢定統計量與臨界值比較，因 $0.753 < 4.2565$，故無法拒絕 H_0。

6. 下結論，在顯著水準 $= 0.05$ 情形下，三種處理沒有顯著差異。

例題 11-3 飼料的營養價值

設今有 A、B、C、D 四種飼料，飼養 16 頭羊，以隨機方式分別以四種飼料飼養，各飼養 4 隻，三個月後其增重（公斤）如下表，試比較四種飼料之營養價值有否差異。（$\alpha = 0.05$）

飼料	A	B	C	D
1	47	50	57	54
2	52	54	53	65
3	62	67	69	74
4	51	57	57	59

解

故本題 ANOVA 表如下：

變源	SS	自由度	MS	F
飼料間	208	3	69.33333	1.287926
誤差	646	12	53.83333	
總變異	854	15		

檢定方法：

1. H_0：四種飼料之營養價值沒有差異($\mu_1 = \mu_2 = \mu_3 = \mu_4$)。

2. H_1：四種飼料間至少有二種之營養價值有顯著差異($\mu_i \neq \mu_j$)。

3. $\alpha = 0.05 \rightarrow F_{0.05,\,3,12} = 3.4903$

4. F 檢定統計量 $= 1.2879$。

5. 將檢定統計量與臨界值比較，因 $1.2879 < 3.4903$，故無法拒絕 H_0。

6. 下結論：在顯著水準 $= 0.05$ 情形下，四種飼料之營養價值沒有顯著差異。

例題 11-4　銷售量是否相等的檢定

市場調查飲料口味不同，其銷售量是否有別，在某地區同一飲料有 3 種不同口味，今隨機調查各口味每日銷售量如下（單位：打），試比較消費者對不同口味的飲料喜好是否有顯著差異，若有顯著差異則請進一步以 LSD 找出顯著差異在哪些口味間。($\alpha = 0.1$)

橘子口味	草莓口味	檸檬口味
10.3	11.2	13.5
10.2	12.3	12.6
9.7	11.2	10.8
8.5	11.1	12.2
10.6	10.5	13.3
9.2	9.9	
11.2		

解

本題 ANOVA 表如下：

變源	SS	自由度	MS	F
不同口味間	18.56652	2	9.283262	10.91423
誤差	12.75848	15	0.850565	
總變異	31.325	17		

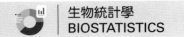
檢定方法：

1. H_0：消費者對不同口味的飲料喜好沒有顯著差異($\mu_1 = \mu_2 = \mu_3$)。

2. H_1：消費者對不同口味的飲料喜好有顯著差異($\mu_i \neq \mu_j$)。

3. $\alpha = 0.1 \rightarrow F_{0.1,2,15} = 2.6952$

4. F 檢定統計量 $= 10.91423$。

5. 將檢定統計量與臨界值比較，因 $10.91423 > 2.6952$，故拒絕 H_0。

6. 下結論，在顯著水準 $\alpha = 0.1$ 情形下，消費者對不同口味的飲料喜好有顯著差異。

　　因有顯著差異，所以計算 LSD 值

$$LSD = t_{\frac{\alpha}{2}, df2} \sqrt{MSE(\frac{1}{n_i} + \frac{1}{n_j})}$$

$t_{0.05,15} = 1.753$

$MSE = 0.850565$

n（橘子口味）$= 7$、n（草莓口味）$= 6$、n（檸檬口味）$= 5$

不同口味	橘子口味	草莓口味	檸檬口味
1	10.3	11.2	13.5
2	10.2	12.3	12.6
3	9.7	11.2	10.8
4	8.5	11.1	12.2
5	10.6	10.5	13.3
6	9.2	9.9	
7	11.2		
平均值	9.96	11.03	12.48

各口味每日銷售量差異值：

　　橘子　vs.　草莓　　1.07　　> LSD = 0.899488

　　草莓　vs.　檸檬　　1.45　　> LSD = 0.979003

　　橘子　vs.　檸檬　　2.52　　> LSD = 0.946684

因此三種口味相互間都有顯著差異。

習題

1. 依據下面的變異數分析表，問：

變源	自由度	SS	MS	F
處理間	(a)	(b)	17	(e)
誤差	10	(c)	(d)	
總變異	13	81		

(1) 完成變異數分析表，請寫出(a)~(e)的數值？

(2) 此試驗共有幾種處理？

(3) 在 $\alpha = 0.1$，$\alpha = 0.05$，$\alpha = 0.01$情形下分別檢定處理間是否有顯著差異？

2. 某醫生欲研究某藥劑之劑量不同是否會影響老鼠血壓變化，今共有 17 隻白老鼠隨機分配 3 種劑量，測得血壓記錄如下，試以 $\alpha = 0.1$ 及 0.05 檢驗劑量不同是否會影響老鼠血壓差異？若變異數分析結果，F 值達到顯著水準（依 α 值），請以 LSD 法比較各劑量間的差異。

5mg	10mg	15mg
85	89	90
92	90	85
90	88	89
93	91	82
82	94	83
－	88	82

3. 今有五種大豆品種進行產量比較試驗，每品種重複 4 次，故共有 20 個試區，各品種隨機分配於試區，各區得到下列收穫量（單位：公斤），請以 $\alpha = 0.05$ 檢定 5 品種產量是否有顯著差異。若變異數分析結果，F 值達到顯著水準（$\alpha = 0.05$），請以 LSD 法比較各品種間的差異。

品種 1	品種 2	品種 3	品種 4	品種 5
8.5	10.6	6.4	5.4	8.2
7.9	9.6	7.3	6.4	8.8
7.5	10.6	6.8	4.0	9.2
7.5	9.1	7.8	7.0	8.1

4. 請比較下列二品種牧草之草產量變異程度，結果如下：

提示列出：(1) 假設檢定之虛擬與對立假設。

(2) 定顯著水準。

(3) 哪一個草種之整齊度較高，試作出結論。

品種	單位：公斤			
L1	4.0	3.5	3.2	3.8
L2	4.4	4.8	3.2	4.5

5. 下列為四種乳牛日糧（A、B、C 與 D）對荷蘭乳牛日泌乳量(kg)之影響研究記錄：

A	B	C	D
22.1	21.4	16.4	26.2
20.4	25.6	17.8	22.9
19.5	23.0	19.0	24.7
21.4	22.9	18.5	21.3
21.5	23.4	16.4	21.9

試檢測四種日糧對荷蘭乳牛日產乳量是否有不同影響($\alpha = 0.01$)？

列出：(1) 假設檢定之虛擬與對立假設。

(2) 定顯著水準。

(3) 應用適合統計量檢定。

(4) 建立變方分析表。

(5) 作出結論。

6. 下表為以四種不同飼料養成之魚苗體重(mg)，試檢定其間之差異。($\alpha = 0.01$)

飼料養成			
第一種	第二種	第三種	第四種
75	65	55	60
84	67	58	62
70	58	70	58
80	78	68	64
—	73	66	55
—	—	60	55
—	—	63	—

7. 用三種不同方式處理種子，試問不同處理會不會影響發芽時間（小時）？
（$\alpha = 0.05$）

處理 A	99	100	98	102
處理 B	101	102	100	100
處理 C	102	104	104	107

8. 有三種促銷方法，試問檢試結果會不會影響竹炭產品的銷售額（千元）？
（$\alpha = 0.05$）

廣告	22	20	22	24
直銷	29	25	24	26
贈品	36	31	34	31

9. 為檢驗稻草與木屑飼養獨角仙幼蟲的效果，設計一實驗，5 個稻草及 5 個木屑飼養箱，各放入同一窩獨角仙幼蟲 10 隻，一個月後觀察其存活率：5 個稻草飼養箱分別為 4、5、4、7、5；5 個木屑飼養箱分別為 6、8、9、7、5；試檢驗兩種基質的效果有無明顯($\alpha = 0.05$)差異？
   (1) 以 F-test 檢定。
   (2) 以 t-test 檢定。
   (3) 比較 F 值與 t^2 值，說明兩值之關係。

10. 從後山三個地方中各抽樣等大 5 個方格面積調查青蛙的密度，其結果如下表。以 F-test 檢驗這 3 個地方青蛙的密度是否有明顯的不同？（$\alpha = 0.05$）

	Site 1	Site 2	Site 3	
1	3	9	1	
2	7	12	2	
3	7	11	6	k = 3
4	6	8	4	n = 5
5	2	5	7	

11. 抽樣調查兩個文心蘭切花生產場同一品種花梗長度(cm)如下。

A 場	105	110	105	95	85	90	110	100	120
B 場	85	90	120	95	110	75	95	80	70

(1) 試問此二場之花梗長度變異數是否相等？（$\alpha = 0.05$）

(2) 試測試此二場平均之花梗長是否相等？（$\alpha = 0.05$）

12. 以三種不同濃度之激勃素(GA)各為 5、10、15ppm 於 MS 基本培養基中以測試其對金線蓮繼代生長，莖節成長之效果，於一個月後調查其莖長(cm)結果如下：

處理 ＼ 瓶號	1	2	3	4	5
GA 5ppm	3.5	3.0	4.0	4.5	3.5
GA 10ppm	5.0	4.5	4.0	4.0	4.5
GA 15ppm	5.5	6.5	6.5	6.0	5.0

試問：　(1) 此三種處理間是否具顯著差異呢？（$\alpha = 0.01$）

(2) 利用最小顯著差異(LSD)比較其平均值，何者表現最差？何者最佳？（$\alpha = 0.01$）

13. (1) 完成下列變方分析表，(a)~(e)的數值為何？

變異來源	自由度	平方和	均方	F－值
處理	3	(b)	(c)	(e)
誤差	(a)	260.87	(d)	
總變異	15	635.02		

(2) 測試此試驗各處理間是否差異顯著？（$\alpha = 0.05$）

14. 以不同割刈高度處理小馬唐草以測試對其草坪覆蓋率(%)之影響經 6 週後調查其結果如下：

割刈高度 ＼ 試區	1	2	3	4
0.5cm	30	35	35	40
1.0cm	45	40	40	45
1.5cm	55	45	50	55
2.0cm	60	65	55	55

試問：　(1) 各割刈處理之間是否使草坪覆蓋率具顯著差異存在？（$\alpha = 0.05$）

(2) 以 LSD 表示各處理間之差異性，並推薦最利於增加覆蓋之處理（$\alpha = 0.05$）

15. 以下為一原住民鄉之男女月收入：

男	女
$n_1 = 14$	$n_2 = 16$
$\overline{X}_1 = 19,800$	$\overline{X}_2 = 19,300$
$S_1^2 = 1,000$	$S_2^2 = 1,400$

試檢定男女之族群變異數是否相等？（$\alpha = 0.05$）

16. 某研究者欲了解以泥炭土與混合木屑為栽培基質對於十字花科蔬菜育苗栽培之差異。因此以結球白菜為標的作物，分別在以泥炭土與混合木屑為栽培基質進行比較試驗。在播種 25 天後，分別在使用泥炭土與混合木屑的育苗穴盤中，隨機調查五株種苗之植株高度(cm)。分別為：泥炭土：7、8、7、10、8；混合木屑：9、11、12、10、8。試分別利用下列兩種檢定方法，檢驗兩種栽培基質的效果是否有顯著差異（$\alpha = 0.05$），並比較其異同。

    (1) 以變異數分析(ANOVA)進行檢定。

    (2) 在變異數相等的假設下進行 t 檢定。

17. 一名營養專家想要了解三種不同的減肥餐的減肥功效。今隨機選出 21 名志願參加研究的人員，並隨機的將他們分為三組，並讓每一組採用一種減肥餐。試驗開始前先行測量此 21 名志願者的體重，一個月後再測量一次這些人的體重，並記錄他們減輕的重量，如下表：

志願者編號 減肥餐別	1	2	3	4	5	6	7
A	15	8	17	7	26	12	8
B	11	16	9	16	24	20	19
C	9	17	11	8	15	6	14

試問三種不同的減肥餐的減肥功效是否有顯著差異（$\alpha = 0.05$）？

18. 探討甘露聚寡醣不同添加量對豬隻增重之影響，結果如下表：

添加量，ppm	日增重，gm/day				
5	610	620	600	630	–
10	640	620	610	–	–
20	620	600	630	640	670

在 $\alpha = 0.05$ 下，以變異數分析法檢測三種不同添加量對生長期豬隻日增重有無差異？

19. 調查三個不同品種山羊每日泌乳量記錄，如下表：

品種	泌乳量(kg/day)						
阿爾拜因	1.95	2.04	1.87	1.67	1.95	1.64	1.93
撒能	1.67	1.87	1.59	1.68	1.86	1.87	2.15
努比亞	1.21	1.46	1.42	0.84	0.75	0.97	1.03

在 $\alpha = 0.05$ 下，三個不同山羊品種每日泌乳量是否有顯著不同？

20. 三種 25 年生之針葉樹其胸高直徑資料如下表，請問三樹種之胸高直徑是否無顯著差異？($\alpha = 0.05$)

胸高直徑(DBH) cm		
放射松	花旗松	鐵杉
40	30	38
45	25	35
42	32	26
40	24	34
38	28	28
41	31	35
49	30	36
45	30	37
44	30	29
48	26	28
45	25	28
46	24	30
45	24	34

21. 2019 年某研究生以三種網目大小掃網，每次所捕獲的秋行軍蟲成蟲，重量如下表，假設此三組樣本資料所來自的族群為常態分布、且變異數皆相同性質，(1)請以 α＝0.05 檢定網目大小對捕獲重量有無影響？(2)若檢定結果有影響，請用 LSD 的事後比較法(Post-hoc)判斷各組平均值間，哪幾組有差異存在。

網目 (mm)	秋行軍蟲重量 (g)			
1	106	120	110	100
3	100	94	118	122
5	87	82	85	90

22. 探討三種肉牛品種公牛一歲齡體重紀錄，如下表：

品種	一歲齡重(kg)				
安格斯	455	434	475	465	440
利木讚	475	486	490	465	470
夏洛萊	502	495	500	490	505

在 α＝0.05 下，三個肉牛品種公牛一歲齡體重是否有顯著不同？

23. 為探討某蛇毒成分之劑量不同是否會影響老鼠血壓變化，今共有 23 隻白老鼠隨機分配 3 種劑量，測得血壓記錄如下，試以 α＝0.01 檢驗劑量不同是否會影響老鼠血壓差異？若變異數分析結果，F 值達到顯著水準，試以 LSD 法比較各劑量間的差異。

1 μg	5 μg	10 μg
93	83	82
92	90	75
91	86	78
94	82	77
95	90	75
96	83	78
94	92	83
92	88	－

24. 三種植物隨機取樣後萃取其精油，回收率(mg/100 g)如下表。請問三種植物精油平均回收率是否顯著差異？($\alpha = 0.05$)

樣本	香茅	薰衣草	肉桂
1	25	16	35
2	20	12	40
3	23	19	22
4	21	21	24

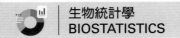

CHAPTER 12

簡單直線回歸及相關

吳立心
國立屏東科技大學植物醫學系

徐敏恭
國立屏東科技大學研究總中心

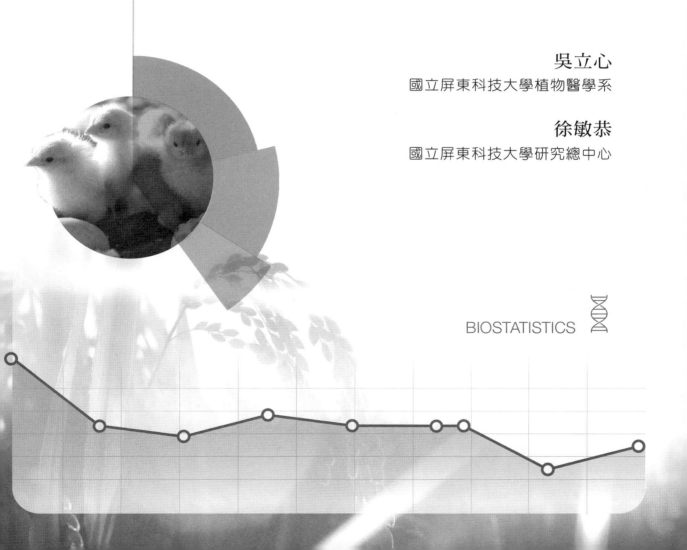

BIOSTATISTICS

一　前言

　　現實生活中，常會被問到兩個現象或事件的發生是否有相對應的關係；例如核子試爆與地震頻率增加是否有關？吸二手菸與肺癌發生的機率是否有關？生命科學研究領域中，常會提問：「當外在環境改變時，生物會有什麼變化？」；意即當某些變數值改變時，其他變數值是否有相對應的改變？例如：畜舍內溫度與濕度的改變動物的採食量或生長量間的關係？魚塭中水溫的變化與魚池內魚的存活率或生長速率間的關係？施肥量多寡與農作物產量的關係為何？抑或當人類降低膳食中鹽分的攝取時，則血壓的改變是如何？隨著年齡增長，血液中膽固醇含量的變化趨勢？

　　生物統計中最常用以探討與分析兩個變數（計量性或可度量的現象）關係的方法為簡單直線回歸(simple linear regression)與簡單直線相關(simple linear correlation)。「回歸(regression)」源自 Francis Galton 爵士進行遺傳研究時，觀察到親子（父親與兒子）身高之關係。兒子們的身高並沒有像父親們身高來得極端，尤其是很高的父親生下很矮的兒子，而矮父親生下高兒子；Galton 爵士稱此種現象為「回歸到平均值(regression toward the mean)」。回歸分析之主要目的在探討反應變數(dependent variable)"y"對獨立變數(independent variable)"x"之直線函數的相關程度。例如動物性成熟前之年齡與體重之函數關係。而相關係數則為測定兩個變數間之直線關係的強度，但無法直接定義出這兩個變數之依附或獨立角色。例如：研究人員可能對動物體高與體重間的關係有興趣，但探討過程中，很清楚的不會將這兩個變數視為有因果關係之變數，反而可能會考慮該兩變數是由其他第三個變數（如年齡、品種、……等）所影響。

二　簡單直線回歸(simple linear regression)

　　研究兩個變數間關係，通常不外有兩個目的，首先希望了解兩者間是否存在著某種關係？若有，則希望能應用其中一個變數來預測另一個變數。例如，觀察到動物在性成熟前的年齡與體重，有著一致性的關係；即體重隨著年齡的增長而增加。因此，如果能找到一個合適的函數（數學式），將年齡與體重之關係串連起來，則未來即可利用年齡預測（解釋）動物的體重；此函數稱回歸函數(regression function)；而此種統計分析則稱回歸分析(regression analysis)。該二變數中，被預測或解釋的變數為反應變數／應變數(response variable)，常以 y

表示；可用來預測或解釋應變數者則稱為獨立變數(independent variable)，常以 x 表示。有時，也稱應變數為依變數(dependent variable)，獨立變數為自變數／解釋變數(explanatory variable)；然而，若當獨立變數與應變數之因果關係確立時，其因果關係的程度可以透過回歸模式進行判定。簡單直線回歸分析之應用主要有兩方面，一為估計兩變數之回歸函數，二為藉由新測定的獨立變數值來預測相對應之應變數預測值。但有時單一個獨立變數無法與應變數有高度相關，則可同時用幾個獨立變數與應變數建立回歸關係，此種稱為複回歸／多重回歸(multiple regression)，此部分不在本章討論範疇內。

（一）簡單直線回歸模式

以一個獨立變數之改變來解釋應變數直線改變之一種回歸，稱為簡單直線回歸。例如：母牛胸圍可用於其體重之預測，目的在建立一個可用胸圍變異解釋體重變異的函數。在這個例子中，胸圍是獨立變數(x)，體重是應變數(y)。如欲估計該函數，則需有樣品母牛群之成對胸圍與體重記錄。

假設變數 x 與 y 之關係為直線，則變數 y 的每一個值(y_i)可用如下直線回歸模式(linear regression model)表示：

$$y_i = \beta_0 + \beta_1 x_i + \varepsilon_i \tag{12-1}$$

式中　　y_i ＝應變數值。

x_i ＝獨立變數值。

β_0 ＝直線模式（函數）之截距(intercept)。

β_1 ＝直線模式（函數）之斜率(slope)。

ε_i ＝隨機誤差（random error，或稱隨機機差）。

其中 β_0 與 β_1 為未知之常數，稱為回歸參數(regression parameters)；β_1 通常被稱為回歸係數(regression coefficient)。在生物的族群中，實際應變數值之變動，通常無法完全由獨立變數值之改變解釋，而尚有未包括於直線模式之不明原因部分；此即稱為隨機誤差（或稱隨機機差）。因此，隨機誤差即指直線模式或方程式未列入考慮之其他因子（通常是未知的），所導致應變數偏離模式之差距；統計學上常以 ε_i 表示，且假設隨機誤差彼此獨立與服從平均值為 0，變異數為 σ^2 之常態分布，意即 $\varepsilon_i \sim^{iid} N(0, \sigma^2)$。例如：動物個體（試驗單位）間、儀器之精密度或環境差異等。一般而言，稱一個包含隨機誤差之數學模式為「統計模式(statistical model)」，而一個可以完全由獨立變數組成之數學方程式來解釋或描述應變數之模式為「確定性模式(deterministic model)」；兩種模式之主要差異即在隨機機差之有無。

若以直線回歸模式(12-1)式表示，則成對的觀測值 (x_1, y_1)、(x_2, y_2)、……、(x_n, y_n)中 x 與 y 的關係，可分別表示如下：

$$y_1 = \beta_0 + \beta_1 x_1 + \varepsilon_1$$
$$y_2 = \beta_0 + \beta_1 x_2 + \varepsilon_2$$
$$\vdots$$
$$y_n = \beta_0 + \beta_1 x_n + \varepsilon_n$$

例題 12-1

假設母雞之年採食量(Y, kg)為體重(X, kg)之直線函數 y = f(x)，其中採食量為依變數(dependent variable)，而體重為自變數(independent variable)，記錄 10 隻母雞採食量與體重如下：

母雞號	1	2	3	4	5	6	7	8	9	10
採食量(Y)	48	51	50	51	55	51	53	54	51	52
體重(X)	2.4	2.6	2.5	2.3	2.8	2.4	2.6	2.6	2.5	2.6

故依(12-1)式可將應變數（10 隻母雞採食量）表示為如下各式：

$$48 = \beta_0 + 2.4\beta_1 + \varepsilon_1$$
$$51 = \beta_0 + 2.6\beta_1 + \varepsilon_2$$
$$50 = \beta_0 + 2.5\beta_1 + \varepsilon_3$$
$$\vdots$$
$$52 = \beta_0 + 2.6\beta_1 + \varepsilon_{10} \tag{12-2}$$

（二）回歸參數估計－最小平方法

因(12-2)式中之回歸參數（β_0 與 β_1）為未知，因此需由收集到的成對樣本資料（如母雞體重與採食量測量值）尋找一組最符合資料分布之（b_0 與 b_1）來取代未知參數（β_0 與 β_1）；此過程即稱為參數估計(estimation of paratmeters)，而（b_0 與 b_1）稱為參數（β_0 與 β_1）之估計量(estimators)。常用於估計回歸模式參數（β_0 與 β_1）之方法為「最小平方法(least squares method)」，而將估計所得（b_0 與 b_1）應用於描述獨立變數與應變數間之直線稱為「回歸線(estimated regression line)」或「適配／擬合線(line of best fit/fitted or estimated line)」；所建立之數學方程式，$\hat{y}_i = b_0 + b_1 x_i$，則稱為「直線回歸預測方程式(predicted linear regression equation)」。應變數(y_i)稱為實測值，$\hat{y}_i$ 則稱為 y_i 之預測值(predicted value)；實測值與預測值之差稱為誤差(error)或殘差(residual)，可表示為：

$$\hat{\varepsilon}_i = e_i = y_i - \hat{y}_i = y_i - (b_0 + b_1 x_i) \ , \ i = 1, 2, \cdots, n$$

應用最小平方法估計 β_0 與 β_1 時，目的在使得殘差平方和，$\sum \hat{\varepsilon}_i^2 = \sum e_i^2 = \sum (y_i - \hat{y}_i)^2$，為最小；意即

$$極小化 \qquad Q = \sum (y_i - \hat{y}_i)^2 = \sum (y_i - b_0 - b_1 x_i)^2 \tag{12-3}$$

欲極小化 Q，需分別對 (12-3) 式中之 b_0 與 b_1 進行一次偏微分 (partial derivatives)，並設各偏微分式為 0，求解 b_0 與 b_1 值，即

$$\begin{cases} \dfrac{\partial Q}{\partial b_0} = \dfrac{\partial [\sum (y_i - b_0 - b_1 x_i)^2]}{\partial b_0} = -2 \sum (y_i - b_0 - b_1 x_i) = 0 \\[3mm] \dfrac{\partial Q}{\partial b_1} = \dfrac{\partial [\sum (y_i - b_0 - b_1 x_i)^2]}{\partial b_1} = -2 \sum (y_i - b_0 - b_1 x_i) x_i = 0 \end{cases} \tag{12-4}$$

將(12-4)式分別移項演化與整理，可得兩個「最小平方正規方程式(least squares normal equations)」如下：

$$\begin{cases} nb_0 + b_1 \sum x_i = \sum y_i \\[2mm] b_0 \sum x_i + b_1 \sum x_i^2 = \sum x_i y_i \end{cases} \tag{12-5}$$

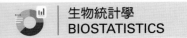

進一步解上述(12-5)式之正規方程式，可得 b_0 與 b_1 解如下：

$$\begin{cases} b_1 = \hat{\beta}_1 = \dfrac{\sum (x_i - \bar{x})(y_i - \bar{y})}{\sum (x_i - \bar{x})^2} = \dfrac{S_{xy}}{S_{xx}} \\[2mm] \quad = \dfrac{\sum x_i y_1 - (\sum x_i \sum y_1)/n}{\sum x^2 - (\sum x_i)^2/n} \\[2mm] b_0 = \hat{\beta}_0 = \bar{y} - b_1 \bar{x} \end{cases} \qquad (12\text{-}6)$$

若將(12-4)式進行二次偏微分，並將(12-6)式之 b_0 與 b_1 值代入所得二次偏微分導式(second derivatives)；若所得為正值，即證實已求得 Q 的最小值。同時，直線回歸預測方程式為：

$$\hat{y} = b_0 + b_1 x \qquad (12\text{-}7)$$

例題 12-2

由例題 12-1 資料，可求得 x 與 y 之平方和（ S_{xx} 與 S_{yy} ）與乘積和(S_{xy})如下：

$$\begin{aligned} S_{xx} &= \sum (x_i - \bar{x})^2 = \sum x_i^2 - (\sum x_i)^2/n \\ &= (2.4)^2 + (2.6)^2 + \cdots + (2.6)^2 - (25.3)^2/10 \\ &= 64.19 - 64.009 = 0.181 \end{aligned}$$

$$\begin{aligned} S_{yy} &= \sum (y_i - \bar{y})^2 = \sum y_i^2 - (\sum y_i)^2/n \\ &= (48)^2 + (51)^2 + \cdots + (52)^2 - (516)^2/10 \\ &= 26{,}662 - 26{,}625.6 = 36.4 \end{aligned}$$

$$\begin{aligned} S_{xy} &= \sum (x_i - \bar{x})(y_i - \bar{y}) = \sum x_i y_i - (\sum x_i)(\sum y_i)/n \\ &= (2.4)(48) + (2.6)(51) + \cdots + (2.6)(52) - (25.3)(516)/10 \\ &= 1{,}307.4 - 1{,}305.48 = 1.92 \end{aligned}$$

回歸係數估計值為

$$b_1 = \hat{\beta}_1 = \frac{S_{xy}}{S_{xx}} = \frac{1.92}{0.181} = 10.608$$

直線回歸預測方程式之截距估值為：

$$b_0 = \hat{\beta}_0 = \bar{y} - b_1\bar{x} = 51.6 - (10.608)(2.53) = 24.762$$

直線回歸預測方程式為：

$$\hat{y} = 24.762 + 10.608x \tag{12-8}$$

由(12-8)式，可知在研究之母雞體重範圍內(2.3~2.8kg)，母雞每增加 1kg 體重，則增加年採食量 10.608kg 飼料；而截距 $b_0 = 24.762$，在此不具生物意義。因所建立之直線回歸預測方程式之獨立變數（母雞體重）並未包括 0kg，故本例之 b_0 僅表示回歸直線與 y 軸之交點。

例題 12-3

依例題 12-1 資料與(12-7)式，計算 10 隻母雞採食量記錄（實測值，y_i）、預測值($\hat{y}_i$)與殘差(e_i)如下表所示：

實測值，y_i	48	51	50	51	55	51	53	54	51	52	$\sum y_i = 516$
預測值，$\hat{y}_i$	50.2	52.3	51.3	49.2	54.5	50.2	52.3	52.3	51.3	52.3	$\sum \hat{y}_i = 516$
殘差，e_i	–2.2	–1.3	–1.3	1.8	0.5	0.8	0.7	1.7	–0.3	–0.3	$\sum e_1 = 0$

殘差(e_i)為實測值至預測值之差距，如圖 12-1 所示。

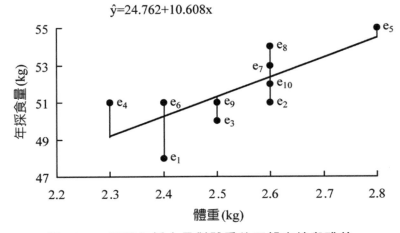

> **圖 12-1** 母雞年採食量對體重的回歸直線與殘差

（三）直線回歸預測方程式性質與預測

直線回歸預測方程式，$\hat{y} = b_0 + b_1 x$，有數項重要性質簡述如下：

1. b_0 與 b_1 分別為 β_0 與 β_1 之無偏估值，意即 $E(b_0) = \beta_0$ 且 $E(b_1) = \beta_1$。

2. b_0 與 b_1 之變異數分別為：

$$V(b_0) = \sigma^2 (\frac{1}{n} + \frac{\overline{x}^2}{S_{xx}}) \text{ 與 } V(b_1) = \frac{\sigma^2}{S_{xx}} \tag{12-9}$$

其中若 σ^2 為未知，則可用樣品資料之殘差均方(residual mean squares, $\hat{\sigma}^2$)估計之；其估計式可由殘差平方和(residual sum of squares, SSE)除以自由度($n-2$)而得：

$$\hat{\sigma}^2 = MSE = SSE / (n-2) = \sum e_i^2 / (n-2) = \sum (y_i - \hat{y}_i)^2 / (n-2)$$
$$= \left[(\sum y_i^2 - n\overline{y}^2) - b_1 S_{xy} \right] / (n-2)$$
$$= (S_{yy} - b_1 S_{xy}) / (n-2) \tag{12-10}$$

而 $\hat{\sigma}$ 則稱為回歸標準誤差(standard error of regression)，為實測值(y_i)與回歸直線之平均垂直距離。

3. 殘差特性

   (1) 殘差和 $= \sum e_i = \sum (y_i - \hat{y}_i) = \sum (y_i - b_0 - b_1 x_i)$
   $$= \sum y_i - \sum b_0 - \sum b_1 x_i = \sum y_i - n b_0 - b_1 \sum x_i$$
   $$= 0 \quad 【依(12-5)式最小平方正規方程式】。$$

   (2) 殘差平方和 $= \sum e_i^2 = $ 最小值 　　　【依(12-3)式】。

   (3) 加權殘差和 $= \sum x_i e_i = \sum \hat{y}_i e_i = 0$ 　　【依(12-4)式】。

   因殘差和 $= 0$，故實測值和 $=$ 預測值和，意即

   $$\sum e_i = \sum (y_i - \hat{y}_i) = \sum y_i - \sum \hat{y}_i = 0 \Rightarrow \sum y_i = \sum \hat{y}_i$$

4. 回歸直線通過平均值點($\overline{x}, \overline{y}$)。

5. 應用回歸直線方程式進行預測時，若用來預測應變數(y)之獨立變數(x)值在所研究範圍內時，可應用內插法(interpolation)；但若 x 值在研究範圍外時，則需採用外插法(extrapolation)，其可能會得到不合理的答案或存在不適用等問題。

（四）直線回歸模式參數之假設檢定

若獨立變數 x 之改變會影響應變數 y 值，則回歸直線應有非零之斜率，意即 $\beta_1 \neq 0$。假設隨機機差服從獨立且常態分布，$\varepsilon_i \sim^{iid} N(0 , \sigma^2)$。

1. 若要檢定回歸係數為一常數，β_1^*，則假設檢定之程序為：

$$H_0 : \beta_1 = \beta_1^* \quad vs. \quad H_1 : \beta_1 \neq \beta_1^*，顯著水準：\alpha = 0.05 \tag{12-11}$$

(1) 若 σ^2 已知，依(12-9)式可用標準化 Z 值檢定：

$$Z_{\beta_1} = \frac{b_1 - \beta_1^*}{\sqrt{V(b_1)}} = \frac{b_1 - \beta_1^*}{\sqrt{\sigma^2 / S_{xx}}} \quad \sim N(0,1)$$

決策方法：
若實測絕對值 $\left|Z_{\beta_1}\right| > Z_{1-\alpha/2}$，則拒絕 H_0；反之，則接受 H_0。
β_1 之 $(1-\alpha)\%$ 信賴區間可由下式計算而得：

$$b_1 \pm Z_{1-\alpha/2}\sqrt{V(b_1)} = b_1 \pm Z_{1-\alpha/2}\sqrt{\sigma^2 / S_{xx}}$$
$$b_1 - Z_{1-\alpha/2}\sqrt{\sigma^2 / S_{xx}} \leq \beta_1 \leq b_1 + Z_{1-\alpha/2}\sqrt{\sigma^2 / S_{xx}}$$

(2) 若 σ^2 未知，依(12-10)式應用估值 $\hat{\sigma}^2(= MSE)$ 代替進行 t 值檢定：

$$t_{\beta_1} = \frac{b_1 - 0}{\sqrt{\hat{V}(b_1)}} = \frac{b_1}{\sqrt{MSE / S_{xx}}} \sim t_{v=n-2} \tag{12-12}$$

決策方法：
若實測絕對值 $\left|t_{\beta_1}\right| > t_{\alpha/2,n-2}$，則拒絕 H_0；反之，則接受 H_0。
β_1 之 $(1-\alpha)\%$ 信賴區間可由下式計算而得：

$$b_1 \pm t_{\alpha/2,n-2}\sqrt{\hat{V}(b_1)} = b_1 \pm t_{\alpha/2,n-2}\sqrt{MSE / S_{xx}}$$

$$b_1 - t_{\alpha/2,n-2}\sqrt{MSE / S_{xx}} \leq \beta_1 \leq b_1 + t_{\alpha/2,n-2}\sqrt{MSE / S_{xx}}$$

2. 若要檢定截距為一常數，β_0^*，則假設檢定程序為

$$H_0 : \beta_0 = \beta_0^* \qquad vs. \qquad H_1 : \beta_0 \neq \beta_0^*，顯著水準：\alpha = 0.05$$

(1) 若 σ^2 已知，依(12-9)式可用標準化 Z 值檢定：

$$Z_{\beta_0} = \frac{b_0 - \beta_0^*}{\sqrt{V(b_0)}} = \frac{b_0 - \beta_0^*}{\sqrt{\sigma^2(\frac{1}{n} + \frac{\overline{x}^2}{S_{xx}})}} \quad \sim\sim N(0,1)$$

決策方法：
若實測絕對值 $\left|Z_{\beta_1}\right| > Z_{1-\alpha/2}$，則拒絕 H_0；反之，則接受 H_0。

β_0 之 $(1-\alpha)\%$ 信賴區間可由下式計算而得：

$$b_1 \pm Z_{1-\alpha/2}\sqrt{V(b_0)} = b_0 \pm Z_{1-\alpha/2}\sqrt{\sigma^2(\frac{1}{n} + \frac{\overline{x}^2}{S_{xx}})}$$

$$b_0 - Z_{1-\alpha/2}\sqrt{\sigma^2(\frac{1}{n} + \frac{\overline{x}^2}{S_{xx}})} \leq \beta_0 \leq b_0 + Z_{1-\alpha/2}\sqrt{\sigma^2(\frac{1}{n} + \frac{\overline{x}^2}{S_{xx}})}$$

(2) 若 σ^2 未知，依(12-10)式應用估值 $\hat{\sigma}^2$ (=MSE)代替進行 t 值檢定：

$$t_{\beta_0} = \frac{b_0 - \beta_0^*}{\sqrt{\hat{V}(b_0)}} = \frac{b_1 - \beta_0^*}{\sqrt{\hat{\sigma}^2(\frac{1}{n} + \frac{\overline{x}^2}{S_{xx}})}} \sim t_{v=n-2}$$

決策方法：
若實測絕對值 $\left|t_{\beta_0}\right| > t_{\alpha/2,n-2}$，則拒絕 H_0；反之，則接受 H_0。

β_0 之 $(1-\alpha)\%$ 信賴區間可由下式計算而得：

$$b_0 \pm t_{\alpha/2,n-2}\sqrt{\hat{V}(b_0)} = b_0 \pm t_{\alpha/2,n-2}\sqrt{\hat{\sigma}^2(\frac{1}{n} + \frac{\overline{x}^2}{S_{xx}})}$$

$$b_0 - t_{\alpha/2,n-2}\sqrt{\hat{\sigma}^2(\frac{1}{n} + \frac{\overline{x}^{-2}}{S_{xx}})} \leq \beta_0 \leq b_0 + t_{\alpha/2,n-2}\sqrt{\hat{\sigma}^2(\frac{1}{n} + \frac{\overline{x}^2}{S_{xx}})}$$

若 $\beta_1^* = 0$，則(12-11)式之假設檢定為 $H_0: \beta_1 = 0$　vs.　$H_1: \beta_1 \neq 0$；此即檢定獨立變數 x 與應變數 y 組成之直線斜率存在與否。檢定程序如上所述，惟以 0 取代 β_1^* 即可。此外，亦可用變異數分析法進行 $H_0: \beta_1 = 0$　vs.　$H_1: \beta_1 \neq 0$ 檢定：

$$y_i - \overline{y} = (\hat{y}_i - \overline{y}) + (y_i - \hat{y}_i)$$

$$(y_i - \overline{y})^2 = \left[(\hat{y}_i - \overline{y}) + (y_i - \hat{y}_i)\right]^2$$

$$\sum(y_i - \overline{y})^2 = \sum\left[(\hat{y}_i - \overline{y}) + (y_i - \hat{y}_i)\right]^2$$

$$= \sum(\hat{y}_i - \overline{y})^2 + \sum(y_i - \hat{y}_i)^2 + 2\sum(\hat{y}_i - \overline{y})(y_i - \hat{y}_i)$$

因上式第三項 $= 0$

故　　$$\sum(y_i - \overline{y})^2 = \sum(\hat{y}_i - \overline{y})^2 + \sum(y_i - \hat{y}_i)^2$$

$$\text{SST} = \text{SSR} + \text{SSE}$$ (12-13)

$$S_{yy} = b_1 S_{xy} + \text{SSE}$$

自由度　　$n - 1 = 1 + (n - 2)$

假設檢定　　$H_0 : \beta_1 = 0$　　　vs.　　　$H_1 : \beta_1 \neq 0$ 之 F 值為

$$F = \frac{\text{SSR}/1}{\text{SSE}/(n-2)} = \frac{\text{MSR}}{\text{MSE}} \sim F_{1,n-2}$$

其中　　SST＝總平方和(total sum of squares)

SSR＝回歸平方和(sum of squares due to regression)

SSE＝殘差平方和(sum of square due to error)

MSR＝回歸均方(mean square of regression)

MSE＝誤差均方(mean square of error)

且　　$E(\text{MSE}) = \sigma^2$

$E(\text{MSE}) = \sigma^2 + \beta_1^2 S_{xx}$

因此，回歸係數顯著性測定之變異數分析如下表：

變因	自由度	平方和	均方	實測 F 值
回歸	1	$\text{SSR} = b_1 S_{xy}$	MSR	MSR/MSE
殘差	n−2	SSE	MSE	
總和	n−1	$\text{SST} = S_{yy}$		

若實測 F 值 > $F_{\alpha,1,n-2}$（查附錄六：費氏 F 值），則拒絕 H_0，接受 $H_1 : \beta_1 \neq 0$。反之，則接受 $H_0 : \beta_1 = 0$；表示回歸係數不存在。

例題 12-4

沿用例題 12-1 資料，應用 t 值與變異數分析法檢定回歸係數存在與否。

解

$$H_0 : \beta_1 = 0 \quad vs. \quad H_1 : \beta_1 \neq 0$$

1. t 值檢測：由例題 12-2 與(12-10)式計算得

$$MSE = (S_{yy} - b_1 S_{xy}) / (n-2) = (36.4 - 10.608 \times 1.92) / 8 = 2.00408$$

依(12-12)式，

$$t_{0.025,8} = 2.306 < t = \frac{10.608}{\sqrt{2.00408 / 0.181}} = 3.1879 < t_{0.005,8} = 3.355$$

結論：在顯著水準 0.01 下，接受 $H_0 : \beta_1 = 0$，表斜率不存在。但在顯著水準 0.05 下，拒絕 $H_0 : \beta_1 = 0$，接受 $H_1 : \beta_1 \neq 0$；表直線回歸方程式之斜率存在。

2. 變異數分析法檢測：由例題 12-2 可得 $S_{yy} = 36.4$，$S_{xx} = 0.181$，$S_{xy} = 1.92$。依(12-13)式計算 $SSR = b_1 S_{xy} = 20.367$ 與 $SSE = S_{yy} = SSR = 16.033$，可得變異數分析表如表 12-1。

| 表 12-1 | 母雞體重與年採食量回歸變異數分析表

變因	自由度	平方和	均方	實測 F 值	$F_{\alpha,1,8}$	
					0.05	0.01
回歸	1	20.367	20.367	10.163	5.318	11.259
殘差	8	16.033	2.004			
總和	9					

因 $F_{0.05,1,8} = 5.318 <$ 實測 F 值 $= 10.163 < F_{0.01,1,8} = 11.259$，故

結論：在顯著水準 0.01 下，接受 $H_0：\beta_1 = 0$，表斜率不存在。

但在顯著水準 0.05 下，拒絕 H_0，接受 $H_1：\beta_1 \neq 0$，表直線回歸方程式之斜率存在，且 $b_1 = 10.608 > 0$。

因此，在顯著水準 0.05 下研究範圍內母雞體重（2.3~2.8kg 間）增加時，其年採食量亦增加。不論應用 t 值或變異數分析檢測，結果一致。

（五）決定係數(coefficient of determination)

決定係數常被用來測定模式的適宜性，即回歸模式對資料的配適性。由獨立變數(x)與應變數(y)之回歸模式中，y 的總變異量（即 y 的平方和，S_{yy}）有多少是因 x （即回歸平方和，SSR ）所致。因此，決定係數(R^2)可估計如下式：

$$R^2 = \frac{SSR}{S_{yy}} = \frac{b_1 S_{xy}}{S_{yy}} = 1 - \frac{SSE}{S_{yy}} \tag{12-14}$$

因 $SSR \leq S_{yy}$ ，故 $0 \leq \dfrac{SSR}{S_{yy}} \leq 1$ 且 $0 \leq R^2 \leq 1$ ；因此當 $R^2 \to 1$ 時，則表示應變數(y)之變異大部分是受獨立變數(x)所影響。一個「好的」回歸模式，其回歸平方和接近總平方和， $SSR \approx S_{yy}$ 。相反的，一個不適當的回歸模式，則其殘差平方和會接近總平方和， $SSE \approx S_{yy}$ 。

通常 R^2 值大小與樣品多寡(n)有關。一般而言，n 愈大， R^2 值愈小。因此，當樣品大小為 n 時，所得 R^2 值是否有意義，需由 F 檢定決定之。

例題 12-5

由例題 12-4 各平方和分別為：

$$SST = S_{yy} = 36.4 \, 、 \, SSR = 20.367 \, 與 \, SSE = 16.03$$

故 $R^2 = SSR / SST = 20.367 / 36.4 = 0.560$

表示母雞年採食量預測值之變異約有 56%由母雞體重影響決定。

三　簡單直線相關(simple linear correlation)

統計學上稱變數間的相互關係為相關。相關種類可依牽涉的變數數目，分為簡單相關與複相關；前者係指僅探討兩個變數間的關係，而後者則指兩個以上的變數間的關係。簡單相關又可依兩個變數間是否具有直線關係變化，進一步區分為直線相關與非直線（曲線）相關；本章節僅討論簡單直線相關。

（一）散布圖

表示兩個變數間的關係，最直接且簡單的方法是將所收集的資料繪在一個平面圖上，意即在橫軸（x軸）與縱軸（y軸）相對應處以符號標記（原點、三角點、菱形點、方形點或星形點等等均可）所得觀測值；此種直接顯示出資料分布的平面圖，稱為散布圖／散播圖(scatter diagrams)。散布圖上的每一標記點代表一對（兩個）變數的觀察值，因此不僅可直接由圖面上看出兩個變數間相關／關聯(association)的程度，且有助於了解兩變數的變化方向。

例如：10 頭豬之體高(x)與體重(y)記錄如表 12-2 所示，每一頭豬體高與體重可在座標圖上決定一個點，10 頭豬在圖上形成的 10 個點即為該 10 頭豬體高與體重的散布圖，如圖 12-2 所示。由圖 12-2 顯示：當豬隻體高逐漸增加時，其體重亦逐漸增加；即較矮的豬隻，體重較輕。因此，豬隻體高與體重兩種性狀是有相關的。

| 表 12-2 | 10 頭豬的體高與體重記錄

豬號	體高(x)，cm	體重(y)，kg
1	58	49
2	53	42
3	62	59
4	59	50
5	57	49
6	60	60
7	63	61
8	55	50
9	56	46
10	52	44

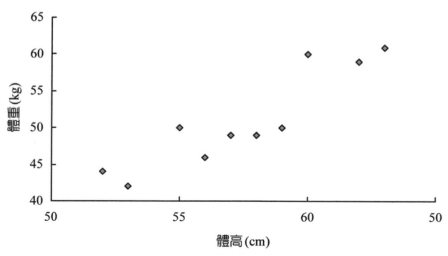

> 圖 12-2　10 頭豬之體高與體重散布圖

（二）相關係數估計

　　假設族群中兩變數（x 與 y）有 N 對觀測值，將 x 與 y 分別先標準化成沒有單位的資料後之乘積和，再取其平均值即為族群之相關係數，以 ρ（讀作 rho）表示，其為沒有單位之純數(scalar)。

$$x \to \frac{x - \mu_x}{\sigma_x} \quad , \quad y \to \frac{y - \mu_y}{\sigma_y} \quad \Rightarrow \quad \rho = \text{Cov}(\frac{x - \mu_x}{\sigma_x} \ , \ \frac{y - \mu_y}{\sigma_y})$$

$$\Rightarrow \quad \rho = \frac{1}{N}\sum_{i=1}^{N}[(\frac{x_i - \mu_x}{\sigma_x})(\frac{y_i - \mu_y}{\sigma_y})] = \frac{\sum_{i=1}^{N}[(x_i - \mu_x)(y_i - \mu_y)/N]}{\sigma_x \sigma_y} = \frac{\sigma_{xy}}{\sigma_x \sigma_y}$$

其中　　　σ_{xy} ＝兩個變數（x 與 y）之共變方。

　　　　　σ_x^2 ＝變數 x 之變方，σ_y^2 ＝變數 y 之變方。

$\Rightarrow$ ρ 的範圍：$-1 \le \rho \le +1$。

　　ρ 的絕對值離 1 愈遠，表示變數 x 與 y 的相關程度愈低。

　　樣品之相關係數則以 r 表示，可應用皮爾森(K. Pearson)發展之積動差相關(Pearson's product-moment correlation)估計得之，其計算公式如下：

樣品資料：(x_1, y_1)，(x_2, y_2)，$\cdots$，(x_n, y_n)

乘積和：$S_{xy} = \sum_{i=1}^{n}(x_i - \overline{x})(y_i - \overline{y}) = \sum_{i=1}^{n}x_i y_i - \frac{(\sum_{i=1}^{n}x_i)(\sum_{i=1}^{n}y_i)}{n}$

$$變數(x)樣品平方和：S_{xx} = \sum_{i=1}^{n}(x_i - \overline{x})^2 = \sum_{i=1}^{n}x_i^2 - \frac{(\sum_{i=1}^{n}x_i)^2}{n}$$

$$變數(y)樣品平方和：S_{yy} = \sum_{i=1}^{n}(y_i - \overline{y})^2 = \sum_{i=1}^{n}y_i^2 - \frac{(\sum_{i=1}^{n}y_i)^2}{n}$$

$$-1 \le r = \frac{\sum_{i=1}^{n}(x_i - \overline{x})(y_i - \overline{y})}{\sqrt{\sum_{i=1}^{n}(x_i - \overline{x})^2 \sum_{i=1}^{n}(y_i - \overline{y})^2}} = \frac{S_{xy}}{\sqrt{S_{xx}S_{yy}}} \le 1 \tag{12-15}$$

（三）相關係數性質

1. 相關係數的大小不會隨測量單位而改變。

2. 樣品相關係數估值(r)範圍與族群相關係數範圍相同，均在 -1 與 $+1$ 之間，意即 $-1 \le r \le +1$。

3. r 值愈接近 ±1 時，則表示兩變數所形成之觀測點愈靠近某一直線。反之，r 值愈接近 0 時，則表示兩變數所形成之觀測點愈遠離某一直線。換言之，相關係數是測定兩個變數與某一直線靠近的程度，但無法檢測線性關係的正確性。

4. 一般而言，$r = +1$ 或 $r = -1$ 的情況，非常少見；但當 $r = 0$ 時，僅能推斷兩變數間之關係為非直線，但亦有可能兩者之關係為曲線；因相關係數僅提供所得測量之觀測點與某一直線之靠近程度。

5. r 值的大小與樣品數大小息息相關，故評估兩變數間相關程度時，應同時注意用來計算該相關係數估值之樣品大小(n)多少。當樣品數很小時，應對相關係數的可靠性持較保留的態度。

　　例如：若樣品數 $n = 3$，則既使所得 $r = 0.90$，亦有可能是機遇所造成；反之，若 $n = 200$ 的樣品所估得之 $r = 0.25$，則兩變數間之相關程度是不容忽視的。

6. 變數之相關程度與相關係數估值大小，沒有比例關係存在；意即不能說 $r = 0.60$ 之變數間相關程度為 $r = 0.20$ 的三倍。

7. 兩變數有相關，並不表示兩者間一定存在因果關係。例如：如果我們調查小學生腳的大小與數學能力，結果可能是兩者有顯著的正相關，但卻不能因此判定兩者有因果關係。因腳大不會導致較佳的數學能力，可能是因年齡較大

（較高年級），故腳也較大且數學能力也較好。因此，解讀相關係數估值時，應小心謹慎，不可輕易推論其因果關係。

（四）相關係數假設檢定

一般而言，樣品資料相關係數估值（r 值）大小，與樣品點(n)的多寡有關。通常 n 愈小，則 r 愈大；反之，n 愈大，則 r 愈小。同時，樣品為族群之隨機樣本，故會有抽樣誤差。因此，樣品資料相關係數估計量應經由 t 值顯著性檢定，方可推定相關係數是否為 0（兩變數間是否有直線關係）。若(x_1, y_1)，(x_2, y_2)，…，(x_n, y_n)為 n 對 x 與 y 變數之觀察點，且 x 與 y 變數符合常態分布，則假設檢定程序如下：

1. $H_0 : \rho = 0$ vs. $H_1 : \rho \neq 0$。

2. 顯著水準：$\alpha = 0.05$（或 0.01）。

3. 計算樣品相關係數估值 r。

4. 計算實測 t 值或 F 值。

因樣品相關係數估計量(r)之標準誤差 $(SE) = \sqrt{\dfrac{1-r^2}{n-2}}$，故檢定

(1) 統計量 $t = \dfrac{r-0}{\sqrt{(1-r^2)/(n-2)}} = r\sqrt{\dfrac{n-2}{1-r^2}}$

當實測 $|t|$ 值 $> t_{\alpha/2,(n-2)}$ 時，拒絕 $H_0 : \rho = 0$，接受 $H_1 : \rho \neq 0$；意即兩個變數間有顯著相關存在。

(2) 統計量 $F = \dfrac{r^2}{(1-r^2)/(n-2)}$

當實測 F 值 $> F_{\alpha,1,(n-2)}$ 時，拒絕 $H_0 : \rho = 0$，接受 $H_1 : \rho \neq 0$；意即兩個變數間有顯著相關存在。

例題 **12-6**

假設某品種豬隻 10 頭的體高(x ,cm)與體重(y,kg)如表 12-2 所示，則豬隻體高與體重有無關係可經由下列檢定得知：

解

$$H_0 : \rho = 0 \qquad vs. \qquad H_1 : \rho \neq 0 \qquad \alpha = 0.05（或 0.01）$$

$$n = 10，\sum x_i = 575，\sum y_i = 510$$

$$S_{xx} = 58^2 + \cdots + 52^2 - 575^2 / 10 = 33181 - 33062.5 = 118.5$$

$$S_{yy} = 49^2 + \cdots + 44^2 - 510^2 / 10 = 26420 - 26010 = 410$$

$$S_{xy} = (58)(49) + \cdots + (52)(44) - (575)(510) / 10 = 201$$

$$r = \frac{S_{xy}}{\sqrt{S_{xx}S_{yy}}} = \frac{201}{\sqrt{(118.5)(410)}} = 0.9119$$

$$實測\ t\ 值 = 0.9119\sqrt{\frac{10 - 2}{1 - 0.9119^2}} = 6.284 > t_{0.025,\ 8}$$

$$|t| = 6.284 > t_{0.005,\ 8} = 3.355 > t_{0.025,\ 8} = 2.306$$

則不論在顯著水準 $\alpha = 0.05$ 或 0.01 下，均拒絕 $H_0 : \rho = 0$，接受 $H_1 :$ $\rho \neq 0$；意即豬隻體高與體重間有顯著相關存在。

四　簡單相關係數與簡單直線回歸係數

依(12-15)式樣品之相關係數為 $r = \dfrac{S_{xy}}{\sqrt{S_{xx}S_{yy}}}$，

將等式兩邊乘以 $\dfrac{\sqrt{S_{yy}}}{\sqrt{S_{xx}}}$，可得

$$r\frac{\sqrt{S_{yy}}}{\sqrt{S_{xx}}} = \frac{\sqrt{S_{yy}}}{\sqrt{S_{xx}}}\frac{S_{xy}}{\sqrt{S_{xx}S_{yy}}} = \frac{S_{xy}}{S_{xx}} = b_1 \tag{12-16}$$

由(12-16)式可知簡單直線相關係數(r)與簡單直線回歸係數(b_1)有關係：當 $\rho = 0$，則 $\beta_1 = 0$；表 y 在 x 上之斜率不存在。同時，r 與 b_1 之區別在於，r 為測

定 y 與 x 間之直線關係;而 b_1 則在測定改變一單位 x 時,預測 y 改變多少單位。

此外,將(12-16)式兩邊平方可得

$$r^2 \frac{S_{yy}}{S_{xx}} = b_1^2 \qquad \Leftrightarrow \qquad r^2 = b_1^2 \frac{S_{xx}}{S_{yy}} \tag{12-17}$$

依(12-16)與(12-14)式,可將(12-17)式表為

$$r^2 = b_1^2 \frac{S_{xx}}{S_{yy}} = b_1 \frac{S_{xx}}{S_{yy}} b_1 = b_1 \frac{S_{xx}}{S_{yy}} \frac{S_{xy}}{S_{xx}} = b_1 \frac{S_{xy}}{S_{yy}} = R^2$$

意即簡單直線相關係數平方即為決定係數(R^2)。

生物統計學
BIOSTATISTICS

習題　　　　　　　　　　　　　　　　　　　　　　　　EXERCISE

1. 若 10 頭海福仔牛之出生重與離乳重記錄如下（單位：kg）：

仔牛號	1	2	3	4	5	6	7	8	9	10
出生重(X)	27	31	34	44	35	39	34	36	38	32
離乳重(Y)	231	197	211	290	263	213	238	249	268	274

(1) 以出生重為橫軸，離乳重為縱軸，將上表資料點在座標上。
(2) 試以最小平方法求出生重預測離乳重之直線回歸係數與截距後，寫出回歸方程式，並在座標軸上繪一回歸直線。
(3) 試預測出生重 42kg 海福仔牛之離乳重。

2. 若 10 頭檢定豬平均日增重(ADG, kg)與達 110kg 重之背脂厚度(BF, cm)記錄如下，試問豬平均日增重與達 110kg 重之背脂厚度有無關係？（$\alpha = 0.05$）

豬號	1	2	3	4	5	6	7	8	9	10
ADG	0.986	1.226	1.149	1.014	1.1	1.149	1.056	1.338	1.343	1.013
BF	1.29	1.09	1.03	1.36	1.3	1.02	1.39	1.02	1.04	0.97

3. 根據某石斑魚養魚場七年統計的總收成尾數，假設其有直線關係，試求：
(1) 直線回歸方程式。
(2) 推估 2005 年該場總收成石斑尾數。

年	1998	1999	2000	2001	2002	2003	2004
尾數	1,660	1,885	2,050	2,300	2,590	2,750	2,920

4. 下列是幼魚體長(mm)和週齡（週）的簡化資料，假設其在 15 週內的成長為直線關係且成長率相同，試求：
(1) 直線回歸方程式。
(2) 推估第 15 週時體長。

週齡	0	1	2	3	4	5	6	7	8	9	10
體長(mm)	63	66	68	13	77	80	84	89	96	99	100

5. 已知二個變數之資料如下，試計算其相關係數估值(r)，並檢定其相關係數是否顯著異於零。($\alpha = 0.05$)

X	2	4	6	8	10
Y	3	1	7	5	9

6. 假設隨機抽樣一鄉村地區，5 個家庭為一樣本，得收入(X)與支出(Y)（萬元）之資料如下：

家庭	A	B	C	D	E
X	30	30	45	55	40
Y	28.5	26.5	40.0	49.0	37.0

試求出回歸方程式，並解釋 b_0，b_1 的意義。

7. 某作物學家調查不同毛豆品種之種子重量與產量關係，數據如下：

特性 \ 品系	#1	#2	#3	#4	#5	#6	#7
百粒重(g)	32.5	24.5	30.5	28.0	26.5	31.5	25.5
產量	3.85	3.05	3.80	3.10	3.30	3.90	3.65

試求百粒重是否與產量顯著相關($\alpha = 0.05$)？相關係數估值為何($r = $?)？

8. 葉面積指數(leaf area index, L.A.I)為植物生長重要指標之一，今隨機調查田間玉米之 L.A.I 及其產量如下：

L.A.I（cm²／株）	3,250	3,350	3,800	3,650	3,400	3,550	3,600
產量（gram／株）	125.5	132.0	150.0	152.0	128.0	138.0	144.5

試問：(1) 二者間相關係數估值(r)為何？

(2) 產量(y)與 L.A.I 間直線回歸方程式為何？

9. 蝴蝶蘭之花朵尺寸（花莖幅長）為重要觀賞品質之一，栽培業者欲了解其植物葉片成長與花朵大小之關係抽樣調查園內植株，結果如下：

花莖幅長(cm)	12.5	14.0	15.5	10.5	11.5	13.0	14.0	11.0
葉面積(cm²)	650	840	800	600	720	750	820	680

試問：(1) 花莖幅長大小(y)是否與葉面積(x)呈直線關係(α = 0.05)？請列出
其變方分析結果。

(2) 此二者之直線回歸方程式為何？

(3) 若葉面積分別為 750、800、850 則其預期之花莖幅長大小分別為
何？

10. 草坪植物葉片質地(texture)—即其葉片寬度(mm)為重要品質之一，欲了解不
同質地草種與草坪密度（#株／100cm²）關係，抽樣調查不同草種結果如
下：

特性＼草種	1	2	3	4	5	6	7	8	9	10
質地(mm)	1.70	4.0	2.20	1.90	1.55	3.50	3.2	2.05	4.25	3.75
密度(#/100cm²)	210	85	160	175	240	130	145	180	70	110

試：(1) 求其相關係數估值。

(2) 證明此相關確實存在。(α = 0.05)

11. (1) 完成下列直線回歸變方分析表，請寫出(a)~(e)之數值。

變因	自由度	平方和	均方	實測 F－值
回歸(R)	(a)	35.268	(d)	(f)
殘差(E)	9	(c)	(e)	
總和(T)	(b)	85.769		

(2) 證明此直線回歸是否存在？(α = 0.05)

(3) 其決定係數(R^2)為何？

12. 某蓮霧果農欲了解色澤深度與糖度之關係，於採收之果實中隨機抽樣並調查
此二特性，結果如下：

色澤度	5	4	8	7	6	7	5	4	8	6
糖度(Brix)	10.5	9.0	13.5	12.0	12.0	12.5	11.0	9.0	14.0	11.5

試：(1) 求其相關係數估值(r = ？)。

(2) 證明此相關是否確實存在？(α = 0.01)

13. 某作物研究學者欲了解氮肥(N)使用量及玉米產量（鮮重）間的關係。今隨機選擇七塊試驗田地進行氮肥試驗，今收割後之單位產量(ton/ha)與及每單位施用的氮肥(kg/ha)如下表所示：

玉米產量（鮮重）(ton/ha)	170	130	150	120	138	125	160
氮肥(N)使用量(kg/ha)	92	60	80	46	69	54	86

試以氮肥(N)使用量為自變數(X)及玉米鮮重產量(Y)，並在 $\alpha = 0.05$ 的假定下，回答下列之問題：

(1) 試計算玉米小區產量及肥料用量之相關係數(r)，並進行假設檢定以確定其相關是否顯著？

(2) 試利用氮肥(N)使用量建立其對玉米鮮重產量(Y)的直線回歸預測方程式。

14. 於田間抽樣不同品系大豆，調查其百粒重(gram)及粗蛋白含量(%)如下：

百粒重(gram)	35	31	28	26	30	27
粗蛋白含量(%)	5.5	5.8	6.2	6.4	5.9	6.3

(1) 求此二特性之相關係數(r = ?)，並檢定之 ($\alpha = 0.05$)。

(2) 若以百粒重為依變數 (dependent variable)，粗蛋白含量為自變數 (independent variable)則其回歸預測方程式為何？

15. 隨機測量 10 頭母牛體重(Y)與胸圍(X)，得資料如下表。
　　試問：(1) 母牛胸圍與體重相關係數估值(r)為何？
　　　　　(2) 應用母牛胸圍預測其體重直線回歸方程式為何？
　　　　　　　預測胸圍為 215cm 之母牛體重為何？

	1	2	3	4	5	6	7	8	9	10
胸圍(cm)	205	212	213	216	216	217	218	219	221	226
體重(kg)	641	620	633	651	640	666	650	688	680	670

16. 若 5 隻火雞體重與腳脛長度相關係數估值為 0.65，而 300 隻母雞產蛋數與龍骨長相關係數估值為 0.30。試分別檢定

(1) 火雞體重與腳脛長度之直線相關顯著嗎？

(2) 母雞產蛋數與龍骨長之相關係數是否顯著？

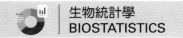
17. 林務局在屏東之實驗林場隨機選取 13 棵放射松，測得每棵放射松之胸高直徑與樹高，資料如下表，試求放射松胸高直徑與樹高之直線回歸方程式及其決定係數。

DBH(cm)	H(m)
40	25
45	28
42	26
40	24
38	22
41	25
49	32
45	28.5
44	27.5
48	31
45	29
46	30
45	27

18. 下表為供給線蟲大腸桿菌的濃度(μl)與線蟲長度(mm)兩因子間的關係，請問大腸桿菌濃度上升時，線蟲的體長是否也會隨之增加？($\alpha = 0.01$)

大腸桿菌濃度(μl)	長度(mm)
20	0.65
30	1.5
40	2.3
50	3.8
60	4.9
70	6.3
80	8.8

19. 隨機測量 10 頭肉山羊 90 日齡與一歲齡重（單位：kg），如下表。試計算
    (1) 肉山羊 90 日齡與一歲齡重之相關係數估值(r)為何？
    (2) 以肉山羊 90 日齡重預測其一歲齡重之直線回歸方程式為何？

90 日齡重	9.2	14	13	11	7.5	14.5	10.5	15	16	18
一歲齡重	34	57	52.5	46.2	44	52	46.5	60	49	52

20. 假設母雞之年採食量(Y, kg)為體重(X, kg)之直線函數，記錄 8 隻母雞採食量
    與體重如下：

母雞號	1	2	3	4	5	6	7	8
採食量(Y)	50	51	55	48	54	49	51	53
體重(X)	2.3	2.4	2.4	1.9	2.7	2.2	2.4	2.6

試計算(1) 簡單線性迴歸模式中的迴歸係數 bo 與 b1 並寫出 Yhat 方程式。
    (2) 建立變異數分析表，並檢定 $\beta 1$ 是否為 0 ($\alpha = 0.05$)。

21. 沒食子酸(gallic acid)於不同濃度對 760nm 波長之吸光值如下，二者之相關
    係數 r 為何？線性回歸方程式為何？

濃度(μg/ml)	1	5	10	25	50	100
吸光值(abs)	0.10	0.26	0.48	0.74	0.92	1.83

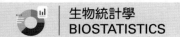

CHAPTER 13

無母數統計檢定法

蔡添順

國立屏東科技大學生物科技系

BIOSTATISTICS

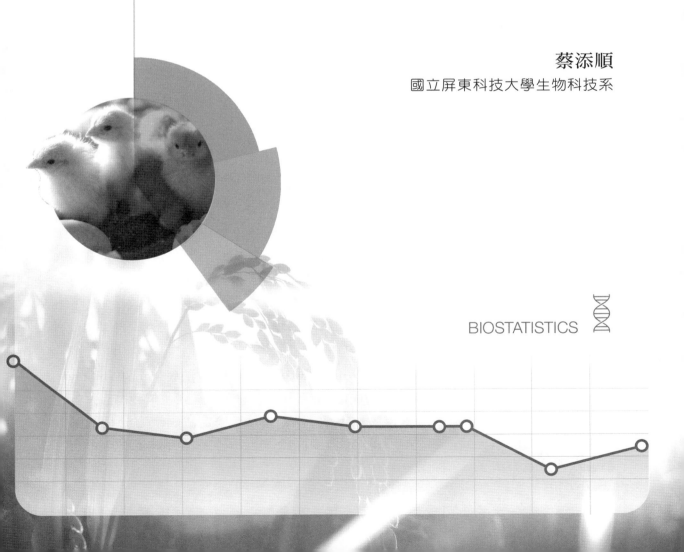

在前述章節中，當欲進行單一族群平均數或兩個族群平均數的檢定時，甚而是變異數分析、回歸與相關分析等都需假設樣本是來自於常態分布或近似常態分布的族群。而在族群分布已知或抽樣分布為常態分布的條件下，進行平均數或變異數等的檢定時，通常稱之為**有母數檢定法**（parametric tests，或稱**母數檢定法**）。然而，有母數檢定法的前提假設若無法符合時，例如：族群分布情況未明、小樣本、族群分布不為常態分布，或無法近似常態分布時，則可考慮使用**無母數檢定法**(nonparametric tests)。無母數統計方法對於族群特性的假設較少，因此有時候也稱為**不受分布限制統計法**(distribution-free methods)。在資料為隨機性與獨立性的前提下，無母數檢定法常使用符號(sign)或排序(rank)方式取代測量數值，或各分類的次數；主要是利用中位數和二項分布的特性進行統計分析。一般而言，無母數檢定法適用於類別、序位尺度資料與資料分布未知的情況。有母數檢定法與無母數檢定法二者應作為互補應用，而非互相取代的統計方法。

無母數統計檢定方法的優缺點比較如下。

1. 優點
   (1) 族群分布未知或不是常態分布，或樣本數不夠大時皆可使用；事實上，很多資料都不是常態分布或樣本數不夠大。
   (2) 適用於一些難以量化的實驗及調查資料結果。
   (3) 當族群不是常態分布且為小樣本資料時，無母數分析檢定結果較有母數分析法來得可靠而穩健(robust)。
   (4) 在樣本數不大時，徒手計算較簡單及快速。

2. 缺點
   (1) 只使用資料的符號、排序等特性，浪費了數值之集中趨勢、分散性及分布所提供的資訊。使用在資料為等距或比率尺度時，其準確度較低。呈常態分布的小樣本資料如果仍進行無母數檢定法，其檢定力(power)較有母數檢定法低。
   (2) 與有母數檢定方法相比，無母數檢定所檢定之假說較不特異。
   (3) 在大樣本數時，徒手計算可能較費力。

無母數檢定法包含符號檢定法、Wilcoxon 符號等級檢定法、Mann-Whitney 檢定法、Kruskal-Wallis 獨立樣本檢定法、Friedman 非獨立樣本檢定法、Spearman 等級相關分析法、中位數檢定法、McNemar 檢定法、卡方分析法、Kolmogorov-Smirnov 適合度檢定法、無母數回歸分析法等多種方法，本章將介紹前六種檢定方法。

另外，為方便讀者在進行無母數檢定法時有參考分析程式範例，本章節將同時在例題中附註 R 統計軟體的分析語法。R 統計軟體安裝過程如下，首先進入網站(https://cran.r-project.org/)下載並安裝 R 統計軟體。軟體開啟後呈現如下畫面：

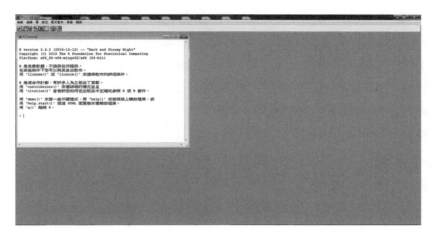

或者進入網站(https://www.rstudio.com/products/rstudio/download/)下載並安裝 RStudio 軟體。軟體開啟後呈現如下畫面：

一　符號檢定法

符號檢定法(sign test)是最早使用和最簡單的無母數統計法。此檢定法可用於檢定單一族群的中位數是否等於某一特定值，或比較兩個非獨立樣本資料，例如檢定某測驗前後的差值族群中位數是否等於 0。前提為觀測值（例如次序變數，但非類別變數）是連續型隨機資料。分析步驟如下：

1. 設定族群中位數 M_0。將樣本觀測值與 M_0 進行比較，觀測值比 M_0 大時，以"+"號取代；觀測值比 M_0 小時，以"–"號取代。觀測值等於 M_0 時，則用"0"號取代。

　　然而，若有"0"號應捨棄，且樣本數應減去捨棄的"0"號數量才是真正的有效樣本數 n。此時，數列變成只有"+"號和"–"號的二項分布。經過這樣的步驟，所有觀測值皆變成符號，所以稱為符號檢定法。

2. 選擇使用雙尾或單尾檢定，並建立對應的虛無假設 H_0 和對立假設 H_1。

   (1) 雙尾檢定：H_0：$P(+) = P(–) = 0.5$；H_1：$P(+) \neq P(–)$。

   (2) 單尾檢定：H_0：$P(+) \geq P(–)$；H_1：$P(+) < P(–)$ 或 H_0：$P(+) \leq P(–)$；H_1：$P(+) > P(–)$，選定顯著水準 α，一般為 0.05。

3. 判斷接受或拒絕虛無假設有下列兩種情形。

   (1) 有效樣本數 $n \leq 20$ 時，利用二項分布累積機率函數進行統計機率值計算：

   　　當 $x < n/2$，檢定值 $P = \sum_{k=0}^{x} C_k^n p^n$

   　　當 $x > n/2$，檢定值 $P = \sum_{k=0}^{x} C_k^n p^n$

   　　（當 $x = n/2$，檢定值 $P = 1$）

   　　其中，x 為"–"號次數，n 為有效樣本數，而 $p = 0.5$。

   　　A. 雙尾檢定的決策法則是 $P < \alpha/2$。

   　　B. 單尾檢定的決策法則是 $P < \alpha$。

   (2) 有效樣本數 $n > 20$ 時，抽樣分布（二項分布）趨近於 Z 分布，而檢定值 Z_0 的計算為：

   　　當 $x < n/2$，檢定值 $Z_0 = \dfrac{(x + 0.5) - \dfrac{n}{2}}{\sqrt{\dfrac{n}{4}}}$

   　　當 $x \geq n/2$，檢定值 $Z_0 = \dfrac{(x - 0.5) - \dfrac{n}{2}}{\sqrt{\dfrac{n}{4}}}$

   　　其中，x 為"–"號次數，n 為有效樣本數，而 $p = 0.5$。

A. 雙尾檢定的決策法則是 $|Z_0| > Z_{\frac{\alpha}{2}}$ 即 $P(Z < Z_0) < \alpha/2$ 或 $P(Z > Z_0) < \alpha/2$。

B. 單尾檢定的決策法則是 $|Z_0| > Z_\alpha$ 即 $P(Z < Z_0) < \alpha$ 或 $P(Z > Z_0) < \alpha$。

4. 依據所接受之虛無假設 H_0 或對立假設 H_1 作結論。

例題 13-1

隨機抽樣測驗 10 位學生對生物形態賞析的能力等級（1, 2, …, 10 分），如下表。試檢定學生對生物形態賞析能力等級的中位數是否顯著不同於 5？（$\alpha = 0.05$）

學生號碼	No.1	No.2	No.3	No.4	No.5	No.6	No.7	No.8	No.9	No.10
得分	1	10	8	8	9	6	8	7	5	6

解

1. 設立檢定假設

   (1) H_0：學生賞析能力等級族群中位數 $M_0 = 5$；亦即 $P(+) = P(-)$。

   (2) H_1：學生賞析能力等級族群中位數 $M_0 \neq 5$；亦即 $P(+) \neq P(-)$。

2. 樣本觀測值大於 5 時，用"+"號取代；觀測值小於 5 時，用"-"號取代。觀測值等於 5 時，用"0"號取代，如下表。

學生號碼	No.1	No.2	No.3	No.4	No.5	No.6	No.7	No.8	No.9	No.10
符號	−	+	+	+	+	+	+	+	0	+

3. "-"號次數 $x = 1$，有效樣本數 $n = 10 - 1 = 9$。

4. $x < n/2$，故計算 $P = \sum_{k=0}^{1} C_k^9 0.5^9 = C_0^9 0.5^9 + C_1^9 0.5^9 = 0.00195 + 0.01758 =$

   $0.0195 < 0.05/2$

5. 拒絕 H_0，也就是說學生對生物形態賞析能力等級的中位數顯著不同於 5 分。

R 統計軟體分析語言範例：

將本例題的數據資料及相關指令輸入 R 或 RStudio 軟體的 Console 視窗內，內容如下：

```
Data<-c(1, 10, 8, 8, 9, 6, 8, 7, 5, 6)
if(!require(BSDA)){install.packages("BSDA")}
```

library(BSDA)

SIGN.test(Data, md = 5, alternative = "two.sided")

執行結果（雙尾 P 值 0.03906，等同於前面計算所得單側 P 值 0.0195 乘以 2）如下：

> Data<-c(1, 10, 8, 8, 9, 6, 8, 7, 5, 6)

> if(!require(BSDA)){install.packages("BSDA")}

Loading required package: BSDA

Loading required package: lattice

Attaching package: 'BSDA'

The following object is masked from 'package:datasets':

  Orange

Warning message:

package 'BSDA' was built under R version 3.6.3

> library(BSDA)

> SIGN.test(Data, md = 5, alternative = "two.sided")

  One-sample Sign-Test

data: Data

s = 8, p-value = 0.03906

alternative hypothesis: true median is not equal to 5

95 percent confidence interval:

 5.324444 8.675556

sample estimates:

median of x

    7.5

Achieved and Interpolated Confidence Intervals:

	Conf.Level	L.E.pt	U.E.pt
Lower Achieved CI	0.8906	6.0000	8.0000
Interpolated CI	0.9500	5.3244	8.6756
Upper Achieved CI	0.9785	5.0000	9.0000

或者可輸入下列指令：

Data<-c(1, 10, 8, 8, 9, 6, 8, 7, 5, 6)
if(!require(DescTools)){install.packages("DescTools")}
library(DescTools)
SignTest(Data, mu = 5, alternative = "two.sided")

執行結果（基本同前述者）如下：

> Data<-c(1, 10, 8, 8, 9, 6, 8, 7, 5, 6)
> if(!require(DescTools)){install.packages("DescTools")}
Loading required package: DescTools
Warning message:
package 'DescTools' was built under R version 3.6.3
> library(DescTools)
> SignTest(Data, mu = 5, alternative = "two.sided")
    One-sample Sign-Test
data: Data
S = 8, number of differences = 9, p-value = 0.03906
alternative hypothesis: true median is not equal to 5
97.9 percent confidence interval:
 5 9
sample estimates:
median of the differences
                7.5

例題 13-2

　　為評量新購入的生物標本教具是否能增進學生對生物形態賞析的能力等級（1, 2, ..., 10 分），分別隨機測驗 12 位學生在使用此生物標本教具前後，其對生物形態賞析能力等級如下表。試問此生物標本教具是否能增進學生對生物形態賞析能力等級？($\alpha = 0.05$)

學生號碼	No.1	No.2	No.3	No.4	No.5	No.6	No.7	No.8	No.9	No.10	No.11	No.12
使用前	1	10	8	8	9	6	8	7	5	6	1	2
使用後	2	10	9	7	8	8	9	8	8	7	3	3

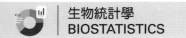

1. 設定使用教具後與使用教具前的賞析能力等級差值的族群中位數為 M_d。

2. 檢定假設

   (1) H_0：$M_d \leq 0$，亦即 $P(+) \leq P(+)$。

   (2) H_1：$M_d > 0$，亦即 $P(+) > P(-)$。

3. 使用教具後賞析能力等級較使用前等級高時，用"+"號取代；使用教具後等級較使用前等級低時，用"-"號取代。使用教具前後等級相等時，用"0"號取代。重新整理數據如下表。

學生號碼	No.1	No.2	No.3	No.4	No.5	No.6	No.7	No.8	No.9	No.10	No.11	No.12
符號	+	0	+	-	-	+	+	+	+	+	+	+

4. "-"號次數 $x = 2$，有效樣本數 $n = 12 - 1 = 11$。

5. $x < n / 2$，故計算

   $$P = \sum_{k=0}^{2} C_k^{11} 0.5^{11} = C_0^{11} 0.5^{11} + C_1^{11} 0.5^{11} + C_2^{11} 0.5^{11}$$

   $$= 0.00049 + 0.00537 + 0.02686 = 0.03272 < 0.05$$

6. 拒絕 H_0，也就是說新購入的生物標本教具能增進學生對生物形態賞析能力等級。

R 統計軟體分析語言範例：

將本例題的數據資料及相關指令輸入 R 或 RStudio 軟體的 Console 視窗內，內容如下：

```
Data1<-c(1, 10, 8, 8, 9, 6, 8, 7, 5, 6, 1, 2)
Data2<-c(2, 10, 9, 7, 8, 8, 9, 8, 8, 7, 3, 3)
Data2vs1 <- Data2-Data1
if(!require(BSDA)){install.packages("BSDA")}
library(BSDA)
SIGN.test(Data2, Data1, md = 0, alternative = "greater")
SIGN.test(Data2vs1, md = 0, alternative = "greater")
```

執行結果（單尾 P 值為 0.03271，等同於前面計算所得 P 值）如下：

```
> Data1<-c(1, 10, 8, 8, 9, 6, 8, 7, 5, 6, 1, 2)
> Data2<-c(2, 10, 9, 7, 8, 8, 9, 8, 8, 7, 3, 3)
> Data2vs1 <- Data2-Data1
> if(!require(BSDA)){install.packages("BSDA")}
> library(BSDA)
> SIGN.test(Data2, Data1, md = 0, alternative = "greater")
    Dependent-samples Sign-Test

data:   Data2 and Data1
S = 9, p-value = 0.03271
alternative hypothesis: true median difference is greater than 0
95 percent confidence interval:
 0.5718182            Inf
sample estimates:
median of x-y
              1

Achieved and Interpolated Confidence Intervals:

                        Conf.Level L.E.pt U.E.pt
Lower Achieved CI        0.9270 1.0000      Inf
Interpolated CI          0.9500 0.5718      Inf
Upper Achieved CI        0.9807 0.0000      Inf
> SIGN.test(Data2vs1, md = 0, alternative = "greater")
    One-sample Sign-Test

data:   Data2vs1
s = 9, p-value = 0.03271
alternative hypothesis: true median is greater than 0
95 percent confidence interval:
 0.5718182            Inf
sample estimates:
median of x
              1
```

Achieved and Interpolated Confidence Intervals:

	Conf.Level	L.E.pt	U.E.pt
Lower Achieved CI	0.9270	1.0000	Inf
Interpolated CI	0.9500	0.5718	Inf
Upper Achieved CI	0.9807	0.0000	Inf

或者可輸入下列指令：

Data1<-c(1, 10, 8, 8, 9, 6, 8, 7, 5, 6, 1, 2)

Data2<-c(2, 10, 9, 7, 8, 8, 9, 8, 8, 7, 3, 3)

Data2vs1 <- Data2-Data1

if(!require(DescTools)){install.packages("DescTools")}

library(DescTools)

SignTest(Data2, Data1, mu = 0, alternative = "greater")

SignTest(Data2vs1, mu = 0, alternative = "greater")

執行結果（基本同前述者）如下：

> Data1<-c(1, 10, 8, 8, 9, 6, 8, 7, 5, 6, 1, 2)

> Data2<-c(2, 10, 9, 7, 8, 8, 9, 8, 8, 7, 3, 3)

> Data2vs1 <- Data2-Data1

> if(!require(DescTools)){install.packages("DescTools")}

> library(DescTools)

> SignTest(Data2, Data1, mu = 0, alternative = "greater")

    Dependent-samples Sign-Test

data: Data2 and Data1

S = 9, number of differences = 11, p-value = 0.03271

alternative hypothesis: true median difference is greater than 0

92.7 percent confidence interval:

   1 Inf

sample estimates:

median of the differences

                  1

> SignTest(Data2vs1, mu = 0, alternative = "greater")

    One-sample Sign-Test

data: Data2vs1

S = 9, number of differences = 11, p-value = 0.03271

alternative hypothesis: true median is greater than 0

92.7 percent confidence interval:

    1 Inf

sample estimates:

median of the differences

                      1

二　Wilcoxon 符號等級檢定法

Wilcoxon 符號等級檢定法(Wilcoxon signed-rank test)比符號檢定法的條件嚴格。族群須為對稱於中位數的對稱分布(symmetric distribution)；即不屬於左偏(left-skewed)或右偏(right-skewed)分布的任何分布形態。觀測值為等距變數或等比變數的連續型隨機變數樣本。分析步驟如下：

1. 設定族群中位數(M)為 M_0，而樣本觀測值與 M_0 的差值之族群中位數為 M_d。選擇使用雙尾或單尾（只有左尾）檢定，並建立對應的虛無假設 H_0 和對立假設 H_1。

  (1) 雙尾檢定：H_0：$M = M_0$ 即 $M_d = 0$；H_1：$M \neq M_0$ 即 $M_d \neq 0$。

  (2) 左尾檢定：H_0：$M_d \geq 0$；H_1：$M_d < 0$。

  (3) 選定顯著水準 α，例如 0.05。

  (4) 求出樣本觀測值與 M_0 之相差值，差值等於 0 時應捨棄，且樣本數應減去捨棄的"0"值的數量才是真正的有效樣本數 n。將不等於 0 的差值按絕對值由小到大排序和編號（例如 1, 2, 3,⋯, n），每一個號碼代表一個等級。差值之絕對值相同時，必須求等級的平均數，然後用平均數代替原來的等級值。

  (5) 分別計算差值是"+"號的等級之總和值 T_+，以及差值是"−"號的等級之總和值 T_-。檢定統計量 T 是 T_+ 和 T_- 的較小值。

  (6) 判斷接受或拒絕虛無假設有下列兩種情形：

    A. 有效樣本數 $5 \leq n \leq 30$ 時，查附錄七表格得到 P 值：

      a. 雙尾檢定的決策法則是 $P < \alpha / 2$。

      b. 左尾檢定的決策法則是 $P < \alpha$。

B. 有效樣本數 $n > 30$ 時，T 的分布趨近於 Z 分布，而檢定值 Z_0 的計算為

$$Z_0 = \frac{T - \dfrac{n(n+1)}{4}}{\sqrt{\dfrac{n(n+1)(2n+1)}{24}}}$$

a. 雙尾檢定的決策法則是 $Z_0 < -Z_{\frac{\alpha}{2}}$ 即 $P(Z < Z_0) < \alpha / 2$。

b. 左尾檢定的決策法則是 $Z_0 < -Z_\alpha$ 即 $P(Z < Z_0) < \alpha$。

(7) 依據所接受虛無假設 H_0 或對立假設 H_1 的條件作結論。

例題 13-3

隨機抽樣測量 10 位進行心臟手術的病人之心輸出量，結果如下表。試檢定進行心臟手術病人心輸出量的中位數是否顯著不同於 5.0 公升／分鐘？($\alpha = 0.05$)

病人號碼	No.1	No.2	No.3	No.4	No.5	No.6	No.7	No.8	No.9	No.10
心輸出量 （xi；公升／ 分鐘）	3.8	5.9	3.2	5.4	6.3	7.2	5.8	4.7	7.5	5.4

解

1. 族群中位數(M)為 5.0，而樣本觀測值與 5.0 的差值之族群中位數設為 M_d。設立檢定假設：

   H_0 : $M = 5.0$ 即 $M_d = 0$; H_1 : $M \neq 5.0$ 即 $M_d \neq 0$。

2. 計算樣本觀測值 (x_i) 與族群中位數 5.0 之相差值，將差值按絕對值由小到大排序和編號（等級）。差值絕對值相同時，必須求等級的平均數，然後用平均數代替原來的等級值，如下表。

病人號碼	No.1	No.2	No.3	No.4	No.5	No.6	No.7	No.8	No.9	No.10
差值($d_i = x - 5.0$)	−1.2	+0.9	−1.8	+0.4	+1.3	+2.2	+0.8	−0.3	+2.5	+0.4
以|d_i|排列等級	6	5	8	2.5	7	9	4	1	10	2.5
等級+		5		2.5	7	9	4		10	2.5
等級−	6		8					1		

3. 分別計算差值是 "+" 號的等級之總和值 $T_+(=40)$，以及差值是 "−" 號的等級之總和值 $T_-(=15)$。檢定統計量 $T(=15)$ 是 T_+ 和 T_- 的較小值。

4. 查附錄七表格得到統計機率值 $P = 0.1162 > \alpha / 2 \ (= 0.025)$。

5. 所以接受虛無假設 H_0，也就是說進行心臟手術病人心輸出量的中位數並未顯著不同於 5.0 公升／分鐘。

R 統計軟體分析語言範例：

將本例題的數據資料及相關指令輸入 R 或 RStudio 軟體的 Console 視窗內，內容如下：

Data <- c(3.8, 5.9, 3.2, 5.4, 6.3, 7.2, 5.8, 4.7, 7.5, 5.4)

wilcox.test(Data, alternative = "two.sided", mu = 5)

執行結果（雙尾 P 值 0.221，近似於前面計算所得單側 P 值 0.1162 乘以 2）如下：

```
> Data <- c(3.8, 5.9, 3.2, 5.4, 6.3, 7.2, 5.8, 4.7, 7.5, 5.4)
> wilcox.test(Data, alternative = "two.sided", mu = 5)
    Wilcoxon signed rank test with continuity correction
data:    Data
V = 40, p-value = 0.221
alternative hypothesis: true location is not equal to 5
Warning message:
In wilcox.test.default(Data, alternative = "two.sided", mu = 5) :
    cannot compute exact p-value with ties
```

例題 13-4

隨機抽樣測量 10 位病人於進行新型心臟手術前後的心輸出量，結果如下表。試檢定新型心臟手術是否能顯著提高病人收縮壓代表值？（$\alpha = 0.01$）

病人號碼	No.1	No.2	No.3	No.4	No.5	No.6	No.7	No.8	No.9	No.10
手術前心輸出量（公升／分鐘）	2.8	4.9	2.2	4.4	5.3	6.0	4.8	3.7	6.5	4.4
手術後心輸出量（公升／分鐘）	3.2	5.8	3.2	4.9	6.6	6.1	5.4	3.9	6.3	5.0

解

1. 手術後與手術前心輸出量觀測值的差值之族群中位數設為 M_d。設立檢定假設：$H_0 : M_d \leq 0$；$H_1 : M_d > 0$。

2. 計算手術後與手術前心輸出量觀測值之相差值，將差值按絕對值由小到大排序和編號（等級）。差值絕對值相同時，必須求等級的平均數，然後用平均數代替原來的等級值，如下表。

學生號碼	No.1	No.2	No.3	No.4	No.5	No.6	No.7	No.8	No.9	No.10
差值(d_i)	+0.4	+0.9	+1.0	+0.5	+1.3	+0.1	+0.6	+0.2	−0.2	+0.6
以$\lvert d_i \rvert$排列等級	4	8	9	5	10	1	6.5	2.5	2.5	6.5
等級+	4	8	9	5	10	1	6.5	2.5		6.5
等級−									2.5	

3. 分別計算差值是 "+" 號的等級之總和值 $T_+(=52.5)$，以及差值是 "−" 號的等級之總和值 $T_-(=2.5)$。檢定統計量 $T(=2.5)$ 是 T_+ 和 T_- 的較小值。

4. 查附錄七得到統計機率值 $0.0029 < P < 0.0049 < \alpha\ (=0.01)$。

5. 所以拒絕虛無假設 H_0，也就是說新型心臟手術能顯著提高病人收縮壓代表值。

R 統計軟體分析語言範例：

　　將本例題的數據資料及相關指令輸入 R 或 RStudio 軟體的 Console 視窗內，內容如下：

```
Data1 <- c(2.8, 4.9, 2.2, 4.4, 5.3, 6.0, 4.8, 3.7, 6.5, 4.4)
Data2 <- c(3.2, 5.8, 3.2, 4.9, 6.6, 6.1, 5.4, 3.9, 6.3, 5.0)
Data2vs1 <- Data2-Data1
wilcox.test(Data2vs1, alternative = "greater", mu = 0)
```

　　執行結果（單尾 P 值 0.004883，符合前面計算所得 P 值範圍）如下：

```
> Data1 <- c(2.8, 4.9, 2.2, 4.4, 5.3, 6.0, 4.8, 3.7, 6.5, 4.4)
> Data2 <- c(3.2, 5.8, 3.2, 4.9, 6.6, 6.1, 5.4, 3.9, 6.3, 5.0)
> Data2vs1 <- Data2-Data1
> wilcox.test(Data2vs1, alternative = "greater", mu = 0)
    Wilcoxon signed rank test
```

data:　　Data2vs1

V = 52, p-value = 0.004883

alternative hypothesis: true location is greater than 0

或者可輸入下列指令：

Data1 <- c(2.8, 4.9, 2.2, 4.4, 5.3, 6.0, 4.8, 3.7, 6.5, 4.4)

Data2 <- c(3.2, 5.8, 3.2, 4.9, 6.6, 6.1, 5.4, 3.9, 6.3, 5.0)

wilcox.test(Data2, Data1, mu = 0, alternative = "greater", paired = TRUE)

執行結果（基本同前述者）如下：

> Data1 <- c(2.8, 4.9, 2.2, 4.4, 5.3, 6.0, 4.8, 3.7, 6.5, 4.4)

> Data2 <- c(3.2, 5.8, 3.2, 4.9, 6.6, 6.1, 5.4, 3.9, 6.3, 5.0)

> wilcox.test(Data2, Data1, mu = 0, alternative = "greater", paired = TRUE)

　　Wilcoxon signed rank test

data:　　Data2 and Data1

V = 52, p-value = 0.004883

alternative hypothesis: true location shift is greater than 0

三　Mann-Whitney 檢定法

　　Mann-Whitney 檢定法(Mann-Whitney test)又可稱 Wilcoxon 等級和檢定法或 Mann-Whitney-Wilcoxon 檢定法，是可用於兩組獨立樣本的檢定。兩組獨立樣本分別來自族群為任何分布形態的連續隨機變數樣本。此法仍需假設兩族群的分布需有相同的形式。觀測值為序列、等距或等比變數。其功能與二組獨立樣本的 t 檢定相同。分析步驟如下：

1. 設定兩族群之中位數各為 M_1 及 M_2。選擇使用雙尾或單尾檢定，並建立對應的虛無假設 H_0 和對立假設 H_1。

　　(1) 雙尾檢定：H_0：$M_1 = M_2$；H_1：$M_1 \neq M_2$。

　　(2) 左尾檢定：H_0：$M_1 \geq M_2$；H_1：$M_1 < M_2$。

　　(3) 右尾檢定：H_0：$M_1 \leq M_2$；H_1：$M_1 > M_2$。

　　(4) 選定顯著水準 α，例如 0.05。

2. 將兩組觀測值混合，由小到大排序並依序編號，每一個編號代表一個等級。觀測值相同時，必須求等級的平均數，然後用平均數代替原來的等級值。計算第 1 組觀測值的等級總和 S，求出統計值 T：$T = S - \dfrac{n(n+1)}{2}$，其中，n 為第 1 組觀測值的數目。

3. 判斷接受或拒絕虛無假設有下列兩種情形
   (1) 第 1, 2 組的樣本數分別為 n, m。當 $2 \leq n, m \leq 20$ 時，查附錄八表格可得 w_α 或 $w_{\alpha/2}$ 值，而 $w_{1-\alpha}$ 或 $w_{1-(\alpha/2)}$ 值則須由下列公式分別計算：

   $$w_{1-\alpha} = nm - w_\alpha \; ; \; w_{1-(\alpha/2)} = nm - w_{\alpha/2}$$

   A. 雙尾檢定的決策法則是 $T < w_{\alpha/2}$ 或 $T > w_{1-(\alpha/2)}$。
   B. 左尾檢定的決策法則是 $T < w_\alpha$。
   C. 右尾檢定的決策法則是 $T > w_{1-\alpha}$。

   (2) 樣本數 n 或 m 中有一個大於 20 時，統計量 T 的分布趨近於 Z 分布，而檢定值 Z_0 的計算為

   $$Z_0 = \frac{T - \dfrac{nm}{2}}{\sqrt{\dfrac{nm(n+m+1)}{12}}}$$

   A. 雙尾檢定的決策法則是 $|Z_0| > Z_{\frac{\alpha}{2}}$ 即 $P(Z < Z_0) < \alpha / 2$ 或 $P(Z > Z_0) < \alpha / 2$。
   B. 單尾檢定的決策法則是 $|Z_0| > Z_\alpha$ 即 $P(Z < Z_0) < \alpha$ 或 $P(Z > Z_0) < \alpha$。

4. 依據所接受虛無假設 H_0 或對立假設 H_1 的條件作結論。

例題 13-5

　　為進行一項養分配給的研究，隨機選出 5 頭乳牛以脫水牧草飼養，另隨機地選出 6 頭乳牛餵以枯萎的牧草。根據三個星期的飼養觀察，每日牛奶產量（磅）的資料如下表。試檢定餵食不同類型飼料的乳牛之每日牛奶產量是否顯著不同？($\alpha = 0.05$)

枯萎牧草	44	56	58	53	46	
脫水牧草	35	43	39	41	51	29

解

1. 兩族群之中位數各設為 M_1 及 M_2。

2. 設立雙尾檢定假設：$H_0：M_1 = M_2$；$H_1：M_1 \neq M_2$。

3. 將兩組觀測值混合，由小到大排序並依序編號，每一個編號代表一個等級。觀測值相同時，必須求等級的平均數，然後用平均數代替原來的等級值，如下表。

枯萎牧草等級	6	10	11	9	7	
脫水牧草等級	2	5	3	4	8	1

4. 計算第一組觀測值的等級總和 $S(= 6+10+11+9+7 = 43)$，然後求出統計值 T

$$T = S - \frac{n(n+1)}{2} = 43 - \frac{s(s+1)}{2} = 28$$

5. 查附錄八表格，$n = 5$，$m = 6$，可得 $w_{\alpha/2} = 4$，而 $w_{1-(\alpha/2)} = nm - w_{\alpha/2} = 30 - 4 = 26 < T$。

6. 所以拒絕虛無假設 H_0，也就是說餵食不同類型飼料的乳牛之日平均牛奶產量有顯著不同。

R 統計軟體分析語言範例：

　　將本例題的數據資料及相關指令輸入 R 或 RStudio 軟體的 Console 視窗內，內容如下：

```
Data1 <- c(44, 56, 58, 53, 46)
Data2 <- c(35, 43, 39, 41, 51, 29)
wilcox.test(Data2, Data1, alternative = "two.sided", paired = FALSE)
```

　　執行結果（雙尾 P 值 0.01732 < α 值）如下：

```
> Data1 <- c(44, 56, 58, 53, 46)
> Data2 <- c(35, 43, 39, 41, 51, 29)
> wilcox.test(Data2, Data1, alternative = "two.sided", paired = FALSE)

    Wilcoxon rank sum test

data:    Data2 and Data1
W = 2, p-value = 0.01732
alternative hypothesis: true location shift is not equal to 0
```

四　Kruskal-Wallis 獨立樣本檢定法

　　Kruskal-Wallis k 組獨立樣本檢定法(Kruskal-Wallis k-sample test)或 Kruskal-Wallis 單因子等級變異數分析法(Kruskal-Wallis one-way analysis of variance by ranks)是 Wilcoxon 等級和檢定法的延伸，功能與單因子變異數分析法相同。其 k 組獨立樣本為分別來自是任何分布形態的族群之連續隨機變數樣本。能使用 ANOVA 的場合，大致上也能使用 Kruskal-Wallis 檢定法，但其檢定力只有前者的 95%。分析步驟如下：

1. 建立對應的虛無假設 H_0 和對立假設 H_1
   (1) H_0：k 個族群的中位數相等。
   (2) H_1：其中至少有兩個族群的中位數不相等。
   　　選定顯著水準α，例如 0.05。

2. 將所有觀測值混合排序（由小排到大）並編號，每一個號碼代表一個等級。觀測值相同時，必須求等級的平均數，用平均數代替原來的等級值。然後，分別計算各組的等級和，分別為 R_1, R_1, $\cdots$, R_k。

3. 計算統計值 H

$$H = \frac{12}{N(N+1)}\left(\sum_{i=1}^{k} \frac{R_i^{\,2}}{n_i}\right) - 3(N+1), i = 1, 2, \cdots, k$$

　　其中總樣本數 $N = n_1 + n_2 + \cdots + n_k$。

4. H 趨近 0 表示各組間沒有顯著差異。當至少有一組樣本數大於 5 時，H 是趨近自由度為 k−1 的卡方分布右尾檢定。判斷接受或拒絕虛無假設的決策法則是

$$H > \chi^2_{\alpha, k-1} \text{ 或 } P(\chi^2 > H) < \alpha$$

5. 當有三組樣本而每組樣本數均不大於 5 時，可參考 Daniel 與 Cross(2014)附錄表格(TABLE N)得知臨界值與 P 值。

6. 依據所接受虛無假設 H_0 或對立假設 H_1 的條件進行結論。

7. 若是拒絕虛無假設 H_0，可進一步進行 Bonferroni's 多重比較法。步驟如 8~12 所示。

8. 建立假設：H_0：$m_a = m_b$；H_1：$m_a \neq m_b$　　　　a, b = 1, 2,$\cdots$, k 且 a $\neq$ b。

9. 查 Z 表，得知右尾臨界值 U

$$U = Z_{\alpha/2c} \qquad c = C_2^k$$

10. 計算統計值 Z_{ij}

$$Z_{ij} = \frac{|R_a - R_b|}{\sqrt{\dfrac{N(N+1)}{12}\left(\dfrac{1}{n_a} + \dfrac{1}{n_b}\right)}}$$

11. 拒絕虛無假設的條件是：$Z_{ij} > U$。

12. 依據所接受虛無假設 H_0 或對立假設 H_1 的條件作結論。

例題 13-6

　　欲比較三種植物荷爾蒙(X、Y、Z)對植物根毛生長之影響，隨機選取植株在施加植物荷爾蒙兩週後，分別測量所誘導出的根毛長度(mm)，資料如下。

荷爾蒙 X	荷爾蒙 Y	荷爾蒙 Z
15	6	13
19	7	14
13	4	9
18	3	9
14	13	11
20		

　　試問此三種荷爾蒙誘導根毛長度效果是否相等？若不相等，則進一步進行 Bonferroni's 多重比較法。($\alpha = 0.05$)

1. 建立對應的虛無假設 H_0 和對立假設 H_1
   (1) H_0：三種族群的中位數相等。
   (2) H_1：其中至少有兩個族群的中位數不相等。

2. 如下表所示，將所有觀測值混合排序（由小排到大）並編號，每一個號碼代表一個等級。觀測值相同時，必須求等級的平均數，用平均數代替原來的等級值。然後，分別計算各組的等級和，分別為 $R_1, R_1, \cdots, R_k$。

荷爾蒙 X	荷爾蒙 Y	荷爾蒙 Z
13	3	9
15	4	11.5
9	2	5.5
14	1	5.5
11.5	9	7
16		
$R_1=78.5$	$R_2=19$	$R_3=38.5$

3. 計算統計值 H

$$H = \frac{12}{N(N+1)}\left(\sum_{i=1}^{k}\frac{R_i^2}{n_i}\right) - 3(N+1)$$

$$= \frac{12}{16(16+1)}\left(\frac{78.5^2}{6} + \frac{19^2}{5} + \frac{38.5^2}{5}\right) - 3(16+1)$$

$$= 10.57$$

$$N = \sum_{i=1}^{3} n_i = 6+5+5 = 16 \quad N = \sum_{i=1}^{3} n_i = 6+5+5 = 16$$

4. 臨界值 $X_{0.05,2}^2 = 5.991 < H$。

5. 所以拒絕虛無假設 H_0，也就是說三種不同荷爾蒙誘導根毛長度效果不相等。

6. 進一步進行 Bonferroni's 多重比較法。建立假設：

$H_0 : m_a = m_b$; $H_1 : m_a \neq m_b$ a, b=1, 2, 3且 $a \neq b$。

7. 查 Z 表，得知右尾臨界值 U

$$U = Z_{\alpha/2c} \qquad c = C_2^3 = 3$$

$$= Z_{\alpha/6}$$

$$= Z_{0.0083}$$

$$\doteq 2.395$$

8. 計算統計值 Z_{ij}

$$Z_{12} = \frac{\left|\dfrac{R1}{n1} - \dfrac{R2}{n2}\right|}{\sqrt{\dfrac{N(N+1)}{12}\left(\dfrac{1}{n1}+\dfrac{1}{n2}\right)}} = \frac{\left|\dfrac{78.5}{6} - \dfrac{19}{5}\right|}{\sqrt{\dfrac{16(16+1)}{12}\left(\dfrac{1}{6}+\dfrac{1}{5}\right)}} = 3.22 > U$$

$$Z_{23} = \frac{\left|\dfrac{R2}{n2} - \dfrac{R3}{n3}\right|}{\sqrt{\dfrac{N(N+1)}{12}\left(\dfrac{1}{n2}+\dfrac{1}{n3}\right)}} = \frac{\left|\dfrac{19}{5} - \dfrac{38.5}{5}\right|}{\sqrt{\dfrac{16(16+1)}{12}\left(\dfrac{1}{5}+\dfrac{1}{5}\right)}} = 1.30 < U$$

$$Z_{13} = \frac{\left|\dfrac{R1}{n1} - \dfrac{R3}{n3}\right|}{\sqrt{\dfrac{N(N+1)}{12}\left(\dfrac{1}{n1}+\dfrac{1}{n3}\right)}} = \frac{\left|\dfrac{78.5}{6} - \dfrac{38.5}{5}\right|}{\sqrt{\dfrac{16(16+1)}{12}\left(\dfrac{1}{6}+\dfrac{1}{5}\right)}} = 1.87 < U$$

9. 所以荷爾蒙 X 與荷爾蒙 Y 兩者誘導根毛長度效果不相等，荷爾蒙 X 與荷爾蒙 Z 兩者或是荷爾蒙 Y 與荷爾蒙 Z 兩者誘導根毛長度效果無顯著差異。

R 統計軟體分析語言範例：

　　將本例題的數據資料及相關指令輸入 R 或 RStudio 軟體的 Console 視窗內，內容如下：

```
Data <- read.table(header = TRUE, text = "
Hormone    Length
X    15
X    19
X    13
X    18
X    14
X    20
Y    6
Y    7
Y    4
Y    3
Y    13
```

```
Z    13
Z    14
Z    9
Z    9
Z    11
")
attach(Data)
names(Data)
kruskal.test(Length ~ Hormone, data = Data)
pairwise.wilcox.test(Length, Hormone, p.adjust.method = "bonferroni")
```

執行結果（P 值 0.004823 ＜ α 值；事後比較結論同前述計算者）如下：

```
> Data <- read.table(header = TRUE, text = "
+ Hormone    Length
+ X    15
+ X    19
+ X    13
+ X    18
+ X    14
+ X    20
+ Y    6
+ Y    7
+ Y    4
+ Y    3
+ Y    13
+ Z    13
+ Z    14
+ Z    9
+ Z    9
+ Z    11
+ ")
> attach(Data)
> names(Data)
```

[1] "Hormone" "Length"

> kruskal.test(Length ~ Hormone, data = Data)

Kruskal-Wallis rank sum test

data: Length by Hormone

Kruskal-Wallis chi-squared = 10.669, df = 2, p-value = 0.004823

> pairwise.wilcox.test(Length, Hormone, p.adjust.method = "bonferroni")

Pairwise comparisons using Wilcoxon rank sum test

data: Length and Hormone

```
    X      Y
Y 0.031   -
Z 0.065  0.222
```

P value adjustment method: bonferroni

Warning messages:

1: In wilcox.test.default(xi, xj, paired = paired, ...) :

cannot compute exact p-value with ties

2: In wilcox.test.default(xi, xj, paired = paired, ...) :

cannot compute exact p-value with ties

3: In wilcox.test.default(xi, xj, paired = paired, ...) :

cannot compute exact p-value with ties

五 Friedman 非獨立樣本檢定法

Friedman k 組非獨立樣本檢定法(Friedman k-sample test)或 Friedman 兩因子等級變異數分析法(Friedman two-way analysis of variance by ranks)是符號檢定法或 Wilcoxon 符號等級檢定法的延伸,功能與兩因子變異數分析法重複量數實驗相同。其 n 個獨立樣本為分別來自呈任何分布形態的族群之連續型隨機變數樣本。此 n 個獨立樣本視為 n 個層次,隨機受到 k 種實驗處理。分析步驟如下:

1. 建立對應的虛無假設 H_0 和對立假設 H_1

(1) H_0:k 種實驗處理的效應相等。

(2) H_1:其中至少有一對效應不相等。

選定顯著水準α,例如 0.05。

2. 分別將每個樣本或層次的 k 個觀測值排序（由小排到大）並編號，每一個號碼代表一個等級。觀測值相同時，必須求等級的平均數，然後用等級平均數代替原來的等級值。

3. 計算統計值 χ_r^2

$$X_r^2 = \frac{12}{nk(k+1)}\left(\sum_{j=1}^{k} R_j^2\right) - 3n(k+1), \ j = 1, 2, \cdots, k$$

4. X_r^2 趨近 0 表示各組間沒有顯著差異。當 $k = 3$ 且 $n > 9$，或 $k = 4$ 且 $n > 4$ 時，H 是趨近自由度為 $k-1$ 的卡方分布右尾檢定。判斷接受或拒絕虛無假設的決策法則是

$$X_r^2 > X_{\alpha,\,k-1}^2 \ \text{或} \ P(X^2 > X_r^2) < \alpha$$

5. 當 $k = 3$ 且 $n \leq 9$ 或 $k = 4$ 且 $n \leq 4$ 時，可參考 Daniel 與 Cross (2014)附錄表格 (TABLE O)得知臨界值與 P 值。

6. 依據所接受虛無假設 H_0 或對立假設 H_1 的條件作結論。

7. 若是拒絕虛無假設 H_0，可進一步進行 Bonferroni's 多重比較法。步驟如 8~12 點所示。

8. 建立假設（各組樣本數要相等）

   $H_0 : m_a = m_b$; $H_1 : m_a \neq m_b$ $a, b = 1, 2, \cdots, k$ 且 $a \neq b$。

9. 查 Z 表，得知右尾臨界值 U

$$U = Z_{\alpha/2c} \qquad c = C_2^k$$

10. 計算統計值 Z_{ij}

$$Z_{ij} = \frac{|R_a - R_b|}{\sqrt{\dfrac{nk(k+1)}{6}}}$$

11. 拒絕虛無假設的條件是：$Z_{ij} > U$。

12. 依據所接受虛無假設 H_0 或對立假設 H_1 的條件作結論。

例題 13-7

欲比較消費者對四種不同品牌(A、B、C、D)香水的喜好度（0~10 分），今隨機選擇 5 位測試者，其對香水的喜好度資料如下：

測試者編號	香水 A	香水 B	香水 C	香水 D
No.1	8	9	7	5
No.2	10	10	9.5	3
No.3	5	6	2	1
No.4	9	8	7.5	2
No.5	8.5	8.5	3.5	1

試問消費者對此四種不同品牌香水的喜好度是否有差異？若有差異，則進一步進行 Bonferroni's 多重比較法。($\alpha=0.05$)

1. 建立對應的虛無假設 H_0 和對立假設 H_1
   (1) H_0：測試者對四種不同品牌香水的喜好度相等。
   (2) H_1：測試者對四種不同品牌香水的喜好度不全相等。

2. 分別將每個測試者的 4 個觀測值排序（由小排到大）並給予等級。觀測值相同時，必須求等級的平均數，然後用等級平均數代替原來的等級值，如下表。

測試者編號	香水 A	香水 B	香水 C	香水 D
No.1	3	4	2	1
No.2	3.5	3.5	2	1
No.3	3	4	2	1
No.4	4	3	2	1
No.5	3.5	3.5	2	1
	$R_1=17$	$R_2=18$	$R_3=10$	$R_4=5$

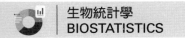
3. 計算統計值 X_r^2

$$X_r^2 = \frac{12}{nk(k+1)}\left(\sum_{j=1}^{k} R_j^2\right) - 3n(k+1)$$
$$= \frac{12}{5(4)(4+1)}(17^2 + 18^2 + 10^2 + 5^2) - 3(5)(4+1)$$
$$= 13.56$$

4. 臨界值 $X_{0.05,3}^2 = 7.815 < X_r^2$ 。

5. 所以拒絕虛無假設 H_0 ，也就是說測試者對四種不同品牌香水的喜好度不全相等。

6. 進一步進行 Bonferroni's 多重比較法。

7. 建立假設： H_0 ： $m_a = m_b$ ； H_1 ： $m_a \neq m_b$ a, b = 1, 2, 3, 4 且 $a \neq b$

8. 查 Z 表，得知右尾臨界值 U ：

$$U = Z_{a/2c} \qquad c = \binom{4}{2} = 6$$
$$= Z_{0.05/12}$$
$$= Z_{0.0042}$$
$$= 2.635$$

9. 計算統計值 Z_{ij} ：

$$Z_{12} = \frac{|R_1 - R_2|}{\sqrt{\dfrac{nk(k+1)}{6}}} = \frac{|17-18|}{\sqrt{\dfrac{5(4)(4+1)}{6}}} = 0.24 < U$$

$$Z_{13} = \frac{|R_1 - R_2|}{\sqrt{\dfrac{nk(k+1)}{6}}} = \frac{|17-10|}{\sqrt{\dfrac{5(4)(4+1)}{6}}} = 1.71 < U$$

$$Z_{14} = \frac{|R_1 - R_2|}{\sqrt{\dfrac{nk(k+1)}{6}}} = \frac{|17-5|}{\sqrt{\dfrac{5(4)(4+1)}{6}}} = 2.94 > U$$

$$Z_{23} = \frac{|R_2 - R_3|}{\sqrt{\dfrac{nk(k+1)}{6}}} = \frac{|18-10|}{\sqrt{\dfrac{5(4)(4+1)}{6}}} = 1.96 < U$$

$$Z_{24} = \frac{|R_2 - R_4|}{\sqrt{\dfrac{nk(k+1)}{6}}} = \frac{|18-5|}{\sqrt{\dfrac{5(4)(4+1)}{6}}} = 3.18 > U$$

$$Z_{34} = \frac{|R_3 - R_4|}{\sqrt{\dfrac{nk(k+1)}{6}}} = \frac{|10 - 5|}{\sqrt{\dfrac{5(4)(4+1)}{6}}} = 1.22 < U$$

10. 所以測試者對香水 A 與香水 D 的喜好度具顯著差異，對香水 B 與香水 D 的喜好度亦具顯著差異。測試者對於其餘的香水配對之間的喜好度則無顯著差異。

R 統計軟體分析語言範例：

將本例題的數據資料及相關指令輸入 R 或 RStudio 軟體的 Console 視窗內，內容如下：

```
Data <- read.table(header = TRUE, text = "
Perfume   Rater   Likert
A         1       8
A         2       10
A         3       5
A         4       9
A         5       8.5
B         1       9
B         2       10
B         3       6
B         4       8
B         5       8.5
C         1       7
C         2       9.5
C         3       2
C         4       7.5
C         5       3.5
D         1       5
D         2       3
D         3       1
D         4       2
D         5       1
")
```

attach(Data)

names(Data)

friedman.test(Likert ~ Perfume | Rater, data = Data)

source("https://www.r-statistics.com/wp-content/uploads/2010/02/Friedman-Test-with-Post-Hoc.r.txt")

friedman.test.with.post.hoc(Likert ~ Perfume | Rater, Data)

執行結果（P 值 0.00274 ＜ α 值；事後比較結論同前述計算者）如下：

> Data <- read.table(header = TRUE, text = "

+ Perfume	Rater	Likert
+ A	1	8
+ A	2	10
+ A	3	5
+ A	4	9
+ A	5	8.5
+ B	1	9
+ B	2	10
+ B	3	6
+ B	4	8
+ B	5	8.5
+ C	1	7
+ C	2	9.5
+ C	3	2
+ C	4	7.5
+ C	5	3.5
+ D	1	5
+ D	2	3
+ D	3	1
+ D	4	2
+ D	5	1

+ ")

> attach(Data)

> names(Data)

[1] "Perfume" "Rater"   "Likert"

> friedman.test(Likert ~ Perfume | Rater, data = Data)

          Friedman rank sum test

data: Likert and Perfume and Rater

Friedman chi-squared = 14.125, df = 3, p-value = 0.00274

>   source("https://www.r-statistics.com/wp-content/uploads/2010/02/Friedman-Test-with-Post-Hoc.r.txt")

> with(Data, boxplot(Likert ~ Perfume))

> friedman.test.with.post.hoc(Likert ~ Perfume | Rater, Data)

Loading required package: coin

Loading required package: survival

Loading required package: multcomp

Loading required package: mvtnorm

Loading required package: TH.data

Loading required package: MASS

Attaching package: 'TH.data'

The following object is masked from 'package:MASS':

    geyser

Loading required package: colorspace

$Friedman.Test

          Asymptotic General Symmetry Test

data: Likert by

          Perfume (A, B, C, D)

          stratified by Rater

maxT = 3.25, p-value = 0.006615

alternative hypothesis: two.sided

$PostHoc.Test

B - A 0.994517607

C - A 0.297851459

D - A 0.014031985

C - B 0.187860553

D - B 0.006276538

D - C 0.594894937

$Friedman.Test

        Asymptotic General Symmetry Test

data: Likert by

        Perfume (A, B, C, D)

        stratified by Rater

maxT = 3.25, p-value = 0.006167

alternative hypothesis: two.sided

$PostHoc.Test

B - A 0.994517607

C - A 0.297851459

D - A 0.014031985

C - B 0.187860553

D - B 0.006276538

D - C 0.594894937

Warning messages:

1: package 'coin' was built under R version 3.6.3

2: package 'multcomp' was built under R version 3.6.3

3: package 'TH.data' was built under R version 3.6.3

六　Spearman 等級相關分析法

　　無母數的等級相關分析，最常用的統計值是 Spearman 等級相關係數 (Spearman's rank correlation coefficient, r_s)。其功能與 Pearson 積動差相關係數 (Pearson's product-moment correlation coefficient, r)相同。當樣本數大到某種程度時，Spearman 等級相關係數與 Pearson 積動差相關係數相當接近，但前者比較不會受離群異常值的影響。此法只能使用於線性相關；其資料為 n 對來自任何分布族群的成對連續型隨機樣本。分析步驟如下：

1. 將兩變項 X 和 Y 的觀測值分別由小到大排序並編號，每一個號碼代表一個等級。觀測值相同時，必須求等級的平均數，然後用等級平均數代替原來的等級值。

2. 選擇使用雙尾或單尾檢定，並建立對應的虛無假設 H_0 和對立假設 H_1。

(1) 雙尾檢定的假設是

    A. H_0：變項 X 和變項 Y 互相獨立。

    B. H_1：變項 X 和變項 Y 不互相獨立。

(2) 右尾檢定的假設是

    A. H_0：變項 X 和變項 Y 互相獨立或較大的 X 值和較小的 Y 值配對。

    B. H_1：較大的 X 值和較大的 Y 值配對。

(3) 左尾檢定的假設是

    A. H_0：變項 X 和變項 Y 互相獨立或較大的 X 值和較大的 Y 值配對。

    B. H_1：較大的 X 值和較小的 Y 值配對。

(4) 選定顯著水準 α，一般為 0.05。

(5) 算出每對樣本的等級差 d_i，$i = 1, 2, \cdots, n$。

(6) 計算統計值 r_s^* *

$$r_s^* = 1 - \frac{6\sum_{i=1}^{n} d_i^2}{n(n^2 - 1)}$$

(7) 當 $4 \le n \le 30$ 時，查附錄 9 表格可得知臨界值 r_s。

    A. 雙尾檢定的決策法則是

    $|r_s*| > r_{s\ \alpha/2, n}$ 即 $P(r_s < r_s*) < \alpha/2$ 或 $P(r_s > r_s*) < \alpha/2$

    B. 單尾檢定的決策法則是

    $|r_s*| > r_{s\ \alpha, n}$ 即 $P(r_s < r_s*) < \alpha$ 或 $P(r_s > r_s*) < \alpha$

(8) 當 $n > 30$ 時，可計算統計值 z：$z = r_s \sqrt{n-1}$

    A. 雙尾檢定的決策法則是

    $|z| > Z_{\alpha/2}$ 即 $P(Z < z) < \alpha/2$ 或 $P(Z > z) < \alpha/2$

    B. 單尾檢定的決策法則是 $z > Z_\alpha$ 即 $P(Z > z) < \alpha$ 或 $P(Z < z) < \alpha$。

(9) 若有等級值相同的情況時，可參考 Daniel 與 Cross(2014)進行 r_s 值校正。

    但一般認為除非等級值相同的情況非常多，否則校正動作對 r_s 值的改變量非常小。

(10) 依據所接受虛無假設 H_0 或對立假設 H_1 的條件進行結論。

例題 13-8

　　為了解兒童蛀牙比率與社區飲用水中含氟濃度的關係，隨機選擇 10 個社區進行調查並得到下表結果。試問兒童蛀牙比率與社區飲用水中含氟濃度是否呈現顯著負相關性？(α=0.05)

社區編號	兒童蛀牙率(%)	水中含氟濃度(ppm)
NO.1	3.1	9.5
NO.2	5.2	4.3
NO.3	1.5	10.5
NO.4	3.3	6.6
NO.5	6.7	5.7
NO.6	11.0	2.1
NO.7	1.8	8.9
NO.8	12.1	1.8
NO.9	9.2	3.7
NO.10	4.6	7.2

解

1. 建立左尾檢定假設
   (1) H_0：兒童蛀牙比率與社區飲用水中含氟濃度不相關或呈正相關。
   (2) H_1：兒童蛀牙比率與社區飲用水中含氟濃度呈負相關。

2. 將兩變項的觀測值分別由小到大排序並編號，每一個號碼代表一個等級。算出每對樣本的等級差 d_i 及 d_i^2，$i = 1, 2, \cdots, 10$，如下表：

社區編號	兒童蛀牙比率	水中含氟濃度	d_i	d_i^2
NO.1	3	9	−6	36
NO.2	6	4	2	4
NO.3	1	10	−9	81
NO.4	4	6	−2	4
NO.5	7	5	2	4
NO.6	9	2	7	49
NO.7	2	8	−6	36
NO.8	10	1	9	81
NO.9	8	3	5	25
NO.10	5	7	−2	4

3. 計算統計值 r_s^*

$$r_s^* = 1 - \frac{6\sum_{i=1}^{n}d_i^2}{n(n^2-1)} = 1 - \frac{6\sum_{i=1}^{10}d_i^2}{10(10^2-1)} = 1 - \frac{6(36+4+81+4+4+49+36+81+25+4)}{990}$$

$$= 1 - \frac{1,944}{990} = -0.96$$

4. 查附錄九表格可得知臨界值 $r_{s\ 0.05,\ 10} = 0.5515$。

5. 因為 $|r_s^*| > r_{s\ 0.05,10}$，所以拒絕虛無假設 H_0，也就是說兒童蛀牙比率與社區飲用水中含氟濃度呈顯著負相關性。

R 統計軟體分析語言範例：

將本例題的數據資料及相關指令輸入 R 或 RStudio 軟體的 Console 視窗內，內容如下：

Tooth_decay <- c(3.1, 5.2, 1.5, 3.3, 6.7, 11, 1.8, 12.1, 9.2, 4.6)

Fluoride_conc <- c(9.5, 4.3, 10.5, 6.6, 5.7, 2.1, 8.9, 1.8, 3.7, 7.2)

cor.test(Tooth_decay, Fluoride_conc, alternative = "two.sided", method = "spearman", exact = FALSE)

執行結果（rho 值 -0.9636364 符合前述 r_s^* 值；P 值 7.321e-06 < α 值）如下：

> Tooth_decay <- c(3.1, 5.2, 1.5, 3.3, 6.7, 11, 1.8, 12.1, 9.2, 4.6)

> Fluoride_conc <- c(9.5, 4.3, 10.5, 6.6, 5.7, 2.1, 8.9, 1.8, 3.7, 7.2)

> cor.test(Tooth_decay, Fluoride_conc, alternative = "two.sided", method = "spearman", exact = FALSE)

    Spearman's rank correlation rho

data: Tooth_decay and Fluoride_conc

S = 324, p-value = 7.321e-06

alternative hypothesis: true rho is not equal to 0

sample estimates:

        rho

-0.9636364

習題

1. 隨機抽樣測驗 10 位學生的英文對話能力等級（1, 2, …, 10 分），如下表。試以符號檢定法檢定學生英文對話能力等級的中位數是否顯著不同於 8 分？（$\alpha = 0.05$）

學生號碼	No.1	No.2	No.3	No.4	No.5	No.6	No.7	No.8	No.9	No.10
得分	3	10	10	10	3	6	8	7	4	3

2. 為評量新購入的英文對話輔助教具是否能增進學生英文對話能力等級，分別隨機測驗 12 位學生在使用此英文對話輔助教具前後，其英文對話能力等級（1, 2, …, 10 分）如下表。試以符號檢定法檢定此英文對話輔助教具是否能顯著增進學生英文對話能力等級？（$\alpha = 0.01$）

學生號碼	No.1	No.2	No.3	No.4	No.5	No.6	No.7	No.8	No.9	No.10	No.11	No.12
使用前	7	1	10	8	9	8	6	2	8	1	5	6
使用後	8	2	10	7	8	9	8	3	9	3	8	7

3. 隨機抽樣調查 12 位心臟病人進行新型心臟手術後之平均收縮壓值，結果如下表。試以 Wilcoxon 符號等級檢定法檢定進行新型心臟手術後病人平均收縮壓值的中位數是否顯著不同於 110mmHg？（$\alpha = 0.05$）

病人號碼	No.1	No.2	No.3	No.4	No.5	No.6	No.7	No.8	No.9	No.10	No.11	No.12
平均血壓值 (mmHg)	96	108	76	118	74	144	118	116	94	150	126	80

4. 隨機抽樣調查 12 位心臟病人進行新型心臟手術前後的收縮壓代表值，結果如下表。試以 Wilcoxon 符號等級檢定法檢定新型心臟手術是否能顯著提高病人收縮壓代表值(mmHg)？（$\alpha = 0.05$）

病人號碼	No.1	No.2	No.3	No.4	No.5	No.6	No.7	No.8	No.9	No.10	No.11	No.12
手術前收縮壓代表值	78	69	85	84	80	92	88	97	95	84	100	110
手術後收縮壓代表值	96	108	76	118	74	144	118	116	94	150	126	102

5. 有 8 位年輕人參加一項體能訓練，下表為訓練前後的體重(Kg)資料。

年輕人號碼	No.1	No.2	No.3	No.4	No.5	No.6	No.7	No.8
訓練前體重	63	70	81	78	66	92	88	97
訓練後體重	57	71	73	71	69	84	68	92

試以 Wilcoxon 符號等級檢定法檢定體能訓練前後體重是否有顯著改變？
($\alpha = 0.05$)

6. 為進行一項養分配給的研究，隨機選出 6 頭乳牛以甲農場生產的草料飼養，另隨機選出另外 8 頭乳牛以乙農場生產的草料飼養。根據三個星期的飼養觀察，每日牛奶產量（磅）的資料如下表。試以 Mann-Whitney 檢定法檢定餵食不同來源草料的乳牛之每日牛奶產量是否顯著不同？($\alpha = 0.05$)

甲農場草料	35	53	39	41	51	29	22	23
乙農場草料	41	57	53	54	49	62		

7. 欲比較四種不同廠牌的生髮液(A、B、C、D)對頭髮生長之影響，隨機選取測試者在使用特定廠牌生髮液三個月後，評估其頭髮增加數量，資料如下。

廠牌 A	廠牌 B	廠牌 C	廠牌 D
1,500	300	500	1,300
1,400	400	700	1,400
1,300	200	400	900
1,800	100	300	900
1,400	200		1,100
2,100			

試以 Kruskal-Wallis 獨立樣本檢定法檢定此四種不同廠牌的生髮液促進頭髮增生效果是否相等？若不相等，則進一步進行 Bonferroni's 多重比較法。
($\alpha = 0.05$)

8. 欲比較消費者對四家(A、B、C、D)火鍋店的喜好度（0~100 分），今隨機選擇 6 位測試者，其對火鍋店的喜好度資料如下：

測試者編號	火鍋店 A	火鍋店 B	火鍋店 C	火鍋店 D
No.1	80	60	20	70
No.2	95	100	30	100
No.3	20	50	10	60
No.4	70	80	50	90
No.5	75	90	20	80
No.6	35	85	10	85

試以 Friedman 非獨立樣本檢定法檢定消費者對四家火鍋店的喜好度是否有差異？若有差異，則進一步進行 Bonferroni's 多重比較法。（$\alpha = 0.05$）

9. 為了解人類年齡與腦電圖(EEG)輸出值的關係，隨機選擇 15 個受測者進行量測並得到下表結果。試以 Spearman 等級相關分析法檢定人類年齡與腦電圖輸出值是否呈現顯著相關性？（$\alpha = 0.01$）

受測者編號	年齡	EEG 輸出值
No.1	23	97
No.2	60	53
No.3	48	59
No.4	55	61
No.5	59	62
No.6	31	67
No.7	24	98
No.8	19	80
No.9	67	48
No.10	65	50
No.11	50	65
No.12	21	82
No.13	22	99
No.14	36	81
No.15	18	100

10. 蝴蝶蘭之花朵尺寸（花莖幅長）為重要觀賞品質之一，栽培業者欲了解其植物葉片成長與花朵大小之關係並抽樣調查該業者園內植株，結果如下。試以 Spearman 等級相關分析法檢定蝴蝶蘭葉片成長與花朵大小是否呈現顯著正相關性？（$\alpha = 0.01$）

蝴蝶蘭編號	花莖幅長(cm)	葉面積(cm²)
No.1	10	450
No.2	11	605
No.3	9	470
No.4	15	830
No.5	12	670
No.6	18	995
No.7	20	990
No.8	8	400
No.9	17	900

11. 為了判斷食鹽對血壓的影響，隨機選出 6 名受測者食用無鹽食譜半個月，另隨機選出另外 5 名受測者食用一般食譜半個月。之後測得舒張壓(mmHg)的資料如下表：

無鹽食譜組之舒張壓	52	71	73	69	67	50
一般食譜組之舒張壓	70	72	72	74	69	

試以 Mann-Whitney 檢定法檢定食用無鹽食譜者之舒張壓是否顯著低於食用一般食譜者？（$\alpha = 0.01$）

12. 設今有 A、B 兩種植物激素進行莖增長試驗，A 激素施用於 4 株植物，B 激素施用於 5 株植物，經一段時間後，兩種激素使莖增長的資料如下（單位：cm）：

A 激素	13.5	15.1	15.0	12.2	
B 激素	10.8	11.5	10.5	12.2	9.8

試以 Mann-Whitney 檢定法檢定 B 激素使莖增加的長度是否顯著少於 A 激素者？（$\alpha = 0.01$）

13. 某研究欲探討某藥劑之劑量對老鼠血壓之影響，今共有 11 隻白老鼠隨機分配 3 種劑量，測得血壓(mmHg)記錄如下：

10 mg 藥劑	20 mg 藥劑	40 mg 藥劑
85	90	69
92	85	70
90	89	68
113	62	

試以 Kruskal-Wallis 獨立樣本檢定法檢定此三種不同劑量藥劑對老鼠血壓之影響是否相等？($\alpha = 0.05$)

14. 下表為以四種不同飼料養成之魚苗體重(mg)。

第一種飼料	第二種飼料	第三種飼料	第四種飼料
55	55	115	60
58	77	94	62
80	54	75	38
40	115	98	
	69	106	

試以 Kruskal-Wallis 獨立樣本檢定法檢定不同飼料養成之魚苗體重是否相等？若不相等，則進一步進行 Bonferroni's 多重比較法。($\alpha = 0.05$)

15. 從學校三個樣區中各抽樣 4 個等大區域以調查蛇類的密度（隻／500 平方公尺），其結果如下表：

樣區一	樣區二	樣區三
3	21	7
2	12	7
1	9	3
1	8	6

試以 Kruskal-Wallis 獨立樣本檢定法檢定不同樣區之蛇類密度是否相等？若不相等，則進一步進行 Bonferroni's 多重比較法。($\alpha = 0.01$)

16. 一名營養專家想要了解消費者對三種(A、B、C)減肥餐的喜好度（0~100分），今隨機選擇 5 位測試者，其對減肥餐的喜好度資料如下：

測試者編號	減肥餐 A	減肥餐 B	減肥餐 C
No. 1	60	44	36
No. 2	32	64	28
No. 3	68	44	36
No. 4	32	64	28
No. 5	96	95	20

試以 Friedman 非獨立樣本檢定法檢定消費者對三種減肥餐的喜好度是否有差異？若有差異，則進一步進行 Bonferroni's 多重比較法。（$\alpha = 0.05$）

17. 有 4 位測試者參加一項體能訓練，下表為訓練前與訓練不同時間後的體重（公斤）資料。

測試者編號	訓練前	訓練 2 個月後	訓練 6 個月後
No. 1	80	76	72
No. 2	92	84	78
No. 3	82	74	74
No. 4	96	92	86

試以 Friedman 非獨立樣本檢定法檢定測試者於不同體能訓練時期的體重是否有差異？若有差異，則進一步進行 Bonferroni's 多重比較法。（$\alpha = 0.05$）

18. 隨機抽樣測驗 21 位學生對獸皮鑑定能力等級（1, 2, ..., 10 分），如下表。試以符號檢定法檢定學生對獸皮鑑定能力等級的中位數是否顯著不同於 5 分？（$\alpha = 0.05$）

學生號碼	No.1	No.2	No.3	No.4	No.5	No.6	No.7
得分	1	10	8	8	9	2	8
學生號碼	No.8	No.9	No.10	No.11	No.12	No.13	No.14
得分	8	2	8	9	2	1	8
學生號碼	No.15	No.16	No.17	No.18	No.19	No.20	No.21
得分	2	9	10	1	2	9	8

19. 隨機抽樣測量 32 位進行心臟手術的病人之心輸出量，結果如下表。試以 Wilcoxon 符號等級檢定法檢定進行心臟手術病人心輸出量（x_i；公升／分鐘）的中位數是否顯著不同於 5.0 公升／分鐘？($\alpha = 0.05$)

病人號碼	No.1	No.2	No.3	No.4	No.5	No.6	No.7	No.8
心輸出量	3.8	7.9	3.2	3.4	3.3	7.2	2.8	7.7
病人號碼	No.9	No.10	No.11	No.12	No.13	No.14	No.15	No.16
心輸出量	7.8	2.9	7.2	2.4	2.3	7.2	5.8	6.9
病人號碼	No.17	No.18	No.19	No.20	No.21	No.22	No.23	No.24
心輸出量	7.8	6.9	3.2	7.4	3.3	2.2	7.8	2.7
病人號碼	No.25	No.26	No.27	No.28	No.29	No.30	No.31	No.32
心輸出量	7.8	6.9	7.2	5.4	7.3	7.2	2.8	2.7

20. 為進行一項養分配給的研究，隨機選出 5 頭乳牛餵以枯萎的牧草，另隨機地選出 21 頭乳牛以脫水牧草飼養。根據三個星期的飼養觀察，每日牛奶產量（磅）的資料如下表：

枯萎牧草	58	53	46	44	56		
脫水牧草	35	33	49	41	51	29	20
	23	22	60	59	58	25	32
	26	64	58	59	32	30	28

試以 Mann-Whitney 檢定法檢定餵食不同類型飼料的乳牛之每日牛奶產量是否顯著不同？($\alpha = 0.05$)

附錄 一 二項分布機率表

n	x	p									
		0.05	0.10	0.15	0.20	0.25	0.30	0.35	0.40	0.45	0.50
1	0	0.9500	0.9000	0.8500	0.8000	0.7500	0.7000	0.6500	0.6000	0.5500	0.5000
	1	0.0500	0.1000	0.1500	0.2000	0.2500	0.3000	0.3500	0.4000	0.4500	0.5000
2	0	0.9025	0.8100	0.7225	0.6400	0.5625	0.4900	0.4225	0.3600	0.3025	0.2500
	1	0.0950	0.1800	0.2550	0.3200	0.3750	0.4200	0.4550	0.4800	0.4950	0.5000
	2	0.0025	0.0100	0.0225	0.0400	0.0625	0.0900	0.1225	0.1600	0.2025	0.2500
3	0	0.8574	0.7290	0.6141	0.5120	0.4219	0.3430	0.2746	0.2160	0.1664	0.1250
	1	0.1354	0.2430	0.3251	0.3840	0.4219	0.4410	0.4436	0.4320	0.4084	0.3750
	2	0.0071	0.0270	0.0574	0.0960	0.1406	0.1890	0.2389	0.2880	0.3341	0.3750
	3	0.0001	0.0010	0.0034	0.0080	0.0156	0.0270	0.0429	0.0640	0.0911	0.1250
4	0	0.8145	0.6561	0.5220	0.4096	0.3164	0.2401	0.1785	0.1296	0.0915	0.0625
	1	0.1715	0.2916	0.3685	0.4096	0.4219	0.4116	0.3845	0.3456	0.2995	0.2500
	2	0.0135	0.0486	0.0975	0.1536	0.2109	0.2646	0.3105	0.3456	0.3675	0.3750
	3	0.0005	0.0036	0.0115	0.0256	0.0469	0.0756	0.1115	0.1536	0.2005	0.2500
	4	0.0000	0.0001	0.0005	0.0016	0.0039	0.0081	0.0150	0.0256	0.0410	0.0625
5	0	0.7738	0.5905	0.4437	0.3277	0.2373	0.1681	0.1160	0.0778	0.0503	0.0313
	1	0.2036	03281	0.3915	0.4096	0.3955	0.3602	0.3124	0.2592	0.2059	0.1563
	2	0.0215	0.0729	0.1382	0.2048	0.2637	0.3087	0.3364	0.3456	0.3369	0.3125
	3	0.0011	0.0081	0.0244	0.0512	0.0879	0.1323	0.1811	0.2304	0.2757	0.3125
	4	0.0000	0.0005	0.0022	0.0064	0.0146	0.0284	0.0488	0.0768	0.1128	0.1563
	5	0.0000	0.0000	0.0001	0.0003	0.0010	0.0024	0.0053	0.0102	0.0185	0.0313
6	0	0.7351	0.5314	0.3771	0.2621	0.1780	0.1176	0.0754	0.0467	0.0277	0.0156
	1	0.2321	0.3543	0.3993	0.3932	0.3560	0.3025	0.2437	0.1866	0.1359	0.0938
	2	0.0305	0.0984	0.1762	0.2458	0.2966	0.3241	0.3280	0.3110	0.2780	0.2344
	3	0.0021	0.0146	0.0415	0.0819	0.1318	0.1852	0.2355	0.2765	0.3032	0.3125
	4	0.0001	0.0012	0.0055	0.0154	0.0330	0.0595	0.0951	0.1382	0.1861	0.2344
	5	0.0000	0.0001	0.0004	0.0015	0.0044	0.0102	0.0205	0.0369	0.0609	0.0938
	6	0.0000	0.0000	0.0000	0.0001	0.0002	0.0007	0.0018	0.0041	0.0083	0.0156
7	0	0.6983	0.4783	0.3206	0.2097	0.1335	0.0824	0.0490	0.0280	0.0152	0.0078
	1	0.2573	0.3720	0.3960	0.3670	0.3115	0.2471	0.1848	0.1306	0.0872	0.0547
	2	0.0406	0.1240	0.2097	0.2753	0.3115	0.3177	0.2985	0.2613	0.2140	0.1641
	3	0.0036	0.0230	0.0617	0.1147	0.1730	0.2269	0.2679	0.2903	0.2918	0.2734
	4	0.0002	0.0026	0.0109	0.0287	0.0577	0.0972	0.1442	0.1935	0.2388	0.2734

二項分布機率表（續）

n	x	0.05	0.10	0.15	0.20	0.25	0.30	0.35	0.40	0.45	0.50
						p					
7	5	0.0000	0.0002	0.0012	0.0043	0.0115	0.0250	0.0466	0.0774	0.1172	0.1641
	6	0.0000	0.0000	0.0001	0.0004	0.0013	0.0036	0.0084	0.0172	0.0320	0.0547
	7	0.0000	0.0000	0.0000	0.0000	0.0001	0.0002	0.0006	0.0016	0.0037	0.0078
8	0	0.6634	0.4305	0.2725	0.1678	0.1001	0.0576	0.0319	0.0168	0.0084	0.0039
	1	0.2793	0.3826	0.3847	0.3355	0.2670	0.1977	0.1373	0.0896	0.0548	0.0313
	2	0.0515	0.1488	0.2376	0.2936	0.3115	0.2965	0.2587	0.2090	0.1569	0.1094
	3	0.0054	0.0331	0.0839	0.1468	0.2076	0.2541	0.2786	0.2787	0.2568	0.2188
	4	0.0004	0.0046	0.0185	0.0459	0.0865	0.1361	0.1875	0.2322	0.2627	0.2734
	5	0.0000	0.0004	0.0026	0.0092	0.0231	0.0467	0.0808	0.1239	0.1719	0.2188
	6	0.0000	0.0000	0.0002	0.0011	0.0038	0.0100	0.0217	0.0413	0.0703	0.1094
	7	0.0000	0.0000	0.0000	0.0001	0.0004	0.0012	0.0033	0.0079	0.0164	0.0313
	8	0.0000	0.0000	0.0000	0.0000	0.0001	0.0002	0.0007	0.0017	0.0039
9	0	0.6302	0.3874	0.2316	0.1342	0.0751	0.0404	0.0207	0.0101	0.0046	0.0020
	1	0.2985	0.3874	0.3679	0.3020	0.2253	0.1556	0.1004	0.0605	0.0339	0.0176
	2	0.0629	0.1722	0.2597	0.3020	0.3003	0.2668	0.2162	0.1612	0.1110	0.0703
	3	0.0077	0.0446	0.1069	0.1762	0.2336	0.2668	0.2716	0.2508	0.2119	0.1641
	4	0.0006	0.0074	0.0283	0.0661	0.1168	0.1715	0.2194	0.2508	0.2600	0.2461
	5	0.0000	0.0008	0.0050	0.0165	0.0389	0.0735	0.1181	0.1672	0.2128	0.2461
	6	0.0000	0.0001	0.0006	0.0028	0.0087	0.0210	0.0424	0.0743	0.1160	0.1641
	7	0.0000	0.0000	0.0000	0.0003	0.0012	0.0039	0.0098	0.0212	0.0407	0.0703
	8	0.0000	0.0000	0.0000	0.0000	0.0001	0.0004	0.0013	0.0035	0.0083	0.0176
	9	0.0000	0.0000	0.0000	0.0000	0.0000	0.0000	0.0001	0.0003	0.0008	0.0020
10	0	0.5987	0.3487	0.1969	0.1074	0.0563	0.0282	0.0135	0.0060	0.0025	0.0010
	1	0.3151	0.3874	0.3474	0.2684	0.1877	0.1211	0.0725	0.0403	0.0207	0.0098
	2	0.0746	0.1937	0.2759	0.3020	0.2816	0.2335	0.1757	0.1209	0.0763	0.0439
	3	0.0105	0.0574	0.1298	0.2013	0.2503	0.2668	0.2522	0.2150	0.1665	0.1172
	4	0.0010	0.0112	0.0401	0.0881	0.1460	0.2001	0.2377	0.2508	0.2384	0.2051
	5	0.0001	0.0015	0.0085	0.0264	0.0584	0.1029	0.1536	0.2007	0.2340	0.2461
	6	0.0000	0.0001	0.0012	0.0055	0.0162	0.0368	0.0689	0.1115	0.1596	0.2051
	7	0.0000	0.0000	0.0001	0.0008	0.0031	0.0090	0.0212	0.0425	0.0746	0.1172
	8	0.0000	0.0000	0.0000	0.0001	0.0004	0.0014	0.0043	0.0106	0.0229	0.0439
	9	0.0000	0.0000	0.0000	0.0000	0.0000	0.0001	0.0005	0.0016	0.0042	0.0098
	10	0.0000	0.0000	0.0000	0.0000	0.0000	0.0000	0.0000	0.0001	0.0003	0.0010
11	0	0.5688	0.3138	0.1673	0.0859	0.0422	0.0198	0.0088	0.0036	0.0014	0.0005
	1	0.3293	0.3835	0.3248	0.2362	0.1549	0.0932	0.0518	0.0266	0.0125	0.0054

二項分布機率表（續）

n	x	p 0.05	0.10	0.15	0.20	0.25	0.30	0.35	0.40	0.45	0.50
11	2	0.0867	0.2131	0.2866	0.2953	0.2581	0.1998	0.1395	0.0887	0.0513	0.0269
	3	0.0137	0.0710	0.1517	0.2215	0.2581	0.2568	0.2254	0.1774	0.1259	0.0806
	4	0.0014	0.0158	0.0536	0.1107	0.1721	0.2201	0.2428	0.2365	0.2060	0.1611
	5	0.0001	0.0025	0.0132	0.0388	0.0803	0.1321	0.1830	0.2207	0.2360	0.2256
	6	0.0000	0.0003	0.0023	0.0097	0.0268	0.0566	0.0985	0.1471	0.1931	0.2256
	7	0.0000	0.0000	0.0003	0.0017	0.0064	0.0173	0.0379	0.0701	0.1128	0.1611
	8	0.0000	0.0000	0.0000	0.0002	0.0011	0.0037	0.0102	0.0234	0.0462	0.0806
	9	0.0000	0.0000	0.0000	0.000	0.0001	0.0005	0.0018	0.0052	0.0126	0.0269
	10	0.0000	0.0000	0.0000	0.0000	0.0000	0.0000	0.0002	0.0007	0.0021	0.0054
	11	0.0000	0.0000	0.0000	0.0000	0.0000	0.0000	0.000	0.0000	0.0002	0.0005
12	0	0.5404	0.2824	0.1422	0.0687	0.0317	0.0138	0.0057	0.0022	0.0008	0.0002
	1	0.3413	0.3766	0.3012	0.2062	0.1267	0.0712	0.0368	0.0174	0.0075	0.0029
	2	0.0988	0.2301	0.2924	0.2835	0.2323	0.1678	0.1088	0.0639	0.0339	0.0161
	3	0.0173	0.0852	0.1720	0.2362	0.2581	0.2397	0.1954	0.1419	0.0923	0.0537
	4	0.0021	0.0213	0.0683	0.1329	0.1936	0.2311	0.2367	0.2128	0.1700	0.1208
	5	0.0002	0.0038	0.0193	0.0532	0.1032	0.1585	0.2039	0.2270	0.2225	0.1934
	6	0.0000	0.0005	0.0040	0.0155	0.0401	0.0792	0.1281	0.1766	0.2124	0.2256
	7	0.0000	0.0000	0.0006	0.0033	0.0115	0.0291	0.0591	0.1009	0.1489	0.1934
	8	0.0000	0.0000	0.0001	0.0005	0.0024	0.0078	0.0199	0.0420	0.0762	0.1208
	9	0.0000	0.0000	0.0000	0.0001	0.0004	0.0015	0.0048	0.0125	0.0277	0.0537
	10	0.0000	0.0000	0.0000	0.0000	0.0000	0.0002	0.0008	0.0025	0.0068	0.0161
	11	0.0000	0.0000	0.0000	0.0000	0.000	0.0000	0.0001	0.0003	0.0010	0.0029
	12	0.0000	0.0000	0.0000	0.0000	0.0000	0.0000	0.0000	0.0000	0.0001	0.0002
13	0	0.5133	0.2542	0.1209	0.0550	0.0238	0.0097	0.0037	0.0013	0.0004	0.0001
	1	0.3512	0.3672	0.2774	0.1787	0.1029	0.0540	0.0259	0.0113	0.0045	0.0016
	2	0.1109	0.2448	0.2937	0.2680	0.2059	0.1388	0.0836	0.0453	0.0220	0.0095
	3	0.0214	0.0997	0.1900	0.2457	0.2517	0.2181	0.1651	0.1107	0.0660	0.0349
	4	0.0028	0.0277	0.0838	0.1535	0.2097	0.2337	0.2222	0.1845	0.1350	0.0873
	5	0.0003	0.0055	0.0266	0.0691	0.1258	0.1803	0.2154	0.2214	0.1989	0.1571
	6	0.0000	0.0008	0.0063	0.0230	0.0559	0.1030	0.1546	0.1968	0.2169	0.2095
	7	0.0000	0.0001	0.0011	0.0058	0.0186	0.0442	0.0883	0.1312	0.1775	0.2095
	8	0.0000	0.0000	0.0001	0.0011	0.0047	0.0142	0.0336	0.0656	0.1089	0.1571
	9	0.0000	0.0000	0.0000	0.0001	0.0009	0.0034	0.0101	0.0243	0.0495	0.0873
	10	0.0000	0.0000	0.0000	0.0000	0.0001	0.0006	0.0022	0.0065	0.0162	0.0349
	11	0.0000	0.0000	0.0000	0.0000	0.0000	0.0001	0.0003	0.0012	0.0036	0.0095

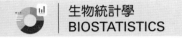
二項分布機率表（續）

n	x	p 0.05	0.10	0.15	0.20	0.25	0.30	0.35	0.40	0.45	0.50
13	12	0.0000	0.0000	0.0000	0.0000	0.0000	0.0000	0.0000	0.0001	0.0005	0.0016
14	0	0.4877	0.2288	0.1028	0.0440	0.0178	0.0068	0.0024	0.0008	0.0002	0.0001
	1	0.3593	0.3559	0.2539	0.1539	0.0832	0.0407	0.0181	0.0073	0.0027	0.0009
	2	0.1229	0.2570	0.2912	0.2501	0.1802	0.1134	0.0634	0.0317	0.0141	0.0056
	3	0.0259	0.1142	0.2056	0.2501	0.2402	0.1943	0.1366	0.0845	0.0462	0.0222
	4	0.0037	0.0349	0.0998	0.1720	0.2202	0.2290	0.2022	0.1549	0.1040	0.0611
	5	0.0004	0.0078	0.0352	0.0860	0.1468	0.1963	0.2178	0.2066	0.1701	0.1222
	6	0.0000	0.0013	0.0093	0.0322	0.0734	0.1262	0.1759	0.2066	0.2088	0.1833
	7	0.0000	0.0002	0.0019	0.0092	0.0280	0.0618	0.1082	0.1574	0.1952	0.2095
	8	0.0000	0.0000	0.0003	0.0020	0.0082	0.0232	0.0510	0.0918	0.1398	0.1833
	9	0.0000	0.0000	0.0000	0.0003	0.0018	0.0066	0.0183	0.0408	0.0762	0.1222
	10	0.0000	0.0000	0.0000	0.0000	0.0003	0.0014	0.0049	0.0136	0.0312	0.0611
	11	0.0000	0.0000	0.0000	0.0000	0.0000	0.0002	0.0010	0.0033	0.0093	0.0222
	12	0.0000	0.0000	0.0000	0.0000	0.0000	0.0000	0.0001	0.0005	0.0019	0.0056
	13	0.0000	0.0000	0.0000	0.0000	0.0000	0.0000	0.0000	0.0001	0.0002	0.0009
	14	0.0000	0.0000	0.0000	0.0000	0.0000	0.0000	0.0000	0.0000	0.0000	0.0001
15	0	0.4633	0.2059	0.0874	0.0352	0.0134	0.0047	0.0016	0.0005	0.0001	0.0000
	1	0.3658	0.3432	0.2312	0.1319	0.0668	0.0305	0.0126	0.0047	0.0016	0.0005
	2	0.1348	0.2669	0.2856	0.2309	0.1559	0.0916	0.0476	0.0219	0.0090	0.0032
	3	0.0307	0.1285	0.2184	0.2501	0.2252	0.1700	0.1110	0.0634	0.0318	0.0139
	4	0.0049	0.0428	0.1156	0.1876	0.2252	0.2186	0.1792	0.1268	0.0780	0.0417
	5	0.0006	0.0105	0.0449	0.1032	0.1651	0.2061	0.2123	0.1859	0.1404	0.0916
	6	0.0000	0.0019	0.0132	0.0430	0.0917	0.1472	0.1906	0.2066	0.1914	0.1527
	7	0.0000	0.0003	0.0030	0.0138	0.0393	0.0811	0.1319	0.1771	0.2013	0.1964
	8	0.0000	0.0000	0.0005	0.0035	0.0131	0.0348	0.0710	0.1181	0.1647	0.1964
	9	0.0000	0.0000	0.0001	0.0007	0.0034	0.0116	0.0298	0.0612	0.1048	0.1527
	10	0.0000	0.0000	0.0000	0.0001	0.0007	0.0030	0.0096	0.0245	0.0515	0.0916
	11	0.0000	0.0000	0.0000	0.0000	0.0001	0.0006	0.0024	0.0074	0.0191	0.0417
	12	0.0000	0.0000	0.0000	0.0000	0.0000	0.0001	0.0004	0.0016	0.0052	0.0139
	13	0.0000	0.0000	0.0000	0.0000	0.0000	0.0000	0.0001	0.0003	0.0010	0.0032
	14	0.0000	0.0000	0.0000	0.0000	0.0000	0.0000	0.0000	0.0000	0.0001	0.0005
	15	0.0000	0.0000	0.0000	0.0000	0.0000	0.0000	0.0000	0.0000	0.0000	0.0000
16	0	0.4401	0.1853	0.0743	0.0281	0.0100	0.0033	0.0010	0.0003	0.0001	0.0000
	1	0.3706	0.3294	0.2097	0.1126	0.0535	0.0228	0.0087	0.0030	0.0009	0.0002
	2	0.1463	0.2745	0.2775	0.2111	0.1336	0.0732	0.0353	0.0150	0.0056	0.0018

二項分布機率表（續）

n	x	0.05	0.10	0.15	0.20	0.25	0.30	0.35	0.40	0.45	0.50
						p					
16	3	0.0359	0.1423	0.2285	0.2463	0.2079	0.1465	0.0888	0.0468	0.0215	0.0085
	4	0.0061	0.0514	0.1311	0.2001	0.2252	0.2040	0.1553	0.1014	0.0572	0.0278
	5	0.0008	0.0137	0.0555	0.1201	0.1802	0.2099	0.2008	0.1623	0.1123	0.0667
	6	0.0001	0.0028	0.0180	0.0550	0.1101	0.1649	0.1982	0.1983	0.1684	0.1222
	7	0.0000	0.0004	0.0045	0.0197	0.0524	0.1010	0.1524	0.1889	0.1969	0.1746
	8	0.0000	0.0001	0.0009	0.0055	0.0197	0.0487	0.0923	0.1417	0.1812	0.1964
	9	0.0000	0.0000	0.0001	0.0012	0.0058	0.0185	0.0442	0.0840	0.1318	0.1746
	10	0.0000	0.0000	0.0000	0.0002	0.0014	0.0056	0.0167	0.0392	0.0755	0.1222
	11	0.0000	0.0000	0.0000	0.0000	0.0002	0.0013	0.0049	0.0142	0.0337	0.0667
	12	0.0000	0.0000	0.0000	0.0000	0.0000	0.0002	0.0011	0.0040	0.0115	0.0278
	13	0.0000	0.0000	0.0000	0.0000	0.0000	0.0000	0.0002	0.0008	0.0029	0.0085
	14	0.0000	0.0000	0.0000	0.0000	0.0000	0.0000	0.0000	0.0001	0.0005	0.0018
	15	0.0000	0.0000	0.0000	0.0000	0.0000	0.0000	0.0000	0.0000	0.0001	0.0002
	16	0.0000	0.0000	0.0000	0.0000	0.0000	0.0000	0.0000	0.0000	0.0000	0.0000
17	0	0.4181	0.1668	0.0631	0.0225	0.0075	0.0023	0.0007	0.0002	0.0000	0.0000
	1	0.3741	0.3150	0.1893	0.0957	0.0426	0.0169	0.0060	0.0019	0.0005	0.0001
	2	0.1575	0.2800	0.2673	0.1914	0.1136	0.0581	0.0260	0.0102	0.0035	0.0010
	3	0.0415	0.1556	0.2359	0.2393	0.1893	0.1245	0.0701	0.0341	0.0144	0.0052
	4	0.0076	0.0605	0.1457	0.2093	0.2209	0.1868	0.1320	0.0796	0.0411	0.0182
	5	0.0010	0.0175	0.0668	0.1361	0.1914	0.2081	0.1849	0.1379	0.0875	0.0472
	6	0.0001	0.0039	0.0236	0.0680	0.1276	0.1784	0.1991	0.1839	0.1432	0.0944
	7	0.0000	0.0007	0.0065	0.0267	0.0668	0.1201	0.1685	0.1927	0.1841	0.1484
	8	0.0000	0.0001	0.0014	0.0084	0.0279	0.0644	0.1134	0.1606	0.1883	0.1855
	9	0.0000	0.0000	0.0003	0.0021	0.0093	0.0276	0.0611	0.1070	0.1540	0.1855
	10	0.0000	0.0000	0.0000	0.0004	0.0025	0.0095	0.0263	0.0571	0.1008	0.1484
	11	0.0000	0.0000	0.0000	0.0001	0.0005	0.0026	0.0090	0.0242	0.0525	0.0944
	12	0.0000	0.0000	0.0000	0.0000	0.0001	0.0006	0.0024	0.0081	0.0215	0.0472
	13	0.0000	0.0000	0.0000	0.0000	0.0000	0.0001	0.0005	0.0021	0.0068	0.0182
	14	0.0000	0.0000	0.0000	0.0000	0.0000	0.0000	0.0001	0.0004	0.0016	0.0052
	15	0.0000	0.0000	0.0000	0.0000	0.0000	0.0000	0.0000	0.0001	0.0003	0.0010
	16	0.0000	0.0000	0.0000	0.0000	0.0000	0.0000	0.0000	0.0000	0.0000	0.0001
	17	0.0000	0.0000	0.0000	0.0000	0.0000	0.0000	0.0000	0.0000	0.0000	0.0000
18	0	0.3972	0.1501	0.0536	0.0180	0.0056	0.0016	0.0004	0.0001	0.0000	0.0000
	1	0.3763	0.3002	0.1704	0.0811	0.0338	0.0126	0.0042	0.0012	0.0003	0.0001
	2	0.1683	0.2835	0.2556	0.1723	0.0958	0.0458	0.0190	0.0069	0.0022	0.0006

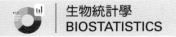

二項分布機率表（續）

n	x	p									
		0.05	0.10	0.15	0.20	0.25	0.30	0.35	0.40	0.45	0.50
18	3	0.0473	0.1680	0.2406	0.2297	0.1704	0.1046	0.0547	0.0246	0.0095	0.0031
	4	0.0093	0.0700	0.1592	0.2153	0.2130	0.1681	0.1104	0.0614	0.0291	0.0117
	5	0.0014	0.0218	0.0787	0.1507	0.1988	0.2017	0.1664	0.1146	0.0666	0.0327
	6	0.0002	0.0052	0.0301	0.0816	0.1436	0.1873	0.1941	0.1655	0.1181	0.0708
	7	0.0000	0.0010	0.0091	0.0350	0.0820	0.1376	0.1792	0.1892	0.1657	0.1214
	8	0.0000	0.0002	0.0022	0.0120	0.0376	0.0811	0.1327	0.1734	0.1864	0.1669
	9	0.0000	0.0000	0.0004	0.0033	0.0139	0.0386	0.0794	0.1284	0.1694	0.1855
	10	0.0000	0.0000	0.0001	0.0008	0.0042	0.0149	0.0385	0.0771	0.1248	0.1669
	11	0.0000	0.0000	0.0000	0.0001	0.0010	0.0046	0.0151	0.0374	0.0742	0.1214
	12	0.0000	0.0000	0.0000	0.0000	0.0002	0.0012	0.0047	0.0145	0.0354	0.0708
	13	0.0000	0.0000	0.0000	0.0000	0.0000	0.0002	0.0012	0.0045	0.0134	0.0327
	14	0.0000	0.0000	0.0000	0.0000	0.0000	0.0000	0.0002	0.0011	0.0039	0.0117
	15	0.0000	0.0000	0.0000	0.0000	0.0000	0.0000	0.0000	0.0002	0.0009	0.0031
	16	0.0000	0.0000	0.0000	0.0000	0.0000	0.0000	0.0000	0.0000	0.0001	0.0006
	17	0.0000	0.0000	0.0000	0.0000	0.0000	0.0000	0.0000	0.0000	0.0000	0.0001
	18	0.0000	0.0000	0.0000	0.0000	0.0000	0.0000	0.0000	0.0000	0.0000	0.0000
19	0	0.3774	0.1351	0.0456	0.0144	0.0042	0.0011	0.0003	0.0001	0.0000	0.0000
	1	0.3774	0.2852	0.1529	0.0685	0.0268	0.0093	0.0029	0.0008	0.0002	0.0000
	2	0.1787	0.2852	0.2428	0.1540	0.0803	0.0358	0.0138	0.0046	0.0013	0.0003
	3	0.0533	0.1796	0.2428	0.2182	0.1517	0.0869	0.0422	0.0175	0.0062	0.0018
	4	0.0112	0.0798	0.1714	0.2182	0.2023	0.1491	0.0909	0.0467	0.0203	0.0074
	5	0.0018	0.0266	0.0907	0.1636	0.2023	0.1916	0.1468	0.0933	0.0497	0.0222
	6	0.0002	0.0069	0.0374	0.0955	0.1574	0.1916	0.1844	0.1451	0.0949	0.0518
	7	0.0000	0.0014	0.0122	0.0443	0.0974	0.1525	0.1844	0.1797	0.1443	0.0961
	8	0.0000	0.0002	0.0032	0.0166	0.0487	0.0981	0.1489	0.1797	0.1771	0.1442
	9	0.0000	0.0000	0.0007	0.0051	0.0198	0.0514	0.0980	0.1464	0.1771	0.1762
	10	0.0000	0.0000	0.0001	0.0013	0.0066	0.0220	0.0528	0.0976	0.1449	0.1762
	11	0.0000	0.0000	0.0000	0.0003	0.0018	0.0077	0.0233	0.0532	0.0970	0.1442
	12	0.0000	0.0000	0.0000	0.0000	0.0004	0.0022	0.0083	0.0237	0.0529	0.0961
	13	0.0000	0.0000	0.0000	0.0000	0.0001	0.0005	0.0024	0.0085	0.0233	0.0518
	14	0.0000	0.0000	0.0000	0.0000	0.0000	0.0001	0.0006	0.0024	0.0082	0.0222
	15	0.0000	0.0000	0.0000	0.0000	0.0000	0.0000	0.0001	0.0005	0.0022	0.0074
	16	0.0000	0.0000	0.0000	0.0000	0.0000	0.0000	0.0000	0.0001	0.0005	0.0018
	17	0.0000	0.0000	0.0000	0.0000	0.0000	0.0000	0.0000	0.0000	0.0001	0.0003

二項分布機率表（續）

n	x	p									
		0.05	0.10	0.15	0.20	0.25	0.30	0.35	0.40	0.45	0.50
19	18	0.0000	0.0000	0.0000	0.0000	0.0000	0.0000	0.0000	0.0000	0.0000	0.0000
	19	0.0000	0.0000	0.0000	0.0000	0.0000	0.0000	0.0000	0.0000	0.0000	0.0000
20	0	0.3585	0.1216	0.0388	0.0115	0.0032	0.0008	0.0002	0.0000	0.0000	0.0000
	1	0.3774	0.2702	0.1368	0.0576	0.0211	0.0068	0.0020	0.0005	0.0001	0.0000
	2	0.1887	0.2852	0.2293	0.1369	0.0669	0.0278	0.0100	0.0031	0.0008	0.0002
	3	0.0596	0.1901	0.2428	0.2054	0.1339	0.0716	0.0323	0.0123	0.0040	0.0011
	4	0.0133	0.0898	0.1821	0.2182	0.1897	0.1304	0.0738	0.0350	0.0139	0.0046
	5	0.0022	0.0319	0.1028	0.1746	0.2023	0.1789	0.1272	0.0746	0.0365	0.0148
	6	0.0003	0.0089	0.0454	0.1091	0.1686	0.1916	0.1712	0.1244	0.0746	0.0370
	7	0.0000	0.0020	0.0160	0.0545	0.1124	0.1643	0.1844	0.1659	0.1221	0.0739
	8	0.0000	0.0004	0.0046	0.0222	0.0609	0.1144	0.1614	0.1797	0.1623	0.1201
	9	0.0000	0.0001	0.0011	0.0074	0.0271	0.0654	0.1158	0.1597	0.1771	0.1602
	10	0.0000	0.0000	0.0002	0.0020	0.0099	0.0308	0.0686	0.1171	0.1593	0.1762
	11	0.0000	0.0000	0.0000	0.0005	0.0030	0.0120	0.0336	0.0710	0.1185	0.1602
	12	0.0000	0.0000	0.0000	0.0001	0.0008	0.0039	0.0136	0.0355	0.0727	0.1201
	13	0.0000	0.0000	0.0000	0.0000	0.0002	0.0010	0.0045	0.0146	0.0366	0.0739
	14	0.0000	0.0000	0.0000	0.0000	0.0000	0.0002	0.0012	0.0049	0.0150	0.0370
	15	0.0000	0.0000	0.0000	0.0000	0.0000	0.0000	0.0003	0.0013	0.0049	0.0148
	16	0.0000	0.0000	0.0000	0.0000	0.0000	0.0000	0.0000	0.0003	0.0013	0.0046
	17	0.0000	0.0000	0.0000	0.0000	0.0000	0.0000	0.0000	0.0000	0.0002	0.0011
	18	0.0000	0.0000	0.0000	0.0000	0.0000	0.0000	0.0000	0.0000	0.0000	0.0002
	19	0.0000	0.0000	0.0000	0.0000	0.0000	0.0000	0.0000	0.0000	0.0000	0.0000
	20	0.0000	0.0000	0.0000	0.0000	0.0000	0.0000	0.0000	0.0000	0.0000	0.0000

附錄 二 卜瓦松分布累計機率

（c：事件發生次數，μ：平均發生期望次數）

c	μ .10	.20	.30	.40	.50	.60	.70	.80	.90	1.00
0	.905	.819	.741	.670	.607	.549	.497	.449	.407	.368
1	.995	.982	.963	.938	.910	.878	.844	.809	.772	.736
2	1.000	.999	.996	.992	.986	.977	.966	.953	.937	.920
3	1.000	1.000	1.000	.999	.998	.997	.994	.991	.987	.981
4	1.000	1.000	1.000	1.000	1.000	1.000	.999	.999	.998	.996
5	1.000	1.000	1.000	1.000	1.000	1.000	1.000	1.000	1.000	.999
6	1.000	1.000	1.000	1.000	1.000	1.000	1.000	1.000	1.000	1.000
7	1.000	1.000	1.000	1.000	1.000	1.000	1.000	1.000	1.000	1.000

c	μ 1.10	1.20	1.30	1.40	1.50	1.60	1.70	1.80	1.90	2.00
0	.333	.301	.273	.247	.223	.202	.183	.165	.150	.135
1	.699	.663	.627	.592	.558	.525	.493	.463	.434	.406
2	.900	.879	.857	.833	.809	.783	.757	.731	.704	.677
3	.974	.966	.957	.946	.934	.921	.907	.891	.875	.857
4	.995	.992	.989	.986	.981	.976	.970	.964	.956	.947
5	.999	.998	.998	.997	.996	.994	.992	.990	.987	.983
6	1.000	1.000	1.000	.999	.999	.999	.998	.997	.997	.995
7	1.000	1.000	1.000	1.000	1.000	1.000	1.000	.999	.999	.999
8	1.000	1.000	1.000	1.000	1.000	1.000	1.000	1.000	1.000	1.000
9	1.000	1.000	1.000	1.000	1.000	1.000	1.000	1.000	1.000	1.000

卜瓦松分布累計機率（續）

c	2.10	2.20	2.30	2.40	μ 2.50	2.60	2.70	2.80	2.90	3.00
0	.122	.111	.100	.091	.082	.074	.067	.061	.055	.050
1	.380	.355	.331	.308	.287	.267	.249	.231	.215	.199
2	.650	.623	.596	.570	.544	.518	.494	.469	.446	.423
3	.839	.819	.799	.779	.758	.736	.714	.692	.670	.647
4	.938	.928	.916	.904	.891	.877	.863	.848	.832	.815
5	.980	.975	.970	.964	.958	.951	.943	.935	.926	.916
6	.994	.993	.991	.988	.986	.983	.979	.976	.971	.966
7	.999	.998	.997	.997	.996	.995	.993	.992	.990	.988
8	1.000	1.000	.999	.999	.999	.999	.998	.998	.997	.996
9	1.000	1.000	1.000	1.000	1.000	1.000	.999	.999	.999	.999
10	1.000	1.000	1.000	1.000	1.000	1.000	1.000	1.000	1.000	1.000
11	1.000	1.000	1.000	1.000	1.000	1.000	1.000	1.000	1.000	1.000
12	1.000	1.000	1.000	1.000	1.000	1.000	1.000	1.000	1.000	1.000

c	3.10	3.20	3.30	3.40	μ 3.50	3.60	3.70	3.80	3.90	4.00
0	.045	.041	.037	.033	.030	.027	.025	.022	.020	.018
1	.185	.171	.159	.147	.136	.126	.116	.107	.099	.092
2	.401	.380	.359	.340	.321	.303	.285	.269	.253	.238
3	.625	.603	.580	.558	.537	.515	.494	.473	.453	.433
4	.798	.781	.763	.744	.725	.706	.687	.668	.648	.629
5	.906	.895	.883	.871	.858	.844	.830	.816	.801	.785
6	.961	.955	.949	.942	.935	.927	.918	.909	.899	.889
7	.986	.983	.980	.977	.973	.969	.965	.960	.955	.949
8	.995	.994	.993	.992	.990	.988	.986	.984	.981	.979
9	.999	.998	.998	.997	.997	.996	.995	.994	.993	.992
10	1.000	1.000	.999	.999	.999	.999	.998	.998	.998	.997
11	1.000	1.000	1.000	1.000	1.000	1.000	1.000	.999	.999	.999
12	1.000	1.000	1.000	1.000	1.000	1.000	1.000	1.000	1.000	1.000
13	1.000	1.000	1.000	1.000	1.000	1.000	1.000	1.000	1.000	1.000
14	1.000	1.000	1.000	1.000	1.000	1.000	1.000	1.000	1.000	1.000

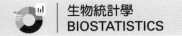
卜瓦松分布累計機率（續）

c	μ 4.50	5.00	5.50	6.00	6.50	7.00	7.50	8.00	8.50	9.00
0	.011	.007	.004	.002	.002	.001	.001	.000	.000	.000
1	.061	.040	.027	.017	.011	.007	.005	.003	.002	.001
2	.174	.125	.088	.062	.043	.030	.020	.014	.009	.006
3	.342	.265	.202	.151	.112	.082	.059	.042	.030	.021
4	.532	.440	.358	.285	.224	.173	.132	.100	.074	.055
5	.703	.616	.529	.446	.369	.301	.241	.191	.150	.116
6	.831	.762	.686	.606	.527	.450	.378	.313	.256	.207
7	.913	.867	.809	.744	.673	.599	.525	.453	.386	.324
8	.960	.932	.894	.847	.792	.729	.662	.593	.523	.456
9	.983	.968	.946	.916	.877	.830	.776	.717	.653	.587
10	.993	.986	.975	.957	.933	.901	.862	.816	.763	.706
11	.998	.995	.989	.980	.966	.947	.921	.888	.849	.803
12	.999	.998	.996	.991	.984	.973	.957	.936	.909	.876
13	1.000	.999	.998	.996	.993	.987	.978	.966	.949	.926
14	1.000	1.000	.999	.999	.997	.994	.990	.983	.973	.959
15	1.000	1.000	1.000	.999	.999	.998	.995	.992	.986	.978
16	1.000	1.000	1.000	1.000	1.000	.999	.998	.996	.993	.989
17	1.000	1.000	1.000	1.000	1.000	1.000	.999	.998	.997	.995
18	1.000	1.000	1.000	1.000	1.000	1.000	1.000	.999	.999	.998
19	1.000	1.000	1.000	1.000	1.000	1.000	1.000	1.000	.999	.999
20	1.000	1.000	1.000	1.000	1.000	1.000	1.000	1.000	1.000	1.000
21	1.000	1.000	1.000	1.000	1.000	1.000	1.000	1.000	1.000	1.000
22	1.000	1.000	1.000	1.000	1.000	1.000	1.000	1.000	1.000	1.000

附錄 三 標準常態分布機率值（Z－值）

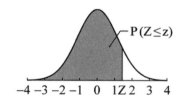

z	0.00	0.01	0.02	0.03	0.04	0.05	0.06	0.07	0.08	0.09
−4.0	0.0000	0.0000	0.0000	0.0000	0.0000	0.0000	0.0000	0.0000	0.0000	0.0000
−3.9	0.0000	0.0000	0.0000	0.0000	0.0000	0.0000	0.0000	0.0000	0.0000	0.0000
−3.8	0.0001	0.0001	0.0001	0.0001	0.0001	0.0001	0.0001	0.0001	0.0001	0.0001
−3.7	0.0001	0.0001	0.0001	0.0001	0.0001	0.0001	0.0001	0.0001	0.0001	0.0001
−3.6	0.0002	0.0002	0.0001	0.0001	0.0001	0.0001	0.0001	0.0001	0.0001	0.0001
−3.5	0.0002	0.0002	0.0002	0.0002	0.0002	0.0002	0.0002	0.0002	0.0002	0.0002
−3.4	0.0003	0.0003	0.0003	0.0003	0.0003	0.0003	0.0003	0.0003	0.0003	0.0002
−3.3	0.0005	0.0005	0.0005	0.0004	0.0004	0.0004	0.0004	0.0004	0.0004	0.0003
−3.2	0.0007	0.0007	0.0006	0.0006	0.0006	0.0006	0.0006	0.0005	0.0005	0.0005
−3.1	0.0010	0.0009	0.0009	0.0009	0.0008	0.0008	0.0008	0.0008	0.0007	0.0007
−3.0	0.0013	0.0013	0.0013	0.0012	0.0012	0.0011	0.0011	0.0011	0.0010	0.0010
−2.9	0.0019	0.0018	0.0018	0.0017	0.0016	0.0016	0.0015	0.0015	0.0014	0.0014
-2.8	0.0026	0.0025	0.0024	0.0023	0.0023	0.0022	0.0021	0.0021	0.0020	0.0019
−2.7	0.0035	0.0034	0.0033	0.0032	0.0031	0.0030	0.0029	0.0028	0.0027	0.0026
−2.6	0.0047	0.0045	0.0044	0.0043	0.0041	0.0040	0.0039	0.0038	0.0037	0.0036
−2.5	0.0062	0.0060	0.0059	0.0057	0.0055	0.0054	0.0052	0.0051	0.0049	0.0048
−2.4	0.0082	0.0080	0.0078	0.0075	0.0073	0.0071	0.0069	0.0068	0.0066	0.0064
−2.3	0.0107	0.0104	0.0102	0.0099	0.0096	0.0094	0.0091	0.0089	0.0087	0.0084
−2.2	0.0139	0.0136	0.0132	0.0129	0.0125	0.0122	0.0119	0.0116	0.0113	0.0110
−2.1	0.0179	0.0174	0.0170	0.0166	0.0162	0.0158	0.0154	0.0150	0.0146	0.0143
−2.0	0.0228	0.0222	0.0217	0.0212	0.0207	0.0202	0.0197	0.0192	0.0188	0.0183
−1.9	0.0287	0.0281	0.0274	0.0268	0.0262	0.0256	0.0250	0.0244	0.0239	0.0233
−1.8	0.0359	0.0351	0.0344	0.0336	0.0329	0.0322	0.0314	0.0307	0.0301	0.0294
−1.7	0.0446	0.0436	0.0427	0.0418	0.0409	0.0401	0.0392	0.0384	0.0375	0.0367

標準常態分布機率值（Z－值）（續）

z	0.00	0.01	0.02	0.03	0.04	0.05	0.06	0.07	0.08	0.09
−1.6	0.0548	0.0537	0.0526	0.0516	0.0505	0.0495	0.0485	0.0475	0.0465	0.0455
−1.5	0.0668	0.0655	0.0643	0.0630	0.0618	0.0606	0.0594	0.0582	0.0571	0.0559
−1.4	0.0808	0.0793	0.0778	0.0764	0.0749	0.0735	0.0721	0.0708	0.0694	0.0681
−1.3	0.0968	0.0951	0.0934	0.0918	0.0901	0.0885	0.0869	0.0853	0.0838	0.0823
−1.2	0.1151	0.1131	0.1112	0.1093	0.1075	0.1056	0.1038	0.1020	0.1003	0.0985
−1.1	0.1357	0.1335	0.1314	0.1292	0.1271	0.1251	0.1230	0.1210	0.1190	0.1170
−1.0	0.1587	0.1562	0.1539	0.1515	0.1492	0.1469	0.1446	0.1423	0.1401	0.1379
−0.9	0.1841	0.1814	0.1788	0.1762	0.1736	0.1711	0.1685	0.1660	0.1635	0.1611
−0.8	0.2119	0.2090	0.2061	0.2033	0.2005	0.1977	0.1949	0.1922	0.1894	0.1867
−0.7	0.2420	0.2389	0.2358	0.2327	0.2296	0.2266	0.2236	0.2206	0.2177	0.2148
−0.6	0.2743	0.2709	0.2676	0.2643	0.2611	0.2578	0.2546	0.2514	0.2483	0.2451
−0.5	0.3085	0.3050	0.3015	0.2981	0.2946	0.2912	0.2877	0.2843	0.2810	0.2776
−0.4	0.3446	0.3409	0.3372	0.3336	0.3300	0.3264	0.3228	0.3192	0.3156	0.3121
−0.3	0.3821	0.3783	0.3745	0.3707	0.3669	0.3632	0.3594	0.3557	0.3520	0.3483
−0.2	0.4207	0.4168	0.4129	0.4090	0.4052	0.4013	0.3974	0.3936	0.3897	0.3859
−0.1	0.4602	0.4562	0.4522	0.4483	0.4443	0.4404	0.4364	0.4325	0.4286	0.4247
−0.0	0.5000	0.4960	0.4920	0.4880	0.4840	0.4801	0.4761	0.4721	0.4681	0.4641
0.0	0.5000	0.5040	0.5080	0.5120	0.5160	0.5199	0.5239	0.5279	0.5319	0.5359
0.1	0.5398	0.5438	0.5478	0.5517	0.5557	0.5596	0.5636	0.5675	0.5714	0.5753
0.2	0.5793	0.5832	0.5871	0.5910	0.5948	0.5987	0.6026	0.6064	0.6103	0.6141
0.3	0.6179	0.6217	0.6255	0.6293	0.6331	0.6368	0.6406	0.6443	0.6480	0.6517
0.4	0.6554	0.6591	0.6628	0.6664	0.6700	0.6736	0.6772	0.6808	0.6844	0.6879
0.5	0.6915	0.6950	0.6985	0.7019	0.7054	0.7088	0.7123	0.7157	0.7190	0.7224
0.6	0.7257	0.7291	0.7324	0.7357	0.7389	0.7422	0.7454	0.7486	0.7517	0.7549
0.7	0.7580	0.7611	0.7642	0.7673	0.7704	0.7734	0.7764	0.7794	0.7823	0.7852
0.8	0.7881	0.7910	0.7939	0.7967	0.7995	0.8023	0.8051	0.8078	0.8106	0.8133
0.9	0.8159	0.8186	0.8212	0.8238	0.8264	0.8289	0.8315	0.8340	0.8365	0.8389
1.0	0.8413	0.8438	0.8461	0.8485	0.8508	0.8531	0.8554	0.8577	0.8599	0.8621
1.1	0.8643	0.8665	0.8686	0.8708	0.8729	0.8749	0.8770	0.8790	0.8810	0.8830
1.2	0.8849	0.8869	0.8888	0.8907	0.8925	0.8944	0.8962	0.8980	0.8997	0.9015
1.3	0.9032	0.9049	0.9066	0.9082	0.9099	0.9115	0.9131	0.9147	0.9162	0.9177

標準常態分布機率值（Z－值）（續）

z	0.00	0.01	0.02	0.03	0.04	0.05	0.06	0.07	0.08	0.09
1.4	0.9192	0.9207	0.9222	0.9236	0.9251	0.9265	0.9279	0.9292	0.9306	0.9319
1.5	0.9332	0.9345	0.9357	0.9370	0.9382	0.9394	0.9406	0.9418	0.9429	0.9441
1.6	0.9452	0.9463	0.9474	0.9484	0.9495	0.9505	0.9515	0.9525	0.9535	0.9545
1.7	0.9554	0.9564	0.9573	0.9582	0.9591	0.9599	0.9608	0.9616	0.9625	0.9633
1.8	0.9641	0.9649	0.9656	0.9664	0.9671	0.9678	0.9686	0.9693	0.9699	0.9706
1.9	0.9713	0.9719	0.9726	0.9732	0.9738	0.9744	0.9750	0.9756	0.9761	0.9767
2.0	0.9772	0.9778	0.9783	0.9788	0.9793	0.9798	0.9803	0.9808	0.9812	0.9817
2.1	0.9821	0.9826	0.9830	0.9834	0.9838	0.9842	0.9846	0.9850	0.9854	0.9857
2.2	0.9861	0.9864	0.9868	0.9871	0.9875	0.9878	0.9881	0.9884	0.9887	0.9890
2.3	0.9893	0.9896	0.9898	0.9901	0.9904	0.9906	0.9909	0.9911	0.9913	0.9916
2.4	0.9918	0.9920	0.9922	0.9925	0.9927	0.9929	0.9931	0.9932	0.9934	0.9936
2.5	0.9938	0.9940	0.9941	0.9943	0.9945	0.9946	0.9948	0.9949	0.9951	0.9952
2.6	0.9953	0.9955	0.9956	0.9957	0.9959	0.9960	0.9961	0.9962	0.9963	0.9964
2.7	0.9965	0.9966	0.9967	0.9968	0.9969	0.9970	0.9971	0.9972	0.9973	0.9974
2.8	0.9974	0.9975	0.9976	0.9977	0.9977	0.9978	0.9979	0.9979	0.9980	0.9981
2.9	0.9981	0.9982	0.9982	0.9983	0.9984	0.9984	0.9985	0.9985	0.9986	0.9986
3.0	0.9987	0.9987	0.9987	0.9988	0.9988	0.9989	0.9989	0.9989	0.9990	0.9990
3.1	0.9990	0.9991	0.9991	0.9991	0.9992	0.9992	0.9992	0.9992	0.9993	0.9993
3.2	0.9993	0.9993	0.9994	0.9994	0.9994	0.9994	0.9994	0.9995	0.9995	0.9995
3.3	0.9995	0.9995	0.9995	0.9996	0.9996	0.9996	0.9996	0.9996	0.9996	0.9997
3.4	0.9997	0.9997	0.9997	0.9997	0.9997	0.9997	0.9997	0.9997	0.9997	0.9998
3.5	0.9998	0.9998	0.9998	0.9998	0.9998	0.9998	0.9998	0.9998	0.9998	0.9998
3.6	0.9998	0.9998	0.9999	0.9999	0.9999	0.9999	0.9999	0.9999	0.9999	0.9999
3.7	0.9999	0.9999	0.9999	0.9999	0.9999	0.9999	0.9999	0.9999	0.9999	0.9999
3.8	0.9999	0.9999	0.9999	0.9999	0.9999	0.9999	0.9999	0.9999	0.9999	0.9999
3.9	1.0000	1.0000	1.0000	1.0000	1.0000	1.0000	1.0000	1.0000	1.0000	1.0000
4.0	1.0000	1.0000	1.0000	1.0000	1.0000	1.0000	1.0000	1.0000	1.0000	1.0000

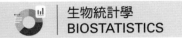

附錄 四 學生式 t 值

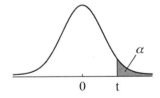

d.f.	$\alpha = 0.10$	$\alpha = 0.05$	$\alpha = 0.025$	$\alpha = 0.01$	$\alpha = 0.005$
1	3.078	6.314	12.706	31.821	63.657
2	1.886	2.920	4.303	6.965	9.925
3	1.638	2.353	3.182	4.541	5.841
4	1.533	2.132	2.776	3.747	4.604
5	1.476	2.015	2.571	3.365	4.032
6	1.440	1.943	2.447	3.143	3.707
7	1.415	1.895	2.365	2.998	3.499
8	1.397	1.860	2.306	2.896	3.355
9	1.383	1.833	2.262	2.821	3.250
10	1.372	1.812	2.228	2.764	3.169
11	1.363	1.796	2.201	2.718	3.106
12	1.356	1.782	2.179	2.681	3.055
13	1.350	1.771	2.160	2.650	3.012
14	1.345	1.761	2.145	2.624	2.977
15	1.341	1.753	2.131	2.602	2.947
16	1.337	1.746	2.120	2.583	2.921
17	1.333	1.740	2.110	2.567	2.898
18	1.330	1.734	2.101	2.552	2.878
19	1.328	1.729	2.093	2.539	2.861
20	1.325	1.725	2.086	2.528	2.845
21	1.323	1.721	2.080	2.518	2.831
22	1.321	1.717	2.074	2.508	2.819
23	1.319	1.714	2.069	2.500	2.807

學生式 t 值（續）

d.f.	$\alpha = 0.10$	$\alpha = 0.05$	$\alpha = 0.025$	$\alpha = 0.01$	$\alpha = 0.005$
24	1.318	1.711	2.064	2.492	2.797
25	1.316	1.708	2.060	2.485	2.787
26	1.315	1.706	2.056	2.479	2.779
27	1.314	1.703	2.052	2.473	2.771
28	1.313	1.701	2.048	2.467	2.763
29	1.311	1.699	2.045	2.462	2.756
30	1.310	1.697	2.042	2.457	2.750
31	1.309	1.696	2.040	2.453	2.744
32	1.309	1.694	2.037	2.449	2.738
33	1.308	1.692	2.035	2.445	2.733
34	1.307	1.691	2.032	2.441	2.728
35	1.306	1.690	2.030	2.438	2.724
36	1.306	1.688	2.028	2.434	2.719
37	1.305	1.687	2.026	2.431	2.715
38	1.304	1.686	2.024	2.429	2.712
39	1.304	1.685	2.023	2.426	2.708
40	1.303	1.684	2.021	2.423	2.704
41	1.303	1.683	2.020	2.421	2.701
42	1.302	1.682	2.018	2.418	2.698
43	1.302	1.681	2.017	2.416	2.695
44	1.301	1.680	2.015	2.414	2.692
45	1.301	1.679	2.014	2.412	2.690
46	1.300	1.679	2.013	2.410	2.687
47	1.300	1.678	2.012	2.408	2.685
48	1.299	1.677	2.011	2.407	2.682
49	1.299	1.677	2.010	2.405	2.680
50	1.299	1.676	2.009	2.403	2.678
51	1.298	1.675	2.008	2.402	2.676
52	1.298	1.675	2.007	2.400	2.674

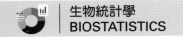
學生式 t 值（續）

d.f.	$\alpha = 0.10$	$\alpha = 0.05$	$\alpha = 0.025$	$\alpha = 0.01$	$\alpha = 0.005$
53	1.298	1.674	2.006	2.399	2.672
54	1.297	1.674	2.005	2.397	2.670
55	1.297	1.673	2.004	2.396	2.668
56	1.297	1.673	2.003	2.395	2.667
57	1.297	1.672	2.002	2.394	2.665
58	1.296	1.672	2.002	2.392	2.663
59	1.296	1.671	2.001	2.391	2.662
60	1.296	1.671	2.000	2.390	2.660
80	1.292	1.664	1.990	2.374	2.639
100	1.290	1.660	1.984	2.364	2.626
120	1.289	1.658	1.980	2.358	2.617
150	1.287	1.655	1.976	2.351	2.609
200	1.286	1.653	1.972	2.345	2.601
300	1.284	1.650	1.968	2.339	2.592
∞	1.282	1.645	1.960	2.326	2.576

附錄 五 卡方值

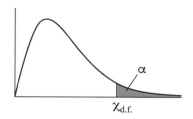

d.f.	α=0.10	α=0.05	α=0.025	α=0.01	α=0.001
1	2.706	3.841	5.024	6.635	10.828
2	4.605	5.991	7.378	9.210	13.816
3	6.251	7.815	9.348	11.345	16.266
4	7.779	9.488	11.143	13.277	18.467
5	9.236	11.070	12.833	15.086	20.515
6	10.645	12.592	14.449	16.812	22.458
7	12.017	14.067	16.013	18.475	24.322
8	13.362	15.507	17.535	20.090	26.125
9	14.684	16.919	19.023	21.666	27.877
10	15.987	18.307	20.483	23.209	29.588
11	17.275	19.675	21.920	24.725	31.264
12	18.549	21.026	23.337	26.217	32.910
13	19.812	22.362	24.736	27.688	34.528
14	21.064	23.685	26.119	29.141	36.123
15	22.307	24.996	27.488	30.578	37.697
16	23.542	26.296	28.845	32.000	39.252
17	24.769	27.587	30.191	33.409	40.790
18	25.989	28.869	31.526	34.805	42.312
19	27.204	30.144	32.852	36.191	43.820
20	28.412	31.410	34.170	37.566	45.315
21	29.615	32.671	35.479	38.932	46.797
22	30.813	33.924	36.781	40.289	48.268

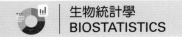
卡方值（續）

d.f.	α=0.10	α=0.05	α=0.025	α=0.01	α=0.001
23	32.007	35.172	38.076	41.638	49.728
24	33.196	36.415	39.364	42.980	51.179
25	34.382	37.652	40.646	44.314	52.620
26	35.563	38.885	41.923	45.642	54.052
27	36.741	40.113	43.195	46.963	55.476
28	37.916	41.337	44.461	48.278	56.892
29	39.087	42.557	45.722	49.588	58.301
30	40.256	43.773	46.979	50.892	59.703
31	41.422	44.985	48.232	52.191	61.098
32	42.585	46.194	49.480	53.486	62.487
33	43.745	47.400	50.725	54.776	63.870
34	44.903	48.602	51.966	56.061	65.247
35	46.059	49.802	53.203	57.342	66.619
36	47.212	50.998	54.437	58.619	67.985
37	48.363	52.192	55.668	59.893	69.347
38	49.513	53.384	56.896	61.162	70.703
39	50.660	54.572	58.120	62.428	72.055
40	51.805	55.758	59.342	63.691	73.402
41	52.949	56.942	60.561	64.950	74.745
42	54.090	58.124	61.777	66.206	76.084
43	55.230	59.304	62.990	67.459	77.419
44	56.369	60.481	64.201	68.710	78.750
45	57.505	61.656	65.410	69.957	80.077
46	58.641	62.830	66.617	71.201	81.400
47	59.774	64.001	67.821	72.443	82.720
48	60.907	65.171	69.023	73.683	84.037
49	62.038	66.339	70.222	74.919	85.351
50	63.167	67.505	71.420	76.154	86.661
51	64.295	68.669	72.616	77.386	87.968

卡方值（續）

d.f.	α=0.10	α=0.05	α=0.025	α=0.01	α=0.001
52	65.422	69.832	73.810	78.616	89.272
53	66.548	70.993	75.002	79.843	90.573
54	67.673	72.153	76.192	81.069	91.872
55	68.796	73.311	77.380	82.292	93.168
56	69.919	74.468	78.567	83.513	94.461
57	71.040	75.624	79.752	84.733	95.751
58	72.160	76.778	80.936	85.950	97.039
59	73.279	77.931	82.117	87.166	98.324
60	74.397	79.082	83.298	88.379	99.607
61	75.514	80.232	84.476	89.591	100.888
62	76.630	81.381	85.654	90.802	102.166
63	77.745	82.529	86.830	92.010	103.442
64	78.860	83.675	88.004	93.217	104.716
65	79.973	84.821	89.177	94.422	105.988
66	81.085	85.965	90.349	95.626	107.258
67	82.197	87.108	91.519	96.828	108.526
68	83.308	88.250	92.689	98.028	109.791
69	84.418	89.391	93.856	99.228	111.055
70	85.527	90.531	95.023	100.425	112.317
71	86.635	91.670	96.189	101.621	113.577
72	87.743	92.808	97.353	102.816	114.835
73	88.850	93.945	98.516	104.010	116.092
74	89.956	95.081	99.678	105.202	117.346
75	91.061	96.217	100.839	106.393	118.599
76	92.166	97.351	101.999	107.583	119.850
77	93.270	98.484	103.158	108.771	121.100
78	94.374	99.617	104.316	109.958	122.348
79	95.476	100.749	105.473	111.144	123.594
80	96.578	101.879	106.629	112.329	124.839

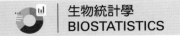

卡方值（續）

d.f.	α=0.10	α=0.05	α=0.025	α=0.01	α=0.001
81	97.680	103.010	107.783	113.512	126.083
82	98.780	104.139	108.937	114.695	127.324
83	99.880	105.267	110.090	115.876	128.565
84	100.980	106.395	111.242	117.057	129.804
85	102.079	107.522	112.393	118.236	131.041
86	103.177	108.648	113.544	119.414	132.277
87	104.275	109.773	114.693	120.591	133.512
88	105.372	110.898	115.841	121.767	134.746
89	106.469	112.022	116.989	122.942	135.978
90	107.565	113.145	118.136	124.116	137.208
91	108.661	114.268	119.282	125.289	138.438
92	109.756	115.390	120.427	126.462	139.666
93	110.850	116.511	121.571	127.633	140.893
94	111.944	117.632	122.715	128.803	142.119
95	113.038	118.752	123.858	129.973	143.344
96	114.131	119.871	125.000	131.141	144.567
97	115.223	120.990	126.141	132.309	145.789
98	116.315	122.108	127.282	133.476	147.010
99	117.407	123.225	128.422	134.642	148.230
100	118.498	124.342	129.561	135.807	149.449

卡方值（續）

d.f.	α=0.90	α=0.95	α=0.975	α=0.99	α=0.999
1	.016	.004	.001	.000	.000
2	.211	.103	.051	.020	.002
3	.584	.352	.216	.115	.024
4	1.064	.711	.484	.297	.091
5	1.610	1.145	.831	.554	.210
6	2.204	1.635	1.237	.872	.381
7	2.833	2.167	1.690	1.239	.598
8	3.490	2.733	2.180	1.646	.857
9	4.168	3.325	2.700	2.088	1.152
10	4.865	3.940	3.247	2.558	1.479
11	5.578	4.575	3.816	3.053	1.834
12	6.304	5.226	4.404	3.571	2.214
13	7.042	5.892	5.009	4.107	2.617
14	7.790	6.571	5.629	4.660	3.041
15	8.547	7.261	6.262	5.229	3.483
16	9.312	7.962	6.908	5.812	3.942
17	10.085	8.672	7.564	6.408	4.416
18	10.865	9.390	8.231	7.015	4.905
19	11.651	10.117	8.907	7.633	5.407
20	12.443	10.851	9.591	8.260	5.921
21	13.240	11.591	10.283	8.897	6.447
22	14.041	12.338	10.982	9.542	6.983
23	14.848	13.091	11.689	10.196	7.529
24	15.659	13.848	12.401	10.856	8.085
25	16.473	14.611	13.120	11.524	8.649
26	17.292	15.379	13.844	12.198	9.222
27	18.114	16.151	14.573	12.879	9.803
28	18.939	16.928	15.308	13.565	10.391
29	19.768	17.708	16.047	14.256	10.986

卡方值（續）

d.f.	α=0.90	α=0.95	α=0.975	α=0.99	α=0.999
30	20.599	18.493	16.791	14.953	11.588
31	21.434	19.281	17.539	15.655	12.196
32	22.271	20.072	18.291	16.362	12.811
33	23.110	20.867	19.047	17.074	13.431
34	23.952	21.664	19.806	17.789	14.057
35	24.797	22.465	20.569	18.509	14.688
36	25.643	23.269	21.336	19.233	15.324
37	26.492	24.075	22.106	19.960	15.965
38	27.343	24.884	22.878	20.691	16.611
39	28.196	25.695	23.654	21.426	17.262
40	29.051	26.509	24.433	22.164	17.916
41	29.907	27.326	25.215	22.906	18.575
42	30.765	28.144	25.999	23.650	19.239
43	31.625	28.965	26.785	24.398	19.906
44	32.487	29.787	27.575	25.148	20.576
45	33.350	30.612	28.366	25.901	21.251
46	34.215	31.439	29.160	26.657	21.929
47	35.081	32.268	29.956	27.416	22.610
48	35.949	33.098	30.755	28.177	23.295
49	36.818	33.930	31.555	28.941	23.983
50	37.689	34.764	32.357	29.707	24.674
51	38.560	35.600	33.162	30.475	25.368
52	39.433	36.437	33.968	31.246	26.065
53	40.308	37.276	34.776	32.018	26.765
54	41.183	38.116	35.586	32.793	27.468
55	42.060	38.958	36.398	33.570	28.173
56	42.937	39.801	37.212	34.350	28.881
57	43.816	40.646	38.027	35.131	29.592
58	44.696	41.492	38.844	35.913	30.305

卡方值（續）

d.f.	α=0.90	α=0.95	α=0.975	α=0.99	α=0.999
59	45.577	42.339	39.662	36.698	31.020
60	46.459	43.188	40.482	37.485	31.738
61	47.342	44.038	41.303	38.273	32.459
62	48.226	44.889	42.126	39.063	33.181
63	49.111	45.741	42.950	39.855	33.906
64	49.996	46.595	43.776	40.649	34.633
65	50.883	47.450	44.603	41.444	35.362
66	51.770	48.305	45.431	42.240	36.093
67	52.659	49.162	46.261	43.038	36.826
68	53.548	50.020	47.092	43.838	37.561
69	54.438	50.879	47.924	44.639	38.298
70	55.329	51.739	48.758	45.442	39.036
71	56.221	52.600	49.592	46.246	39.777
72	57.113	53.462	50.428	47.051	40.519
73	58.006	54.325	51.265	47.858	41.264
74	58.900	55.189	52.103	48.666	42.010
75	59.795	56.054	52.942	49.475	42.757
76	60.690	56.920	53.782	50.286	43.507
77	61.586	57.786	54.623	51.097	44.258
78	62.483	58.654	55.466	51.910	45.010
79	63.380	59.522	56.309	52.725	45.764
80	64.278	60.391	57.153	53.540	46.520
81	65.176	61.261	57.998	54.357	47.277
82	66.076	62.132	58.845	55.174	48.036
83	66.976	63.004	59.692	55.993	48.796
84	67.876	63.876	60.540	56.813	49.557
85	68.777	64.749	61.389	57.634	50.320
86	69.679	65.623	62.239	58.456	51.085
87	70.581	66.498	63.089	59.279	51.850

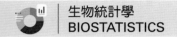

卡方值（續）

d.f.	α=0.90	α=0.95	α=0.975	α=0.99	α=0.999
88	71.484	67.373	63.941	60.103	52.617
89	72.387	68.249	64.793	60.928	53.386
90	73.291	69.126	65.647	61.754	54.155
91	74.196	70.003	66.501	62.581	54.926
92	75.100	70.882	67.356	63.409	55.698
93	76.006	71.760	68.211	64.238	56.472
94	76.912	72.640	69.068	65.068	57.246
95	77.818	73.520	69.925	65.898	58.022
96	78.725	74.401	70.783	66.730	58.799
97	79.633	75.282	71.642	67.562	59.577
98	80.541	76.164	72.501	68.396	60.356
99	81.449	77.046	73.361	69.230	61.137
100	82.358	77.929	74.222	70.065	61.918

附錄 六　費氏 F 值

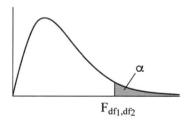

$$F_{df_1, df_2}$$

◎ α = 0.05（df_1：分子，df_2：分母）

df_2 \ df_1	1	2	3	4	5	6	7	8	9	10
1	161.4476	199.5000	215.7073	224.5832	230.1619	233.9860	236.7684	238.8827	240.5433	241.8817
2	18.5128	19.0000	19.1643	19.2468	19.2964	19.3295	19.3532	19.3710	19.3848	19.3959
3	10.1280	9.5521	9.2766	9.1172	9.0135	8.9406	8.8867	8.8452	8.8123	8.7855
4	7.7086	6.9443	6.5914	6.3882	6.2561	6.1631	6.0942	6.0410	5.9988	5.9644
5	6.6079	5.7861	5.4095	5.1922	5.0503	4.9503	4.8759	4.8183	4.7725	4.7351
6	5.9874	5.1433	4.7571	4.5337	4.3874	4.2839	4.2067	4.1468	4.0990	4.0600
7	5.5914	4.7374	4.3468	4.1203	3.9715	3.8660	3.7870	3.7257	3.6767	3.6365
8	5.3177	4.4590	4.0662	3.8379	3.6875	3.5806	3.5005	3.4381	3.3881	3.3472
9	5.1174	4.2565	3.8625	3.6331	3.4817	3.3738	3.2927	3.2296	3.1789	3.1373
10	4.9646	4.1028	3.7083	3.4780	3.3258	3.2172	3.1355	3.0717	3.0204	2.9782
11	4.8443	3.9823	3.5874	3.3567	3.2039	3.0946	3.0123	2.9480	2.8962	2.8536
12	4.7472	3.8853	3.4903	3.2592	3.1059	2.9961	2.9134	2.8486	2.7964	2.7534
13	4.6672	3.8056	3.4105	3.1791	3.0254	2.9153	2.8321	2.7669	2.7144	2.6710
14	4.6001	3.7389	3.3439	3.1122	2.9582	2.8477	2.7642	2.6987	2.6458	2.6022
15	4.5431	3.6823	3.2874	3.0556	2.9013	2.7905	2.7066	2.6408	2.5876	2.5437
16	4.4940	3.6337	3.2389	3.0069	2.8524	2.7413	2.6572	2.5911	2.5377	2.4935
17	4.4513	3.5915	3.1968	2.9647	2.8100	2.6987	2.6143	2.5480	2.4943	2.4499
18	4.4139	3.5546	3.1599	2.9277	2.7729	2.6613	2.5767	2.5102	2.4563	2.4117
19	4.3807	3.5219	3.1274	2.8951	2.7401	2.6283	2.5435	2.4768	2.4227	2.3779
20	4.3512	3.4928	3.0984	2.8661	2.7109	2.5990	2.5140	2.4471	2.3928	2.3479
21	4.3248	3.4668	3.0725	2.8401	2.6848	2.5727	2.4876	2.4205	2.3660	2.3210
22	4.3009	3.4434	3.0491	2.8167	2.6613	2.5491	2.4638	2.3965	2.3419	2.2967
23	4.2793	3.4221	3.0280	2.7955	2.6400	2.5277	2.4422	2.3748	2.3201	2.2747

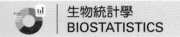
費氏 F 值（續）

df₂ \ df₁	11	12	15	20	24	30	40	60	120	∞
1	242.9835	243.9060	245.9499	248.0131	249.0518	250.0951	251.1432	252.1957	253.2529	254.3144
2	19.4050	19.4125	19.4291	19.4458	19.4541	19.4624	19.4707	19.4791	19.4874	19.4957
3	8.7633	8.7446	8.7029	8.6602	8.6385	8.6166	8.5944	8.5720	8.5494	8.5264
4	5.9358	5.9117	5.8578	5.8025	5.7744	5.7459	5.7170	5.6877	5.6581	5.6281
5	4.7040	4.6777	4.6188	4.5581	4.5272	4.4957	4.4638	4.4314	4.3985	4.3650
6	4.0274	3.9999	3.9381	3.8742	3.8415	3.8082	3.7743	3.7398	3.7047	3.6689
7	3.6030	3.5747	3.5107	3.4445	3.4105	3.3758	3.3404	3.3043	3.2674	3.2298
8	3.3130	3.2839	3.2184	3.1503	3.1152	3.0794	3.0428	3.0053	2.9669	2.9276
9	3.1025	3.0729	3.0061	2.9365	2.9005	2.8637	2.8259	2.7872	2.7475	2.7067
10	2.9430	2.9130	2.8450	2.7740	2.7372	2.6996	2.6609	2.6211	2.5801	2.5379
11	2.8179	2.7876	2.7186	2.6464	2.6090	2.5705	2.5309	2.4901	2.4480	2.4045
12	2.7173	2.6866	2.6169	2.5436	2.5055	2.4663	2.4259	2.3842	2.3410	2.2962
13	2.6347	2.6037	2.5331	2.4589	2.4202	2.3803	2.3392	2.2966	2.2524	2.2064
14	2.5655	2.5342	2.4630	2.3879	2.3487	2.3082	2.2664	2.2229	2.1778	2.1307
15	2.5068	2.4753	2.4034	2.3275	2.2878	2.2468	2.2043	2.1601	2.1141	2.0658
16	2.4564	2.4247	2.3522	2.2756	2.2354	2.1938	2.1507	2.1058	2.0589	2.0096
17	2.4126	2.3807	2.3077	2.2304	2.1898	2.1477	2.1040	2.0584	2.0107	1.9604
18	2.3742	2.3421	2.2686	2.1906	2.1497	2.1071	2.0629	2.0166	1.9681	1.9168
19	2.3402	2.3080	2.2341	2.1555	2.1141	2.0712	2.0264	1.9795	1.9302	1.8780
20	2.3100	2.2776	2.2033	2.1242	2.0825	2.0391	1.9938	1.9464	1.8963	1.8432
21	2.2829	2.2504	2.1757	2.0960	2.0540	2.0102	1.9645	1.9165	1.8657	1.8117
22	2.2585	2.2258	2.1508	2.0707	2.0283	1.9842	1.9380	1.8894	1.8380	1.7831
23	2.2364	2.2036	2.1282	2.0476	2.0050	1.9605	1.9139	1.8648	1.8128	1.7570

費氏 F 值（續）

df₂＼df₁	1	2	3	4	5	6	7	8	9	10
24	4.2597	3.4028	3.0088	2.7763	2.6207	2.5082	2.4226	2.3551	2.3002	2.2547
25	4.2417	3.3852	2.9912	2.7587	2.6030	2.4904	2.4047	2.3371	2.2821	2.2365
26	4.2252	3.3690	2.9752	2.7426	2.5868	2.4741	2.3883	2.3205	2.2655	2.2197
27	4.2100	3.3541	2.9604	2.7278	2.5719	2.4591	2.3732	2.3053	2.2501	2.2043
28	4.1960	3.3404	2.9467	2.7141	2.5581	2.4453	2.3593	2.2913	2.2360	2.1900
29	4.1830	3.3277	2.9340	2.7014	2.5454	2.4324	2.3463	2.2783	2.2229	2.1768
30	4.1709	3.3158	2.9223	2.6896	2.5336	2.4205	2.3343	2.2662	2.2107	2.1646
40	2.83535	2.44037	2.22609	2.09095	1.99682	1.92688	1.87252	1.82886	1.79290	1.76269
60	2.79107	2.39325	2.17741	2.04099	1.94571	1.87472	1.81939	1.77483	1.73802	1.70701
120	2.74781	2.34734	2.12999	1.99230	1.89587	1.82381	1.76748	1.72196	1.68425	1.65238
inf	2.70554	2.30259	2.08380	1.94486	1.84727	1.77411	1.71672	1.67020	1.63152	1.59872

df₂＼df₁	11	12	15	20	24	30	40	60	120	∞
24	2.2163	2.1834	2.1077	2.0267	1.9838	1.9390	1.8920	1.8424	1.7896	1.7330
25	2.1979	2.1649	2.0889	2.0075	1.9643	1.9192	1.8718	1.8217	1.7684	1.7110
26	2.1811	2.1479	2.0716	1.9898	1.9464	1.9010	1.8533	1.8027	1.7488	1.6906
27	2.1655	2.1323	2.0558	1.9736	1.9299	1.8842	1.8361	1.7851	1.7306	1.6717
28	2.1512	2.1179	2.0411	1.9586	1.9147	1.8687	1.8203	1.7689	1.7138	1.6541
29	2.1379	2.1045	2.0275	1.9446	1.9005	1.8543	1.8055	1.7537	1.6981	1.6376
30	2.1256	2.0921	2.0148	1.9317	1.8874	1.8409	1.7918	1.7396	1.6835	1.6223
40	2.0376	2.0035	1.9245	1.8389	1.7929	1.7444	1.6928	1.6373	1.5766	1.5089
60	1.9522	1.9174	1.8364	1.7480	1.7001	1.6491	1.5943	1.5343	1.4673	1.3893
120	1.8693	1.8337	1.7505	1.6587	1.6084	1.5543	1.4952	1.4290	1.3519	1.2539
inf	1.7886	1.7522	1.6664	1.5705	1.5173	1.4591	1.3940	1.3180	1.2214	1.0000

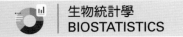

費氏 F 值（續）

◎ α = 0.01 （df$_1$：分子，df$_2$：分母）

df$_2$ \ df$_1$	1	2	3	4	5	6	7	8	9	10
1	4052.181	4999.500	5403.352	5624.583	5763.650	5858.986	5928.356	5981.070	6022.473	6055.847
2	98.503	99.000	99.166	99.249	99.299	99.333	99.356	99.374	99.388	99.399
3	34.116	30.817	29.457	28.710	28.237	27.911	27.672	27.489	27.345	27.229
4	21.198	18.000	16.694	15.977	15.522	15.207	14.976	14.799	14.659	14.546
5	16.258	13.274	12.060	11.392	10.967	10.672	10.456	10.289	10.158	10.051
6	13.745	10.925	9.780	9.148	8.746	8.466	8.260	8.102	7.976	7.874
7	12.246	9.547	8.451	7.847	7.460	7.191	6.993	6.840	6.719	6.620
8	11.259	8.649	7.591	7.006	6.632	6.371	6.178	6.029	5.911	5.814
9	10.561	8.022	6.992	6.422	6.057	5.802	5.613	5.467	5.351	5.257
10	10.044	7.559	6.552	5.994	5.636	5.386	5.200	5.057	4.942	4.849
11	9.646	7.206	6.217	5.668	5.316	5.069	4.886	4.744	4.632	4.539
12	9.330	6.927	5.953	5.412	5.064	4.821	4.640	4.499	4.388	4.296
13	9.074	6.701	5.739	5.205	4.862	4.620	4.441	4.302	4.191	4.100
14	8.862	6.515	5.564	5.035	4.695	4.456	4.278	4.140	4.030	3.939
15	8.683	6.359	5.417	4.893	4.556	4.318	4.142	4.004	3.895	3.805
16	8.531	6.226	5.292	4.773	4.437	4.202	4.026	3.890	3.780	3.691
17	8.400	6.112	5.185	4.669	4.336	4.102	3.927	3.791	3.682	3.593
18	8.285	6.013	5.092	4.579	4.248	4.015	3.841	3.705	3.597	3.508
19	8.185	5.926	5.010	4.500	4.171	3.939	3.765	3.631	3.523	3.434
20	8.096	5.849	4.938	4.431	4.103	3.871	3.699	3.564	3.457	3.368
21	8.017	5.780	4.874	4.369	4.042	3.812	3.640	3.506	3.398	3.310
22	7.945	5.719	4.817	4.313	3.988	3.758	3.587	3.453	3.346	3.258
23	7.881	5.664	4.765	4.264	3.939	3.710	3.539	3.406	3.299	3.211
24	7.823	5.614	4.718	4.218	3.895	3.667	3.496	3.363	3.256	3.168

費氏 F 值（續）

df₂＼df₁	11	12	15	20	24	30	40	60	120	∞
1	6083.3168	6106.321	6157.285	6208.730	6234.631	6260.649	6286.782	6313.030	6339.391	6365.864
2	99.4083	99.416	99.433	99.449	99.458	99.466	99.474	99.482	99.491	99.499
3	27.1326	27.052	26.872	26.690	26.598	26.505	26.411	26.316	26.221	26.125
4	14.4523	14.374	14.198	14.020	13.929	13.838	13.745	13.652	13.558	13.463
5	9.9626	9.888	9.722	9.553	9.466	9.379	9.291	9.202	9.112	9.020
6	7.7896	7.718	7.559	7.396	7.313	7.229	7.143	7.057	6.969	6.880
7	6.5382	6.469	6.314	6.155	6.074	5.992	5.908	5.824	5.737	5.650
8	5.7343	5.667	5.515	5.359	5.279	5.198	5.116	5.032	4.946	4.859
9	5.1779	5.111	4.962	4.808	4.729	4.649	4.567	4.483	4.398	4.311
10	4.7715	4.706	4.558	4.405	4.327	4.247	4.165	4.082	3.996	3.909
11	4.4624	4.397	4.251	4.099	4.021	3.941	3.860	3.776	3.690	3.602
12	4.2198	4.155	4.010	3.858	3.780	3.701	3.619	3.535	3.449	3.361
13	4.0245	3.960	3.815	3.665	3.587	3.507	3.425	3.341	3.255	3.165
14	3.8640	3.800	3.656	3.505	3.427	3.348	3.266	3.181	3.094	3.004
15	3.7299	3.666	3.522	3.372	3.294	3.214	3.132	3.047	2.959	2.868
16	3.6162	3.553	3.409	3.259	3.181	3.101	3.018	2.933	2.845	2.753
17	3.5185	3.455	3.312	3.162	3.084	3.003	2.920	2.835	2.746	2.653
18	3.4338	3.371	3.227	3.077	2.999	2.919	2.835	2.749	2.660	2.566
19	3.3596	3.297	3.153	3.003	2.925	2.844	2.761	2.674	2.584	2.489
20	3.2941	3.231	3.088	2.938	2.859	2.778	2.695	2.608	2.517	2.421
21	3.2359	3.173	3.030	2.880	2.801	2.720	2.636	2.548	2.457	2.360
22	3.1837	3.121	2.978	2.827	2.749	2.667	2.583	2.495	2.403	2.305
23	3.1368	3.074	2.931	2.781	2.702	2.620	2.535	2.447	2.354	2.256
24	3.0944	3.032	2.889	2.738	2.659	2.577	2.492	2.403	2.310	2.211

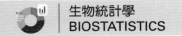
費氏 F 值（續）

df₂ \ df₁	1	2	3	4	5	6	7	8	9	10
25	7.770	5.568	4.675	4.177	3.855	3.627	3.457	3.324	3.217	3.129
26	7.721	5.526	4.637	4.140	3.818	3.591	3.421	3.288	3.182	3.094
27	7.677	5.488	4.601	4.106	3.785	3.558	3.388	3.256	3.149	3.062
28	7.636	5.453	4.568	4.074	3.754	3.528	3.358	3.226	3.120	3.032
29	7.598	5.420	4.538	4.045	3.725	3.499	3.330	3.198	3.092	3.005
30	7.562	5.390	4.510	4.018	3.699	3.473	3.304	3.173	3.067	2.979
40	7.314	5.179	4.313	3.828	3.514	3.291	3.124	2.993	2.888	2.801
60	7.077	4.977	4.126	3.649	3.339	3.119	2.953	2.823	2.718	2.632
120	6.851	4.787	3.949	3.480	3.174	2.956	2.792	2.663	2.559	2.472
inf	6.635	4.605	3.782	3.319	3.017	2.802	2.639	2.511	2.407	2.321

df₂ \ df₁	11	12	15	20	24	30	40	60	120	∞
25	3.0558	2.993	2.850	2.699	2.620	2.538	2.453	2.364	2.270	2.169
26	3.0205	2.958	2.815	2.664	2.585	2.503	2.417	2.327	2.233	2.131
27	2.9882	2.926	2.783	2.632	2.552	2.470	2.384	2.294	2.198	2.097
28	2.9585	2.896	2.753	2.602	2.522	2.440	2.354	2.263	2.167	2.064
29	2.9311	2.868	2.726	2.574	2.495	2.412	2.325	2.234	2.138	2.034
30	2.9057	2.843	2.700	2.549	2.469	2.386	2.299	2.208	2.111	2.006
40	2.7274	2.665	2.522	2.369	2.288	2.203	2.114	2.019	1.917	1.805
60	2.5587	2.496	2.352	2.198	2.115	2.028	1.936	1.836	1.726	1.601
120	2.3990	2.336	2.192	2.035	1.950	1.860	1.763	1.656	1.533	1.381
inf	2.2477	2.185	2.039	1.878	1.791	1.696	1.592	1.473	1.325	1.000

附錄 七 Wilcoxon 符號等級檢定法之左尾機率值

n	T	P	n	T	P
5	0	0.0313		3	0.0001
	1	0.0625		12	0.0011
	2	0.0938		20	0.0055
	3	0.1563		24	0.0107
	4	0.2188		25	0.0125
6	0	0.0156		26	0.0145
	1	0.0313		27	0.0168
	2	0.0469		28	0.0193
	3	0.0781		29	0.0222
	4	0.1094		30	0.0253
	5	0.1563		31	0.0288
	6	0.2188		32	0.0327
7	0	0.0078		33	0.0370
	1	0.0156		34	0.0416
	2	0.0234	16	35	0.0467
	3	0.0391		36	0.0523
	4	0.0547		37	0.0584
	5	0.0781		38	0.0649
	6	0.1094		39	0.0719
	7	0.1484		40	0.0795
	8	0.1875		41	0.0877
	9	0.2344		42	0.0964
8	0	0.0039		43	0.1057
	1	0.0078		44	0.1156
	2	0.0117		45	0.1261
	3	0.0195		46	0.1372
	4	0.0273		47	0.1489
	5	0.0391		48	0.1613
	6	0.0547		49	0.1742

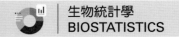
Wilcoxon 符號等級檢定法之左尾機率值（續）

n	T	P	n	T	P
8	7	0.0742	16	50	0.1877
	8	0.0977		51	0.2019
	9	0.1250	17	4	0.0001
	10	0.1563		15	0.0010
	11	0.1914		24	0.0055
	12	0.2305		28	0.0101
9	0	0.0020		29	0.0116
	1	0.0039		30	0.0133
	2	0.0059		31	0.0153
	3	0.0098		32	0.0174
	4	0.0137		33	0.0198
	5	0.0195		34	0.0224
	6	0.0273		35	0.0253
	7	0.0371		36	0.0284
	8	0.0488		37	0.0319
	9	0.0645		38	0.0357
	10	0.0820		39	0.0398
	11	0.1016		40	0.0443
	12	0.1250		41	0.0492
	13	0.1504		42	0.0544
	14	0.1797		43	0.0601
	15	0.2129		44	0.0662
10	0	0.0010		45	0.0727
	1	0.0020		46	0.0797
	2	0.0029		47	0.0871
	3	0.0049		48	0.0950
	4	0.0068		49	0.1034
	5	0.0098		50	0.1123
	6	0.0137		51	0.1218
	7	0.0186		52	0.1317
	8	0.0244		53	0.1421
	9	0.0322		54	0.1530
	10	0.0420		55	0.1645
	11	0.0527		56	0.1764

Wilcoxon 符號等級檢定法之左尾機率值（續）

n	T	P	n	T	P
	12	0.0654	17	57	0.1889
	13	0.0801		58	0.2019
	14	0.0967		6	0.0001
	15	0.1162		18	0.0010
10	16	0.1377		28	0.0052
	17	0.1611		33	0.0104
	18	0.1875		34	0.0118
	19	0.2158		35	0.0134
	0	0.0005		36	0.0152
	1	0.0010		37	0.0171
	5	0.0049		38	0.0192
	8	0.0122		39	0.0216
	9	0.0161		40	0.0241
	10	0.0210		41	0.0269
	11	0.0269		42	0.0300
	12	0.0337		43	0.0333
	13	0.0415		44	0.0368
	14	0.0508		45	0.0407
11	15	0.0615	18	46	0.0449
	16	0.0737		47	0.0494
	17	0.0874		48	0.0542
	18	0.1030		49	0.0594
	19	0.1201		50	0.0649
	20	0.1392		51	0.0708
	21	0.1602		52	0.0770
	22	0.1826		53	0.0837
	23	0.2065		54	0.0907
	0	0.0002		55	0.0982
	3	0.0012		56	0.1061
	7	0.0046		57	0.1144
	10	0.0105		58	0.1231
12	11	0.0134		59	0.1323
	12	0.0171		60	0.1419
	13	0.0212		61	0.1519
	14	0.0261		62	0.1624

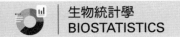
Wilcoxon 符號等級檢定法之左尾機率值（續）

n	T	P	n	T	P
	15	0.0320		63	0.1733
	16	0.0386		64	0.1846
	17	0.0461	18	65	0.1964
	18	0.0549		66	0.2086
	19	0.0647		9	0.0001
	20	0.0757		22	0.0010
	21	0.0881		33	0.0054
12	22	0.1018		38	0.0102
	23	0.1167		39	0.0115
	24	0.1331		40	0.0129
	25	0.1506		41	0.0145
	26	0.1697		42	0.0162
	27	0.1902		43	0.0180
	28	0.2119		44	0.0201
	0	0.0001		45	0.0223
	5	0.0012		46	0.0247
	10	0.0052		47	0.0273
	13	0.0107		48	0.0301
	14	0.0133		49	0.0331
	15	0.0164	19	50	0.0364
	16	0.0199		51	0.0399
	17	0.0239		52	0.0437
	18	0.0287		53	0.0478
	19	0.0341		54	0.0521
13	20	0.0402		55	0.0567
	21	0.0471		56	0.0616
	22	0.0549		57	0.0668
	23	0.0636		58	0.0723
	24	0.0732		59	0.7820
	25	0.0839		60	0.0844
	26	0.0955		61	0.0909
	27	0.1082		62	0.0978
	28	0.1219		63	0.1051
	29	0.1367		64	0.1127
	30	0.1527		65	0.1206

Wilcoxon 符號等級檢定法之左尾機率值（續）

n	T	P	n	T	P
13	31	0.1698	19	66	0.1290
	32	0.1879		67	0.1377
	33	0.2072		68	0.1467
14	0	0.0001		69	0.1562
	7	0.0012		70	0.1660
	13	0.0054		71	0.1762
	16	0.0101		72	0.1868
	17	0.0123		73	0.1977
	18	0.0148		74	0.2090
	19	0.0176	20	11	0.0001
	20	0.0209		26	0.0010
	21	0.0247		38	0.0053
	22	0.0290		44	0.0107
	23	0.0338		46	0.0133
	24	0.0392		48	0.0164
	25	0.0453		49	0.0181
	26	0.0520		50	0.0200
	27	0.0594		51	0.0220
	28	0.0676		52	0.0242
	29	0.0765		53	0.0266
	30	0.0863		54	0.0291
	31	0.0969		55	0.0319
	32	0.1083		56	0.0348
	33	0.1206		57	0.0379
	34	0.1338		58	0.0413
	35	0.1479		59	0.0448
	36	0.1629		60	0.0487
	37	0.1788		61	0.0527
	38	0.1955		62	0.0570
	39	0.2131		63	0.0615
15	0	0.0001		64	0.0664
	9	0.0010		65	0.0715
	16	0.0051		66	0.0768
	20	0.0108		67	0.0825
	21	0.0128		68	0.0884

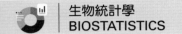
Wilcoxon 符號等級檢定法之左尾機率值（續）

n	T	P	n	T	P
	22	0.0151		69	0.0947
	23	0.0177		70	0.1012
	24	0.0206		71	0.1081
	25	0.0240		72	0.1153
	26	0.0277		73	0.1227
	27	0.0319		74	0.1305
	28	0.0365		75	0.1387
	29	0.0416	20	76	0.1471
	30	0.0473		77	0.1559
	31	0.0535		78	0.1650
	32	0.0603		79	0.1744
	33	0.0677		80	0.1841
15	34	0.0757		81	0.1942
	35	0.0844		82	0.2045
	36	0.0938			
	37	0.1039			
	38	0.1147			
	39	0.1262			
	40	0.1384			
	41	0.1514			
	42	0.1651			
	43	0.1796			
	44	0.1947			
	45	0.2106			

附錄 八 Mann-Whitney 檢定法之左尾臨界值

n	p	m=2	3	4	5	6	7	8	9	10	11	12	13	14	15	16	17	18	19	20
2	0.001	0	0	0	0	0	0	0	0	0	0	0	0	0	0	0	0	0	0	0
	0.005	0	0	0	0	0	0	0	0	0	0	0	0	0	0	0	0	0	0	1
	0.010	0	0	0	0	0	0	0	0	0	0	0	1	1	1	1	1	1	1	2
	0.025	0	0	0	0	0	0	1	1	1	1	2	2	2	2	2	3	3	3	3
	0.050	0	0	0	1	1	1	2	2	2	2	3	3	4	4	4	4	5	5	5
	0.100	0	1	1	2	2	2	3	3	4	4	5	5	5	6	6	7	7	8	8
3	0.001	0	0	0	0	0	0	0	0	0	0	0	0	0	0	0	1	1	1	1
	0.005	0	0	0	0	0	0	0	1	1	1	2	2	2	3	3	3	3	4	4
	0.010	0	0	0	0	0	1	1	2	2	2	3	3	3	4	4	5	5	5	6
	0.025	0	0	0	1	2	2	3	3	4	4	5	5	6	6	7	7	8	8	9
	0.050	0	1	1	2	3	3	4	5	5	6	6	7	8	8	9	10	10	11	12
	0.100	1	2	2	3	4	5	6	6	7	8	9	10	11	11	12	13	14	15	16
4	0.001	0	0	0	0	0	0	0	0	1	1	1	2	2	2	3	3	4	4	4
	0.005	0	0	0	0	1	1	2	2	3	3	4	4	5	6	6	7	7	8	9
	0.010	0	0	0	1	2	2	3	4	4	5	6	6	7	9	8	9	10	10	11
	0.025	0	0	1	2	3	4	5	5	6	7	8	9	10	11	12	12	13	14	15
	0.050	0	1	2	3	4	5	6	7	8	9	10	11	12	13	15	16	17	18	19
	0.100	1	2	4	5	6	7	8	10	11	12	13	14	16	17	18	19	21	22	23
5	0.001	0	0	0	0	0	0	1	2	2	3	3	4	4	5	6	6	7	8	8
	0.005	0	0	0	1	2	2	3	4	5	6	7	8	8	9	10	11	12	13	14
	0.010	0	0	1	2	3	4	5	6	7	8	9	10	11	12	13	14	15	16	17
	0.025	0	1	2	3	4	6	7	8	9	10	12	13	14	15	16	18	19	20	21
	0.050	1	2	3	5	6	7	9	10	12	13	14	16	17	19	20	21	23	24	26
	0.100	2	3	5	6	8	9	11	13	14	16	18	19	21	23	24	26	28	29	31
6	0.001	0	0	0	0	0	0	2	3	4	5	5	6	7	8	9	10	11	12	13
	0.005	0	0	1	2	3	4	5	6	7	8	10	11	12	13	14	16	17	18	19
	0.010	0	0	2	3	4	5	7	8	9	10	12	13	14	16	17	19	20	21	23
	0.025	0	2	3	4	6	7	9	11	12	14	15	17	18	20	22	23	25	26	28
	0.050	1	3	4	6	8	9	11	13	15	17	18	20	22	24	26	27	29	31	33
	0.100	2	4	6	8	10	12	14	16	18	20	22	24	26	28	30	32	35	37	39

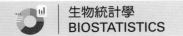
Mann-Whitney 檢定法之左尾臨界值（續）

n	p	m=2	3	4	5	6	7	8	9	10	11	12	13	14	15	16	17	18	19	20
7	0.001	0	0	0	0	1	2	3	4	6	7	8	9	10	11	12	14	15	16	17
	0.005	0	0	1	2	4	5	7	8	10	11	13	14	16	17	19	20	22	23	25
	0.010	0	1	2	4	5	7	8	10	12	13	15	17	18	20	22	24	25	27	29
	0.025	0	2	4	6	7	9	11	13	15	17	19	21	23	25	27	29	31	33	35
	0.050	1	3	5	7	9	12	14	16	18	20	22	25	27	29	31	34	36	38	40
	0.100	2	5	7	9	12	14	17	19	22	24	27	29	32	34	37	39	42	44	47
8	0.001	0	0	0	1	2	3	5	6	7	9	10	12	13	15	16	18	19	21	22
	0.005	0	0	2	3	5	7	8	10	12	14	16	18	19	21	23	25	27	29	31
	0.010	0	1	3	5	7	8	10	12	14	16	18	21	23	25	27	29	31	33	35
	0.025	1	3	5	7	9	11	14	16	18	20	23	25	27	30	32	35	37	39	42
	0.050	2	4	6	9	11	14	16	19	21	24	27	29	32	34	37	40	42	45	48
	0.100	3	6	8	11	14	17	20	23	25	28	31	34	37	40	43	46	49	52	55
9	0.001	0	0	0	2	3	4	6	8	9	11	13	15	16	18	20	22	24	26	27
	0.005	0	1	2	4	6	8	10	12	14	17	19	21	23	25	28	30	32	34	37
	0.010	0	2	4	6	8	10	12	15	17	19	22	24	27	29	32	34	37	39	41
	0.025	1	3	5	8	11	13	16	18	21	24	27	29	32	35	38	40	43	46	49
	0.050	2	5	7	10	13	16	19	22	25	28	31	34	37	40	43	46	49	52	55
	0.100	3	6	10	13	16	19	23	26	29	32	36	39	42	46	49	53	56	59	63
10	0.001	0	0	1	2	4	6	7	9	11	13	15	18	20	22	24	26	28	30	33
	0.005	0	1	3	5	7	10	12	14	17	19	22	25	27	30	32	35	38	40	43
	0.010	0	2	4	7	9	12	14	17	20	23	25	28	31	34	37	39	42	45	48
	0.025	1	4	6	9	12	15	18	21	24	27	30	34	37	40	43	46	49	53	46
	0.050	2	5	8	12	15	18	21	25	28	32	35	38	42	45	49	52	56	59	63
	0.100	4	7	11	14	18	22	25	29	33	37	40	44	48	52	55	59	63	67	71
11	0.001	0	0	1	3	5	7	9	11	13	16	18	21	23	25	28	30	33	35	38
	0.005	0	1	3	6	8	11	14	17	19	22	25	28	31	34	37	40	43	46	49
	0.010	0	2	5	8	10	13	16	19	23	26	29	32	35	38	42	45	48	51	54
	0.025	1	4	7	10	14	17	20	24	27	31	34	38	41	45	48	52	56	59	63
	0.050	2	6	9	13	17	20	24	28	32	35	39	43	47	51	55	58	62	66	70
	0.100	4	8	12	16	20	24	28	32	37	41	45	49	53	58	62	66	70	74	79

Mann-Whitney 檢定法之左尾臨界值（續）

n	p	m=2	3	4	5	6	7	8	9	10	11	12	13	14	15	16	17	18	19	20
12	0.001	0	0	1	3	5	8	10	13	15	18	21	24	26	29	32	35	38	41	43
	0.005	0	2	4	7	10	13	16	19	22	25	28	32	35	38	42	45	48	52	55
	0.010	0	3	6	9	12	15	18	22	25	29	32	36	39	43	47	50	54	57	61
	0.025	2	5	8	12	15	19	23	27	30	34	38	42	46	50	54	58	62	66	70
	0.050	3	6	10	14	18	22	27	31	35	39	43	48	52	56	61	65	69	73	78
	0.100	5	9	13	18	22	27	31	36	40	45	50	54	59	64	68	73	78	82	87
13	0.001	0	0	2	4	6	9	12	15	18	21	24	27	30	33	36	39	43	46	49
	0.005	0	2	4	8	11	14	18	21	25	28	32	35	39	43	46	50	54	58	61
	0.010	1	3	6	10	13	17	21	24	28	32	36	40	44	48	52	56	60	64	68
	0.025	2	5	9	13	17	21	25	29	34	38	42	46	51	55	60	64	68	73	77
	0.050	3	7	11	16	20	25	29	34	38	43	48	52	57	62	66	71	76	81	85
	0.100	5	10	14	19	24	29	34	39	44	49	54	59	64	69	75	80	85	90	95
14	0.001	0	0	2	4	7	10	13	16	20	23	26	30	33	37	40	44	47	51	55
	0.005	0	2	5	8	12	16	19	23	27	31	35	39	43	47	51	55	59	64	68
	0.010	1	3	7	11	14	18	23	27	31	35	39	44	48	52	57	61	66	70	74
	0.025	2	6	10	14	18	23	27	32	37	41	46	51	56	60	65	70	75	79	84
	0.050	4	8	12	17	22	27	32	37	42	47	52	57	62	67	72	78	83	88	93
	0.100	5	11	16	21	26	32	37	42	48	53	59	64	70	75	81	86	92	98	103
15	0.001	0	0	2	5	8	11	15	18	22	25	29	33	37	41	44	48	52	56	60
	0.005	0	3	6	9	13	17	21	25	30	34	38	43	47	52	56	61	65	70	74
	0.010	1	4	8	12	16	20	25	29	34	38	43	48	52	57	62	67	71	76	81
	0.025	2	6	11	15	20	25	30	35	40	45	50	55	60	65	71	76	81	86	91
	0.050	4	8	13	19	24	29	34	40	45	51	56	62	67	73	78	84	89	95	101
	0.100	6	11	17	23	28	34	40	46	52	58	64	69	75	81	87	93	99	105	111
16	0.001	0	0	3	6	9	12	16	20	24	28	32	36	40	44	49	53	57	61	66
	0.005	0	3	6	10	14	19	23	28	32	37	42	46	51	56	61	66	71	75	80
	0.010	1	4	8	13	17	22	27	32	37	42	47	52	57	62	67	72	77	83	88
	0.025	2	7	12	16	22	27	32	38	43	48	54	60	65	71	76	82	87	93	99
	0.050	4	9	15	20	26	31	37	43	49	55	61	66	72	78	84	90	96	102	108
	0.100	6	12	18	24	30	37	43	49	55	62	68	75	81	87	94	100	107	113	120

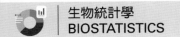
Mann-Whitney 檢定法之左尾臨界值（續）

n	p	m=2	3	4	5	6	7	8	9	10	11	12	13	14	15	16	17	18	19	20
17	0.001	0	1	3	6	10	14	18	22	26	30	35	39	44	48	53	58	62	67	71
	0.005	0	3	7	11	16	20	25	30	35	40	45	50	55	61	66	71	76	82	87
	0.010	1	5	9	14	19	24	29	34	39	45	50	56	61	67	72	78	83	89	94
	0.025	3	7	12	18	23	29	35	40	46	52	58	64	70	76	82	88	94	100	106
	0.050	4	10	16	21	27	34	40	46	52	58	65	71	78	84	90	97	103	110	116
	0.100	7	13	19	26	32	39	46	53	59	66	73	80	86	93	100	107	114	121	128
18	0.001	0	1	4	7	11	15	19	24	28	33	38	43	47	52	57	62	67	72	77
	0.005	0	3	7	12	17	22	27	32	38	43	48	54	59	65	71	76	82	88	93
	0.010	1	5	10	15	20	25	31	37	42	48	54	60	66	71	77	83	89	95	101
	0.025	3	8	13	19	25	31	37	43	49	56	62	68	75	81	87	94	100	107	113
	0.050	5	10	17	23	29	36	42	49	56	62	69	76	83	89	96	103	110	117	124
	0.100	7	14	21	28	35	42	49	56	63	70	78	85	92	99	107	114	121	129	136
19	0.001	0	1	4	8	12	16	21	26	30	35	41	46	51	56	61	67	72	78	83
	0.005	1	4	8	13	18	23	29	34	40	46	52	58	64	70	75	82	88	94	100
	0.010	2	5	10	16	21	27	33	39	45	51	57	64	70	76	83	89	95	102	108
	0.025	3	8	14	20	26	33	39	46	53	59	66	73	79	86	93	100	107	114	120
	0.050	5	11	18	24	31	38	45	52	59	66	73	81	88	95	102	110	117	124	131
	0.100	8	15	22	29	37	44	52	59	67	74	82	90	98	105	113	121	129	136	144
20	0.001	0	1	4	8	13	17	22	27	33	38	43	49	55	60	66	71	77	83	89
	0.005	1	4	9	14	19	25	31	37	43	49	55	61	68	74	80	87	93	100	106
	0.010	2	6	11	17	23	29	35	41	48	54	61	68	74	81	88	94	101	108	115
	0.025	3	9	15	21	28	35	42	49	56	63	70	77	84	91	99	106	113	120	128
	0.050	5	12	19	26	33	40	48	55	63	70	78	85	93	101	108	116	124	131	139
	0.100	8	16	23	31	39	47	55	63	71	79	87	95	103	111	120	128	136	144	152

附錄 九 Spearman 等級相關分析法之右尾臨界值

n	0.001	0.005	0.010	0.025	0.050	0.100
4	---	---	---	---	0.8000	0.8000
5	---	---	0.9000	0.9000	0.8000	0.7000
6	---	0.9429	0.8857	0.8286	0.7714	0.6000
7	0.9643	0.8929	0.8571	0.7450	0.6786	0.5357
8	0.9286	0.8571	0.8095	0.7143	0.6190	0.5000
9	0.9000	0.8167	0.7667	0.6833	0.5833	0.4667
10	0.8667	0.7818	0.7333	0.6364	0.5515	0.4424
11	0.8364	0.7545	0.7000	0.6091	0.5273	0.4182
12	0.8182	0.7273	0.6713	0.5804	0.4965	0.3986
13	0.7912	0.6978	0.6429	0.5549	0.4780	0.3791
14	0.7670	0.6747	0.6220	0.5341	0.4593	0.3626
15	0.7464	0.6536	0.6000	0.5179	0.4429	0.3500
16	0.7265	0.6324	0.5824	0.5000	0.4265	0.3382
17	0.7083	0.6152	0.5637	0.4853	0.4118	0.3260
18	0.6904	0.5975	0.5480	0.4716	0.3994	0.3148
19	0.6737	0.5825	0.5333	0.4579	0.3895	0.3070
20	0.6586	0.5684	0.5203	0.4451	0.3789	0.2977
21	0.6455	0.5545	0.5078	0.4351	0.3688	0.2909
22	0.6318	0.5426	0.4963	0.4241	0.3597	0.2829
23	0.6186	0.5306	0.4852	0.4150	0.3518	0.2767
24	0.6070	0.5200	0.4748	0.4061	0.3435	0.2704
25	0.5962	0.5100	0.4654	0.3977	0.3362	0.2646
26	0.5856	0.5002	0.4564	0.3894	0.3299	0.2588
27	0.5757	0.4915	0.4481	0.3822	0.3236	0.2540
28	0.5660	0.4828	0.4401	0.3749	0.3175	0.2490
29	0.5567	0.4744	0.4320	0.3685	0.3113	0.2443
30	0.5479	0.4665	0.4251	0.3620	0.3059	0.2400

中文部分

Kuzma, J. W. (2008)・*基礎生物統計學*（史麗珠、林麗華譯）・學富文化有限公司。（原著出版於 1999 年）

Marcello, P., & Kimberlee, G. (2005)・*生物統計原理（第二版）*（林為森等譯）・華泰文化事業股份有限公司。（原著出版於 2000 年）

Porkess, R. (2005)・*統計學辭典*（陳鶴琴譯）・貓頭鷹出版社。（原著出版於 1991 年）

方世榮、張文賢(2014)・*統計學導論（第七版）*・華泰文化事業股份有限公司。

江建良(2015)・*統計學（第五版）*・高立圖書有限公司。

沈明來(2014)・*生物統計學入門（第六版）*，九州圖書文物有限公司。

林惠玲、陳正倉(2011)・*應用統計學（第四版修訂版）*・雙葉書廊有限公司。

張雲景等(2008)・*生物統計學－SPSS 資料分析與研究設計概念（第二版修訂版）*・高立圖書有限公司。

張雲景、曹麗英(2003)・*實用生物統計學*・華騰文化股份有限公司。

郭寶錚(2021)・*生物統計學－使用 Excel 與 SPSS （第三版）*・普林斯頓國際有限公司。

郭寶錚、陳玉敏(2012)・*基礎生物統計學*・高立圖書有限公司。

彭游、吳水丕(1999)・*生物統計學（第五版）*・合記圖書出版社。

楊惠齡、林明德(2015)・*生物統計學（第九版）*・新文京開發出版股份有限公司。

英文部分

Daniel, W. W. (2008). *Biostatistics：A Foundation for Analysis in the Health Sciences (9th ed.).* John Wiley & Sons, Inc..

Daniel, W. W., & Cross, C. L. (2014). *Biostatistics: A Foundation for Analysis in the Health Sciences. (10th ed.).* John Wiley & Sons, Inc..

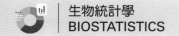

Harnett, D. L., & Soni, A. K. (1991). *Statistical Methods for Business and Economics (4ʰ ed.).* Addison-Wesley Publishing Company.

Kaps, M., & Lamberson, W. R. (2009). *Biostatistics for animal science (2ⁿᵈ ed., pp. 109-153.).* CABI.

Lee, S. H., & Spark, B. (2007). Cultural influences on travel lifestyle：A comparison of Korean Australians and Koreans in Korea. *Tourism Management, 28*(2), 505-518.

Mason, R. D., Lind, D. A., & Marchal, W. G. (1998). *Statistics：An Introduction (5ʰ ed.).* Duxbury Press.

Rosner, B. (2015). *Fundamentals of Biostatistics (8ʰ ed.).* Brooks Cole.

國家圖書館出版品預行編目資料

生物統計學 / 國立屏東科技大學生物統計小組彙編. -- 第六版. -- 新北市：新文京開發出版股份有限公司, 2024.08
面；　公分

ISBN　978-626-392-047-7（平裝）

1. CST: 生物統計學

360.13　　　　　　　　　　　　　　113011224

生物統計學（第六版）　　　　　　（書號：B311e6）

彙　　　編	國立屏東科技大學生物統計小組
出 版 者	新文京開發出版股份有限公司
地　　　址	新北市中和區中山路二段 362 號 9 樓
電　　　話	(02) 2244-8188（代表號）
Ｆ　Ａ　Ｘ	(02) 2244-8189
郵　　　撥	1958730-2
初　　　版	西元 2008 年 9 月 10 日
第 二 版	西元 2012 年 7 月 10 日
第 三 版	西元 2015 年 8 月 01 日
第 四 版	西元 2017 年 1 月 02 日
第 五 版	西元 2021 年 9 月 10 日
第 六 版	西元 2024 年 8 月 20 日

新文京開發出版股份有限公司

新世紀‧新視野‧新文京 ─ 精選教科書‧考試用書‧專業參考書